宇

地

科学者・軍事・武器ビジネス

ニール・ドグラース・タイソン
エイヴィス・ラング
Neil deGrasse Tyson and Avis Lang
北川蒼／國方賢［訳］

ACCESSORY TO WAR

原書房

なぜ天体物理学者に
仕事があるのか、
不思議に思ったことのある
すべての人に

目次

下巻目次

敵と友人になれば、
敵を滅ぼしたことになるのではないか？
——エイブラハム・リンカーン

プロローグ

戦争では、しばしば科学技術が決定的な役割を果たす。片方が科学技術の知識を活用し、もう片方がそうでないとき、そこには必ず力の非対称性が生じるからだ。もし生物学者が戦時協力を求められれば、細菌やウイルスの兵器化を考えるだろう。包囲戦の際、腐敗した動物の死骸を城壁のなかに投げ入れるのは、生物兵器使用のはしりだったかもしれない。戦争には化学者も貢献する。たとえば、古代の戦争で井戸に入れるための毒、第一次世界大戦のマスタードガスや塩素ガス、ヴェトナム戦争の枯葉剤や焼夷弾、現代の紛争で使われる神経ガス……。物質、運動、エネルギーの専門家である物理学者が戦争でなすべき仕事はシンプルだ。こちらのエネルギーをあちらに持って行くことである。その役割が最も強力な形として具体化されたのは、第二次世界大戦で使われた原子爆弾であり、その後の冷戦中に開発された、さらに破壊的な水素爆弾だった。そして最後にエンジニアが、これらすべてを実現する。つまり、科学を使って戦争を容易にするのは、彼らエンジニアだ。

だが、我々天体物理学者はミサイルも爆弾もつくらない。それどころか兵器など一切つくらないのだ。その代わり、天体物理学者と軍隊は、たまたま関心事の多くが重なっている（マルチスペクトル検出、距離測定、追跡、画像化、高地、核融合、宇宙利用）。重なり合いは強く、知識は双方向に流れる。天体物理学者のコミュニティ全体としては、他の多くの学術界と同じく、圧倒的多数がリベラルで反戦主義だ。にもかかわらず、我々は奇妙なほど軍と共謀関係にある。本書は、この両者の関係を、天測航法が征服や覇権に利用された最も古い時代から、人工衛星が戦争に利用される現代までを通して探っていく。

本書の構想が芽生えたのは二〇〇〇年代初頭、私がジョージ・W・ブッシュ大統領の任命により一二人の委員からなる「アメリカ航空宇宙産業の将来に関する委員会」に参加したころのことだ。アメリカ議会議員や空軍将校、産業界の指導者、民主・共和両党の政治顧問が会する場に身を置いたこのとき初めて、アメリカ政府内で科学、技術、権力が織りなす機微に触れたのだった。その経験から、こう考えるようになった。何世紀にもわたる長い歴史のなかで、それぞれの時代に宇宙に関する発見や戦争において世界をリードするようになった国では、天体物理学者と権力者、軍人、産業界とのあいだでどんな出会いがあったのだろうか。

共著者のエイヴィス・ラングは編集者であり、私が毎月『ナチュラル・ヒストリー』誌にエッセイを寄稿していたころからの付き合いだ。美術史家としての教育を受けたエイヴィスは研究者として申し分なく、熱心な作家でもあり、宇宙にも深い関心を持っている。本書は、我々二人の才能を融合させたコラボレーションだ。それぞれがお互いの弱点を補い合ってできている。だが、本書が完成したのは、社会における科学の役割をエイヴィスが根気強く調査しつづけ、活字の言葉で表現してくれたおかげだ。

なお、このプロローグもそうだが、本書には「私」という単数の一人称が使われている箇所がある。おもに私個人の体験を記述する場合に用いたが、「私」と書かれているからといって、すべてのページに関してエイヴィスが共著者であることに変わりはない。

ニール・ドグラース・タイソン、エイヴィス・ラング

二〇一八年一月、ニューヨーク市

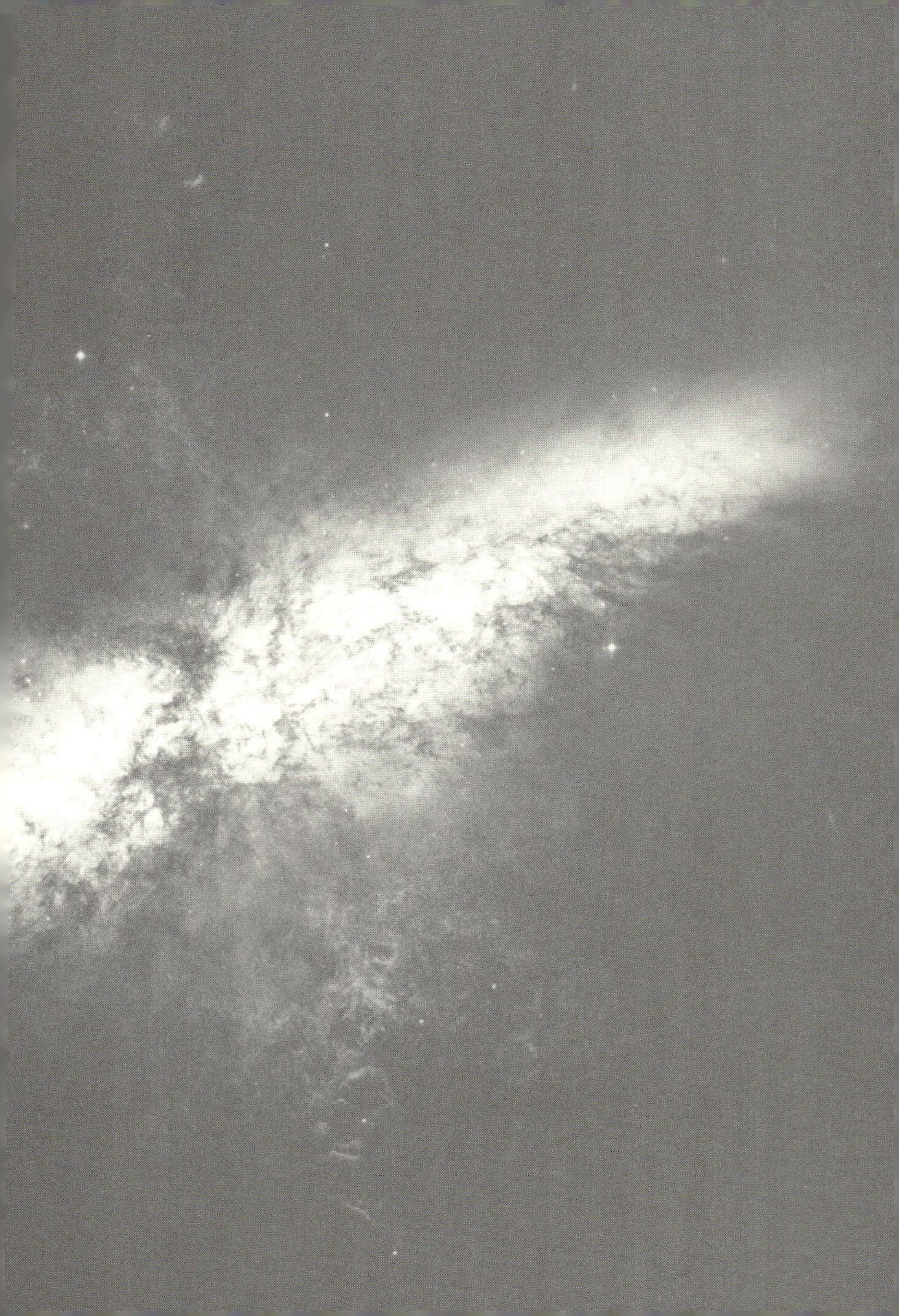

第一部

状況の認識

第一章

殺戮のとき

天体物理学者と戦争

二〇〇九年二月一〇日、二機の通信衛星がシベリアの上空約八〇〇キロメートルで衝突した。片方はロシア、もう片方はアメリカの衛星で、衝突速度は時速四万キロメートルを超えていた。通信衛星は戦争を推進力として開発されてきたとはいえ、この衝突は純然たる平時に起きた、この種のものとしては初めての事故である。発生した数百個のスペースデブリ（宇宙ごみ）は、いつの日かまた別の人工衛星に衝突するかもしれない。あるいは人間が乗った宇宙船に損傷を与えるかもしれない。

地上に目を下ろしてみれば、この冬の日、ダウ工業株三〇種平均は終値で七八八八ドルを付けた——同年三月に約一〇年ぶりの落ち込みとして記録されることになる六四四〇ドルと比べればまだまだ高値だが、二〇〇七年一〇月に付けた一万四一九八ドルというピーク値からは半分近くまで下がっていた。同じ日の他のニュースも見てみよう。アメリカでは店舗やエレベーターで流れるBGMを指す一般名詞にもなっている「ミューザック」の配信会社、ミューザック・ホールディングスが破産を申請した。ゼネラル・モーターズは、一万人のホワイトカラー従業員を解雇すると発表した。アメリカ下院歳出委員会国防小委員長の選挙運動に税金が不正流用された疑惑にからみ、同委員長への主要な献金者が顧客となっていたワシントンのロビー団体に、連邦捜査局（ＦＢＩ）の捜索が入った。扇情的なイランの大統領が、アメリカと「相互に尊重し合う落ち着いた雰囲気のもとで対話する用意がある」とイスラム革命三〇周年を記念する集会で宣言した。アメリカの新しい大統領が指名した新しい財務長官が、世界経済を崩壊させた不安定な国内資産に投機家を食いつかせるために、二兆ドルを投じる計画を公表した。

そして同日、ミネソタ州のミネアポリス・セントポール都市圏で路面の凍結防止に撒かれた塩のうち、七〇パーセントが川や湖に流出している、と土木工学者らが発表した。レーザープリンターの売り上げ上位のうち三分の一の機種は、印刷イメージを熱で紙に転写・定着させる過程で、肺に悪影響を及ぼす極超微粒子を含む蒸気を排出している、と環境物理学者が発表した。アリゾナ州のサンタカタリナ山脈では、およそ一〇〇種の植物の分布域が、過去二〇年のあいだに少しずつ標高の高いところへ移動しており、そのペースは夏季気温の上昇とぴったり重なっている、と気候学者らが発表した。

つまり、世界は絶え間なく変化しながら危機にさらされていたが、それはあまりにありふれたことでもあった。

一〇日後、世界じゅうから著名な経済学者、経営者、学者がコロンビア大学資本主義・社会センターの主催する会議に集まり、いつになく深刻な経済危機から世界はどのように脱出できるかを話し合った。同センター所長でノーベル賞経済学者のエドマンド・フェルプスは、金融市場に対する何らかの再規制が必要だとしながらも、それは「非金融部門におけるイノベーションへの投資を縮小させるものであってはならない。アメリカ経済の活力の源泉でありつづけてきたのは非金融部門だからだ」と述べた。非金融部門とはすなわち、軍事支出、医療機器、航空宇宙、コンピューター、ハリウッド映画、音楽、そしてさらなる軍事支出のことだ。フェルプスに言わせれば、活力とイノベーションは、資本主義と——そして戦争と——切っても切れない関係にあるという。BBCのインタビュアーから、今度の経済危機は「資本主義が持つ永遠の欠陥」を示すものなのかどうか「大胆な意見」を聞かせてほしいと尋ねられたフェルプスは、こう答えた。「私の大胆な意見は、何か面白いものを生み出すには、どうしても資本主義が必要だということです。普通の人々にとってはね——代わりに火星と戦争でもできるのならば話は別ですが」[1]

言い換えれば、活気あふれる経済には次のうち少なくとも一つが必要だということになる。利潤追求の動機、地球上での戦争、宇宙での戦争。このうちのどれかだ。

二〇〇九年九月一四日、人工衛星衝突事故から七か月後。世界貿易センターのツインタワーが八年と四日前まで立っていた場所からわずか数ブロック離れた場所で、バラク・オバマ大統領がウォール街の有力者たちを前に、投資銀行リーマン・ブラザーズの破産から一年が経過したことに言及した。同銀行の経営破綻が、二〇〇八年から〇九年にかけての企業倒産の雪崩を引き起こしたといわれている。同じ日の朝、中国は四か所めとなる宇宙センターの建設を、赤道に近い海南島で開始した。低緯度の場所を選ぶのは、そのほうが地球の自転速度を利用してロケットの打ち上げに必要な燃料を少なくできる分、積載重量を増やせるからだ。建設を終えたのは二〇一四年の後半。世界貿易センター跡地再建計画よりもはるかに早い展開である。中国の「急激に高まる宇宙への野望」について、ＡＰ通信の記事では、中国が宇宙開発で成し遂げた、私たちがひるむほどの事例や野望の数々を並べ立ててから、こう指摘している。「中国は純粋な平和利用を目的として宇宙開発をおこなっていると主張するが、背景にある軍の影響や、中国政府による対衛星兵器の開発を考慮すると、その主張には疑問符がつく」[2]

もし今、一七世紀オランダの天文学者にして数学者のクリスティアーン・ホイヘンスが生きていたら、こう言うかもしれない。軍による大規模な支援なしに宇宙への野望を叶えようなどと考えるのはバカだ、と。一六九〇年代、火星のほか、当時までに夜空で見つかっていた惑星を見上げながら、もしそれらの星で生きるとしたら、と思いを馳せていたホイヘンスは、創意工夫の才を育む一番の方法は何だろうかと考えた。彼と当時の人々にとって、利潤追求は強力なインセンティヴであり（資本主義という言葉はまだなかった）、対立や紛争は神が人間の創造性を刺激するために与え給うたものであった。

神はこのように地球をおつくりになった（……）このような善人と悪人の混淆（こんこう）、そしてその混淆が生み出す不幸、戦争、苦痛、貧困その他のものが、我々にとって非常によい結果をもたらす。すなわち、機知を鍛え、発明力を研ぎ澄ますのだ。敵に立ち向かうために必要な防衛手段を持つことを我々に強いることによって。

そう、戦争の遂行は抜け目のない思考を要求し、技術革新を促進する。そこに議論の余地はない。だがホイヘンスは、軍事衝突の不在と知的停滞とを結びつけずにはいられなかった。

そして、もし一切の擾乱（じょうらん）なき平和の世に、貧困の恐怖も戦争の危険も感じないまま生きるとすれば、人間が獣以上の生活を送るのは不可能であろうことに疑いの余地はない。我々の生に快楽や利益をもたらす強みを、一切知ることも享受することもなかっただろう。商業活動や戦争に強いられることがなければ、文字を書くという素晴らしい技術の便利さ、必要性に気づき、それを生み出すこともなかったはずだ。航海術、耕作術のほか、我々がいま自由に操ることのできる多くの発明品、およびほぼすべての知識の極意は、商業活動と戦争があってこそ生まれたものなのである。[3]

つまり話は単純だ。戦争なくして知性の発展なし。商売とともに戦争もまた、読み書き、探検、農業、科学を生み出す触媒として作用した。そうホイヘンスは主張しているのである。

果たしてフェルプスとホイヘンスは正しかったのか？　戦争と利潤追求は、間違いなく地球上の文明を発展させ、別世界の探査に駆り立てるものだと言えるのだろうか？　歴史を振り返れば、「否」と答えるのは難しい。遠い昔も今もそうだ。統治者たちが絶え間なく追い求めてきたのは、他勢力を支配し、権力を維持することだった。その歴史の中で、宇宙研究と戦争計画は過去何千年にもわたってビジネスパートナーでありつづけたのだ。星図、暦、クロノメーター（船上で経度測定などに使う高精度の時計）、望遠鏡、地図、羅針盤、ロケット、人工衛星、ドローン――これらは、一般市民のひらめきと努力が生んだものではない。支配力を得るためにこそ編み出されたのだ。それにより知識が増えたとしても、それは副次的なものにすぎない。

とはいえ、歴史がそのまま運命になると決まったわけではない。現代にふさわしい別のあり方があってもいいのではないか。今日を生きる私たちは、ホイヘンスが夢にも思わなかった「敵」や「不幸」に直面している。この時代において「機知を鍛え」るのは、少数者の勝利のためではなく、全員の生活向上に資するためとすべきなのは明らかだ。安全な飲用水や清浄な空気が不足することで、あるいはまた、小惑星の衝突や宇宙線の直撃によって、何億もの人類が死滅することになれば、資本主義にできることなどほとんどない。そういう考えはそれほど過激とは言えないだろう。

周回軌道上の宇宙船から地球を見下ろせば、理性ある人なら誰しもこう思うだろう。「必要最小限の防衛力」というのは、たとえどれほどの悪意や危険性に満ちていようとも束の間の存在にすぎない一国の兵器、政治家、国粋主義者、教条主義者のためではなく、宇宙の有為転変にさらされている、この美しくも儚（はかな）い青い惑星を守るためにこそあるべきではないか、と。地表から何百キロメートルも上空にいれば、「地には平和を、人々には慈しみを」も、単なるクリスマスカードの決まり文句以上のものになる。私たちが生存可能な未来、つまり、この地球を私たちの内なる敵と天上の脅威から守るために全人類が協調するような未来、それを実現するために必要不可欠なものを示してくれる言葉として響くだろう。

＊＊

一九九一年一月一六日の凍えるような夜、私を含めおよそ一〇〇〇人の宇宙科学者が、フィラデルフィアで開催されたアメリカ天文学会第一七七回大会の閉幕晩餐会で、ワイングラスを傾けながら最新研究についてあれこれとおしゃべりに興じていた。メインディッシュが終わりデザートを待つころだったと思うが、大会長のジョン・バーコールが立ち上がり、アメリカ合衆国が戦争に入ったことを告げた。アメリカ東部標準時の午後六時半ごろ、バグダッドの深夜に、「砂漠の嵐作戦」が開始されたのだ。この爆撃をもって、ペルシャ湾岸でアメリカが主導した最初の戦争の火蓋が切られた。晴れた星明かりの砂漠の空を閃光が満たす中、CNNの記者たちはアル・ラシードホテルの九階から空爆の様子を無検閲で生中継した。アメリカが初めて戦闘でステルス爆撃機を登場させたのは、このときのことだ。ステルス爆撃機は敵のレーダーに捉えられることがほぼなく、月明かりのない日には目視もできない。その日、月明かりがなかったのは偶然ではない。この攻撃は、昼も夜も月が見えない新月の日を選んで計画されたのだ。

閉会の挨拶をする予定の人は来られなくなった、とバーコールが言った。コーヒーを出されても軽妙な会話などしようもない。みなCNNを注視したり帰宅して家族のそばにいたりできるように、宴会も早めに切り上げられるだろう。会場は静まり返った。暗い雰囲気が全体を包んだのも不思議ではない。ヴェトナム戦争が終結して二〇年足らず、その場にいた多くの人にとってアメリカによる東南アジア介入はいまだ苦い記憶としてこびりついていた。それは私も同じだった。

フィラデルフィアにいた同僚学者のほとんどが朝までテレビに釘付けになっていたその夜、私は一人ホテルを出てさまよいながら、行き場のないエネルギーを鎮めていた。どこへ行ってもテレビはCNNを映していた。ある自動車修理工場のそばを通ったとき、二〇代ぐらいの整備士がいたので声をかけた。ヴェトナムがアメリカにとって悪夢になろうとしていたころにはおそらくまだ幼稚園児だっただろう。「戦争になったことは聞いたかい?」

残念だというような言葉を聞けると思っていた。だが返ってきたのは「もちろん!」とはしゃぐ声だった。しかも、誇らしげに何度も拳を突き上げている。そんな態度と戦争が結びつくものだとは、私は一度も考えたことがなかった。「よっしゃ! 戦争だ!」と彼は連呼した。

おそらく、こんな日が来ることは、戦没者追悼記念日のパレードや独立記念日の花火での愛国的な熱狂を見れば予想できたはずだ。そういった行事の背景には、戦争、爆弾、ロケット、流血の物語がある。私も他のアメリカ人と同様、音程がぐんと上がる国歌の一節「ロケット弾の赤い炎、空中で炸裂し」を歌ってきた。戦時の将軍がその後大統領になった例ならたくさん知っていたし、戦争の記念碑や記念像が公共の場所に数多く設置されていることもわかっていた。さすがに砲台がそのまま置かれていることはないものの、軍服を着た兵士(もしくは兵士たち)の像が、背筋をぴんと伸ばし、勇ましく、誇らしげに、ときには軍馬にまたがって、サーベル、マスケット銃、カービン銃、アサルトライフルといった、彼らが戦った当時の武器を振りかざしているのだ。

そのような表現に見られる愛国心や軍国主義は、私自身が武力衝突というものに対して抱く感覚とは相容れない。他の人たちはどうやって折り合いをつけているのか、私にはわからなかった。だがあの二〇歳そこそこの整備士君にはそれができていたらしい。彼が同調していた原始的な情熱こそ、何千年間も戦争の原動力だったものだ。私が育った時期の戦争だけにかぎらない。

ヴェトナム、ラオス、カンボジアでの戦闘によってアメリカでは猛烈な反戦運動が巻き起こり、その激しさや注目度はかつてないほどになった。帰還兵や、自分たちが従軍する戦争に反感を抱いた現役兵士らが何万人も加わることで、賛同者の数は膨れ上がった。一九七三年に和平協定が成立し、アメリカ軍の撤退が始まってから最初の数年間、反戦派は軍事予算が縮小するだろうと予想していたかもしれない。だが行政管理予算局が発表する数字は、わずかな小休止を示したあとで再び歳出増に転じ、次の政権では劇的な軍事費拡大を示した。[4] 就任間際のロナルド・レーガン大統領は「間もなくアメリカの夜明けが再来する」と確約した。[5] レーガンが一九八一年におこなった最初の就任演説は、英雄主義が席巻し愛国主義が強要される時代の到来を公式に告げるものだった。「内に秘めた、しかし痛切な愛国心」を宿した英雄たちに「毎日（……）カウンター越しに」会える、そんな時代だ。[6] 人々は玄関ポーチに星条旗を垂らした。軍隊への敬意や祖国への愛を示す露骨なまでの表現が増殖していった。主戦論的な愛国主義の空気が広まり、戦争は再び、栄光となった。

他の大多数の天体物理学者と同じく私も、戦争がもたらすものについて考えると、身の縮む思いがする。死と、破壊と、幻滅だ。私がそれらに抱く嫌悪感は、レーガンのいう英雄たちが持つ愛国心と同じく、内に秘めてはいるが痛切なものだ。ヴェトナム戦争の初期、アメリカではよほどの傍流以外は政治的立場の左右を問わずあらゆる人が、共産主義はすべての悪の象徴であるから打倒せねばならず、対する私たちはすべての敬虔かつ善なるものを代表していると公言していたのをよく覚えている。当時、私はそれを言葉として認識できるくらいの年齢にはなっていたが、理解できるほど大人になってはいなかった。だが、戦死したアメリカ兵の名簿や写真が毎週メディアに載るようになるころには、私も世界の出来事についてときどき考えるようになっていたし、そこから伝わってくるメッセージも明瞭に理解できるようになっていた。ヴェトナム人が大勢死んでいる。アメリカ人も大勢死んでいる。アメリカ兵が田んぼや村を機銃掃射している。苦難の状景は私の記憶に刻み込まれた。いくつかのイメージはその後何十年間も頭から離れなかった。

時は飛んで二〇〇五年の夏、ヴェトナム戦争終結から三〇年が経ち、私の娘がもうすぐ九歳の誕生日を迎えるころのこと。シャワーを浴びおえた娘のミランダが自分の部屋に駆け戻る。裸なのは、うっかり部屋にバスタオルを忘れてきたからだ。腕を横に広げ、肘を少し曲げた姿で私のそばを走り抜けた瞬間、時が止まる。一九七二年にピュリッツァー賞を受賞した、あの裸のヴェトナム人の少女の写真が頭の中に蘇る。あなたもご存じだろう。アメリカ軍のジェット機がナパーム弾を雨あられと投下したために村を焼き尽くされ、道沿いに逃げる少女の姿を捉えた写真を。[7]少女の体の発育状態と背格好は、八歳から九歳くらいの女児のものだ。そして、少女の体の発育状態と背格好は、私の娘と同じだ。その一瞬、少女と娘が一つになった。

* *

第一次湾岸戦争（一九九一―九二年）時のアメリカは、有志連合諸国とともに、「なすすべもなくイラクに侵攻されるクウェートの守護者」を自認していた。当時のアメリカの街角でおこなわれたデモは、断固として戦争を非難するものよりも、お行儀よく反対意見を表明するものが比較的多かった。ヴェトナム戦争時代の激しい怒りは消え去り、反戦運動家の多くは、戦争と兵士を区別するというスタンスを便宜的に採用していた。彼らが掲げるプラカードには、「石油のために血を流すな」ではなく「我らが兵士たちを支えよう、彼らを家に帰そう」というようなスローガンが記されていた。南北戦争時代の曲『ジョニーが凱旋するとき』が再び歌われ、フレーフレーの歌詞に合わせて歓声が上がった。信義や帰還の願いを表す黄色いリボンが再び見られるようになった。

それから十数年後のイラク戦争において、侵略者となったアメリカは、自国に圧倒的優位性をもたらす新型の宇宙資産（アセット）を導入した。気象衛星、スパイ衛星、軍事通信衛星、そして二〇機以上の地球周回ＧＰＳ（全地球測位システム）衛星が戦場の画像を撮影し、地図を描いたのだ。地上では、若い兵士たちが危険だらけの道路を装甲車両で走っていた。携帯型の機器を用いて宇宙アセットと通信することで、標的がどこにあるか、どうやって到達できるか、途中にどんな障害物があるか、おおまかなところを把握することができた。一方アメリカ国内は、イラク戦争がいかに正当化され、資金を投じられ、遂行されているかを公然と批判する際には、兵士たちに対する惜しみない賛辞を添えなければならないようなプレッシャーに満ちていた。しかし、そのようなプレッシャーの中でも、何十万人もの平和主義のアメリカ市民、数百人の怒れる新世代の反戦退役軍人、そして何百万人ものヨーロッパの人々が、街角で抗議行動を起こしたり自分たちの体験を公の場で証言したりして、侵略を速やかにやめるよう呼びかけた。[8]

いつものことながら、議会がそのような大規模な反戦運動の先頭に立つことはなかった。五〇年以上にわたり、議会は憲法に規定された宣戦布告の権利を行使することも、戦争を続行するための予算を差し止めることもなかった。今回も単に、アメリカの武力をイラクに向けて「必要かつ適切だと判断したとおりに」行使する権限を大統領に与えるかどうかを採決しただけだった。一九九一年一月も——民主党が多数を占める議会が戦争を支持するという二〇世紀不動のパターンをなぞるように——下院二五〇対一八三、上院五二対四七の票数で、共和党の大統領に軍隊を思いどおりに動かす権限を与えたのである。[9] そして二〇〇二年一〇月の今回、より半々に近いが共和党多数となった議会は、下院二九六対一三三、上院七七対二三で、別の共和党の大統領に同様の権限を与えることになった。そういうわけで、二〇〇一年九月一一日の恐怖への報復という建前を掲げつつ、イラクが保有しているとされた大量破壊兵器をこの世からなくし、自国民に対して執拗に拷問、抑圧、毒ガス攻撃をおこなうような独裁者からイラクの人々を解放するため、私たちは戦争に突入した。実はその独裁者というのは同時に、無償の大学教育、国民皆保険制度、有給の産休、毎月の小麦粉・砂糖・油脂・牛乳・茶・豆の配給を自国民に施す為政者でもあったのだが。[10]

9・11後の数年間は、傭兵や、軍事工学産業、航空宇宙分野の大企業にとっては景気のいい時代だった。ヴェトナムは遠い昔のことのように思われた。ブラックウォーター、ベクテル、ハリバートン、KBRといった企業は軒並み繁盛した。世界の株価上昇率が六〇パーセントだったのに対し、航空宇宙・防衛産業に限定した株価指数の収益率は、九〇パーセントも上昇したのだ。[11]「テロ」や「祖国の安全」に言及するときは、民主党リベラル派も共和党保守派と共同戦線を張った。

冷戦が徐々に萎んでいくにつれて航空宇宙産業は容赦ない縮小と整理統合を迫られた。レーガンが大統領に当選した日には七五社あった航空宇宙企業は、ベルリンの壁崩壊のころには六一社になっており、ツインタワーが有毒な粉塵と化したときにはロッキード・マーチン、ボーイング、レイセオン、ノースロップ・グラマン、ゼネラル・ダイナミクスの五社の巨大企業にまで統合されていた。このわずか一〇年あまりのあいだに約六〇万もの科学技術職の雇用が消え、それとともに計り知れないほどの経験と知的資本が失われた。[12]

〝救いの手〟を差し伸べたのは、テロリズムだった。アメリカの科学技術職労働者を救うものではなかったとしても、アメリカの大企業経営者を救ったのは確かだ。その救済を巧みにアシストしたのは、二〇〇一年に公表された「合衆国国家安全保障のための宇宙管理・組織評価委員会」

最終報告書である。同委員会は、強硬派の委員長でその後間もなくジョージ・W・ブッシュ政権の国防長官に就任することになる人物にちなみ、通称「ラムズフェルド宇宙委員会」として知られる。この報告書では、脆弱性、敵意ある行為、攻撃、抑止、革新的な技術、宇宙における優越性、民間部門の活性化、「宇宙における真珠湾攻撃」の回避(この文言は繰り返し登場する)といった課題が挙げられている。そのうえで、アメリカが確実に「世界最先端の宇宙開発国家でありつづける」ために必要な「宇宙における、宇宙からの、宇宙を経由した戦力投射」をおこなうよう政府に求め、アメリカが「敵意ある行為から宇宙アセットを防衛し、アメリカ合衆国の利益に反するような敵意ある宇宙利用を無効化する」能力を持たなければならないと断言する——概して大仰で終わりの見えない基本方針である。[13] 9・11のちょうど八か月前に出されたこの報告書にはテロリズムへの言及箇所が多数ある一方で、オサマ・ビン・ラディンに触れた部分は一か所しかない(とはいえその脅威レベルは一貫して「深刻」寄りの「高い危険」とされている)。

ラムズフェルド式宇宙管理の柱の一つはミサイル防衛だった。このおおいに疑問視された弾道ミサイル迎撃技術は、一九八三年にロナルド・レーガンが開発目標に定め、即座に「スター・ウォーズ計画」と呼ばれるようになったものだ。ジョージ・W・ブッシュ大統領の一期目の任期にあたる二〇〇一年から二〇〇四年のミサイル防衛予算の下、ボーイングの請負契約は二倍に、ロッキード・マーチンは二倍以上に、レイセオンは三倍近くに、ノースロップ・グラマンは五倍になった。[14] 同じ時期に、航空宇宙企業は民主・共和両党に選挙運動資金として数万ドル単位の献金をして、ミサイル防衛システムに関して数十億ドル単位の多年度契約を請け負った。投資額が控えめなことを考えると、うらやましいほどのリターンだ。[15] 国防総省のスター・ウォーズ計画予算は二〇〇一年には五八億ドルだったが、二〇〇四年には九一億ドルに達した。ブッシュ政権は一九七二年に締結された弾道弾迎撃ミサイル制限条約から早々に脱退し、宇宙空間での軍事技術の試験を制限する国際的な取り決めから抜け出すことで、新たに「ミサイル防衛局」と名付けた組織にその任務を遂行する権限を与えた。

二〇〇一年から二〇〇四年にかけては、スター・ウォーズ計画だけでなく軍事予算全体も拡大した。正式な国防予算の「権限額」、すなわち国防総省、エネルギー省、アメリカ航空宇宙局（NASA）その他の機関が新たに契約を結んだり発注をかけたりすることのできる額は、二〇〇一年の三二九〇億ドルから二〇〇四年の四九一〇億ドルまで上昇した。その間、アメリカ軍の信用与信枠と自動振替額を合わせた額は年間一兆ドル近くまでじりじりと拡大したほか、記録に残らない数十億ドルが収縮包装の紙幣となってイラクでばらまかれるなど、その他の支出もあったことは言うまでもない。[16] これほどの支出がアメリカの国家安全の増強に寄与したのかどうかは議論の分かれるところだ。

＊　＊

政治、そして安全に関心がある人のあいだでは、安全保障というものの基本的な定義が重なり合うことはほとんどない。国家の安全保障であろうと、国際的またはその他の安全保障であろうと同じだ。たとえば中道のシンクタンク「アメリカ安全保障プロジェクト」の綱領には次のように書かれている。

爆撃機や戦艦によって国家の安全保障を評価する時代は終わった。新しい時代における安全保障では、アメリカが持つすべての力を結びつけて活用することが求められる。外交力、軍事力、経済の活力および競争力、そして我が国の理想が持つ力を総動員することが必要だ。[17]

中道左派「アメリカ自由人権協会」の「国家安全保障プロジェクト」の見解は異なる。

我が国の憲法、法律、価値観は、我が国の強さと安全保障の基礎である。しかし、二〇〇一年九月一一日のテロ攻撃以降、我が国の政府は組織的に拷問、標的殺害、無期限拘留、大規模監視、宗教差別に手を染めている。このようなやり方は法に反し、我々が最も大切にしてきた多くの価値を損ね、我々の自由と安全を奪っている。(……)我々はアメリカ政府に対して、法手続きの軽視、差別、あらゆる人に対する容疑者扱いといった方針と実践を放棄するよう求める。また、我が国の安全保障の名の下におこなわれた虐待の被害者に対し、我が国が説明責任を果たし、賠償するよう要求する。これらをおこなうことこそ、アメリカが国内および国外において倫理的影響力と信頼性を取り戻すための道である。[18]

連邦政府の国家安全保障局は、ホームページに「我が国を守る。未来を確保する」というきわめて漠然とした標語を掲げている。トランプ時代に入ってからの同局の綱領は、政治哲学よりも防衛専門用語に頼った書き方をしている。

国家安全保障局および中央保安部（NSA／CSS）は、通信・電子信号の傍受による情報収集（SIGINT）および情報保証（IA）製品・サービスを含むアメリカ政府の暗号技術を主導し、あらゆる状況においてアメリカと同盟国が優位に立つためのコンピューター・ネットワーク・オペレーション（CNO）を可能にする。[19]

国家安全保障局といえば、その最も有名な内部告発者であるエドワード・スノーデンが共感を寄せるのは、自身の元職場ではなく、圧倒的にアメリカ自由人権協会の理念のほうだ。彼は国家の安全保障に修復不可能な損害を与えたとして多くの人から非難された。だが、彼が訴えたのは国家安全保障ではなく、公共の利益の問題だ。この場合の公共の利益とは、国家安全保障のためという建前で大規模かつ無制限の個人監視を政府が自由におこなうことではない。政府のおこないを個人が知り、議論し、理解し、意味のある形で同意する権利のことである。[20]

さらに異なる見方もある。マサチューセッツ州に拠点を置く「全米優先プロジェクト」の国家安全保障観は、そのコストをまた別の視点から捉えたものだ。たとえば、アメリカの納税者は二〇一六年、一時間あたり五七五二万ドルを国防総省に支払わされていた一方で、教育には同一一六四万ドル、環境保護には同二九五万ドルしか支出されなかったと指摘している。[21]

国家を離れて地球全体に目を向けてみよう。人間の生死に直結するレベルの脅威として科学者が挙げるのは、抗生物質の過剰な使用により高度な薬剤耐性を持つようになった病原菌の増加が、国家だけでなく世界全体の安全保障を脅かす事態だ。また、国際連合や世界じゅうの科学者に加えてアメリカ国防総省も、気候変動がさまざまな脅威を同時に引き起こすと考えている。つまり気候変動は、淡水、食料、難民を巡る地域紛争を誘発し、干魃（かんばつ）、森林火災、パンデミック（感染症の広域流行）を頻発させ、海岸線の後退や低海抜国の水没につながる海面上昇の原因になるというのである。[22] ヨーロッパ連合（EU）が力説するところによると、今は「多面的で、相互に関係し、国家をまたぐ脅威」の時代であり、「国内と国外の安全保障は分かちがたく結びついている[23]」

どのような定義を採用しようとも、貧富を問わずあらゆる個人や国家にとって、安全保障は──安全という最もシンプルな意味において──最重要とは言わずとも重要な関心事だ。生存はその第一歩にすぎない。それに加えて、恐怖からの自由、欠乏からの自由が最低限必要だ。個人から家庭、社会、国家、世界まで、あらゆる規模の安全保障において、長期的な実践も不可欠である。技術的に進んだ世界においても、食料、水、教育が不足すれば、長期にわたる成長、持続は不可能だ。結局のところ、最も大きなスケールでの安全保障は、多国の共存を受け入れることなしに達成することはできない。なにしろ、数百キロ上空の宇宙から見下ろせば、どの国も陸地の集まりの中の一部分にすぎないのだ。緑、茶色、青、消えかかった白の点々が集まってできたコラージュが、地球は一つであり、その住民はともに生きることから逃れられないというシグナルを送っている。宇宙飛行士なら容易に受信できるシグナルだ。[24]

＊　＊

9・11後の数年間、私はニューヨークのヘイデン・プラネタリウムを運営し、アメリカの航空宇宙産業促進のための大統領委員会に参加し、毎月『ナチュラル・ヒストリー』誌にコラムを書くなど、とんでもない数の仕事を同時進行でこなそうと大忙しだった。そのころさらに、コロラド州に拠点を置く非営利団体、アメリカ宇宙財団の理事としての活動にもかかわりはじめていた。一九八三年に定められた宇宙財団の定款には高貴な響きがある。

文明に益するため、および世界の平和と繁栄を育むための（……）実践的かつ理論に基づく宇宙利用の（……）さらなる理解と意識を（……）アメリカ合衆国市民および世界じゅうの人のあいだに育み、伸ばし、促進することを目的とする。[25]

財団には、宇宙ビジネスをおこなうすべての人に向けた重要な仕事が二つある。一つは、てかてかした表紙の下に情報がぎっしり詰まった年鑑『宇宙リポート――信頼できる世界宇宙活動便覧』の刊行、もう一つは上場企業約三〇社を構成銘柄とする「宇宙財団指数」の公表だ。しかし、財団が最も昔から携わってきた、そして財団にとって最も活発な取り組みといえば、広範囲の議題を取り上げる会議を毎年一回ずつ開催することである。三〇年以上続く、毎回大盛況の巨大な大会「全米宇宙シンポジウム」である。[26]

私が理事会の一員として初めて参加したのは、二〇〇三年四月七日から一〇日にかけて開催された第一九回シンポジウムだ。会場はいつもと同じコロラドスプリングスのブロードムーア・ホテル・アンド・リゾートで、天井が高く広々とした展示広間には、いくつもの企業、政府機関、軍の各部局、貿易商がそれぞれの航空宇宙関連製品を展示するためのブースを並べ、多くはスタッフとして魅力的な若い女性を配置していた。コロラドスプリングスは晴天が多くくつろいだ雰囲気の中規模都市だが、驚くほどたくさんの軍事施設が集まった町でもある。ピーターソン空軍基地、シュリーバー空軍基地、シャイアン・マウンテン空軍基地、北アメリカ航空宇宙防衛司令部（ＮＯＲＡＤ）、フォート・カーソン陸軍基地、空軍士官学校、アメリカ北方軍、空軍宇宙軍団、陸軍宇宙ミサイル防衛集団／陸軍戦略コマンド、ミサイル防衛局統合・運用センター、集積ミサイル防衛統合機能構成部隊、第二一宇宙航空団、第五〇宇宙航空団、第三〇二空輸航空団、第三一〇宇宙航空団、そして国家安全保障宇宙機構などが位置するのである。また、一〇〇社以上の航空宇宙および防衛関連企業の本社または事業所があり、ボール・エアロスペース＆テクノロジーズ、ボーイング、ロッキード・マーチン、ノースロップ・グラマン、レイセオンといった巨大企業も拠点を置いている。他にも宇宙科学の大学院課程がある大学が三つもあり、当然、宇宙財団の本部もある。そういうわけで、人口では全米二二位にすぎないコロラド州が、航空宇宙活動の合計では毎年一位と三位のあいだを行ったり来たりしているのだ。

その二〇〇三年のシンポジウム開幕が三週間後に迫った三月一九日、ブッシュ大統領が大統領執務室からテレビ演説をおこない、「イラクの自由作戦」の始まりとなる「斬首攻撃」を開始したと発表した。世界に向けて、これは「生半可な軍事作戦」にはならない、「勝利以外の結果」は許されないと確約したのだった。[27]

一般的に、全米宇宙シンポジウムの参加登録者は、空軍将官や企業役員、宇宙センター幹部、NASAその他の政府機関の局長級の人たちだ。他にもエンジニア、起業家、発明家、投資家、飛行機乗り、宇宙兵器のトレーダー、通信の専門家、宇宙観光の事情通、そしてたまに天体物理学者がいるかと思えば、選り抜きの連邦議会議員の面々、州政府の代表団、さらには、拡大を続ける宇宙開発の国際コミュニティに属する外交官や科学者たちが各国からやって来る。学生もいる。教員もいる。参加登録者のほとんどは男性だ。その年、会場に集まった五〇〇〇人の多くは、イラクの自由作戦に何らかの形で仕事として携わっていた。実のところシンポジウムの主催者たちは、総会講演の登壇予定者として名を連ねていた将校たちが招集され、シンポジウムへの参加やこれからの戦争に関する講演が一切できなくなるのではないかと心配した。だが始まってみれば参加者数は過去最高で、前年より二〇パーセントも多かった。[28]参加者たちはこの数日間のシンポジウムのことを、宇宙ビジネスから引き離される場所ではなく、それをおこなうのに世界一最適な場所だと考えていたのだ。そして、それはまさにそのとおりだった。

アメリカの宇宙アセット、あるいは最新鋭の通信技術や戦争の未来についての話を聞くべき人。企業の研究開発を見聞きして宇宙兵器の将来像を考える必要がある将官。軍の戦略担当官が描く最新のビジョンはどのようなものかを知らなければならない企業経営者。彼らはみな、この同じ場所、同じ時間に集まっていた。学術的な研究をする科学者は最も目立たない存在だった。だがそんな私や同業者たちがおこなう宇宙研究は、確実にこの国の軍事力の一部になっている。それは私にとっては昔から明らかなことだ。

だが、ブロードムーアの敷地内にいた誰もがアメリカ軍による宇宙支配を熱心に歓迎していたわけではない。シンポジウム初日の朝、美しくて立派なホテルから真新しい会議場までの短い距離を歩く途中、気がつくと目の前で十数人の抗議者が、このシンポジウムは武器見本市だと非難していた。私は戦争が好きではない。自宅のバスルームから飛び出す子供を見て、裸のまま焼け出されたヴェトナムの少女を連想するような人間だ。それでも、コロラドスプリングスで抗議者たちと直接対面したあの日、それまで一度も予期しなかったような心の変化が生じた。「彼ら」と向き合っている。不意にそう感じたのだ。

たしかに、ボーイングは熱照射によるミサイル迎撃システムをつくっている。たしかに、ロッキード・マーチンはレーザー誘導ミサイルをつくり、ノースロップ・グラマンは迎撃ミサイルをつくり、レイセオンは巡航ミサイルをつくり、ゼネラル・ダイナミクスは核弾頭搭載弾道ミサイル用の誘導・制御システムをつくっている。彼らはみな物を破壊し人を殺す兵器をつくっている。地上配備型もあれば、航空機搭載型もあり、宇宙配備型もある。たしかに、二〇〇三年の全米宇宙シンポジウムの会場にいれば、ほぼどこを向いても宇宙関連の兵器が取引されていた。だが、私にとってこの学会は平和のこと、そして宇宙のことを第一に扱う場であり、一部で武器取引の手助けをしているからといってシンポジウム全体を悪だと捉えるような見方はしたくなかった。だから、説明責任は有権者と彼らが選んだ当局者たちにあるのであって、企業にはないのだと自分に言い聞かせた。

この急に浮かんだ考え方があたかも昔から抱いていた信念だったかのように、私は内心で抗議者たちに、政治的にうぶだとか、当たり前に享受している自由を守る者たちに対して恩知らずだと、そんなレッテルを貼った。そして小さく憤りをにじませながら、一団の中を通り抜け、イベント会場に足を踏み入れた。

＊　＊

総会講演のために連日使われる宴会用の広間はあまりに大きく、演台は後列からはかろうじて見えるくらいだった。天井は高く、がっしりした赤い布張りの椅子が数千席あり、赤い花柄をあしらった厚い青絨毯が敷かれていた。ステージの背景幕は宇宙船の操縦席のようだった。特大サイズのスクリーンが部屋のちょうど中央あたりの左右の壁に沿って吊り下げられていて、数千人の来場者が皆、講演者やパネリストの姿をよく見られるようになっていた。

基調講演をおこなった空軍宇宙軍団のトップ、ローレンス・W・ロード大将は、背が高く落ち着いた気さくな人物だった。「夢を持たなければ、夢を実現させることはできない」。ロード大将はそう言い切って、聴衆にミュージカル『南太平洋』と冷戦を思い出させた。「宇宙に出なければ、競争にも参加できない[29]」。ステージを降りた大将は親戚のおじさんを思わせる暖かい握手をし、人を惹きつけるフレンドリーさを見せるので、いかにもな名前からくる印象やヴェトナム戦争時代の主戦論を唱える指揮官のステレオタイプが覆された。

休憩時間に私はノートパソコンを開いてメールを熟読しはじめた。だが頭の中は、周囲の他の人と同じように、戦争のことで一杯だった。バグダッド攻略は四月五日に始まっていた[30]。アメリカの最初の輸送機が兵士と装備品を運び、バグダッドの空港に到着したのが四月六日。アメリカ軍がサダム・フセインの大統領公邸を占拠したのは四月七日、シンポジウムの初日だった。その日の朝はちょうど、巨大なミルスター衛星がケープ・カナベラル空軍基地から打ち上げられたばかりだった。これは軍事通信衛星として投入された五機のうちの五番目にあたり、打ち上げの瞬間にはロード大将が称賛を送った。アメリカ軍の「衝撃と畏怖」作戦はうまくいっているようだった。そして空には、湾岸戦争の幕開けを目撃した月とは違う種類の月がかかっていた。このときの月相は、満ちていく三日月型の月だ。今回のバグダッド攻撃はステルス戦闘機に頼らなかったので、多国籍軍は月のない夜の暗闇を必要としなかった。代わりに今回は、おもに歩兵部隊、戦車、装甲兵員輸送車を用い、地上から侵攻したのだ。

突然、広間に掛けられた巨大スクリーンに映し出されるものが、パワーポイントのスライドからCNNの戦争中継に切り替わった。イラクの自由作戦、カラーの実況だ。バグダッドの中心地で激しい戦闘がおこなわれている。ニュース専門放送局アルジャジーラの支局が爆撃されたらしい。国際メディアのジャーナリストが好んで宿泊していたパレスティナ・ホテルが砲撃を受けたようだ。対戦車砲搭載機が、ティグリス川に架かる橋にあるイラク軍陣地を攻撃している。武装ヘリコプターが、イラク共和国防衛隊が使用していると思われる建物群を攻撃している。イギリス軍がイラク第二の都市バスラを掌握しようとしている。スクリーンでは、記者やニュースキャスターや報道官や将官らが、使われている兵器について説明しながら、製造した企業の名前を伝えていた——それと同じ名前が、シンポジウム会場の展示ブースにでかでかと書かれ、周囲の人間がつけている名札に印字されている。破壊行為に用いられた兵器の製造元が特定されるたび、その企業の従業員や経営者から拍手喝采が沸き起こった。

こんな光景を目にするまでは、まだよかった。だがこうなるともはや、心が激しく痛んだ。アメリカは再び、アメリカに攻撃を加えていない主権国家を侵略している。これがテレビゲームなら、仮想の標的を破壊し、次のレベルに進めたときには歓声を上げたっていい。だがその標的が本物の場合には、そんな態度は受け入れがたい。サダム・フセインが入店したというバグダッドのレストランにボーイングB―1Bランサーが四発のGBU―31精密誘導爆弾を投下したときには、人間が死んでいるのだ。サダム・フセインの護送車隊らしき車列をロッキード・マーチンAGM―114ヘルファイア・ミサイルで集中攻撃したときには、人間が殺されているのだ。

瞬(まばた)きして涙を抑え、冷静でいようとこらえながら、もう参加を取りやめて帰ろうかと思った。宇宙財団の理事会をどう辞めようかと考えはじめた。だが同時に、この戦争の聖所から出て、頭を砂に突っ込んで聞こえないふりをすればいいわけではないという気もした。見ないよりも見たほうがいい。自分にそう言い聞かせた。知らないよりも知るほうがいい、理解しないよりもするほうがいい。私はその時その場所で、魅力的ではないが否定しようのない事実を受け止めた。これまで、さまざまな文化、さまざまな時代に宇宙シンポジウムのような討論会が存在した。その参加者たちは、彼ら自身と、彼らが代表する国家のために力を手に入れようとした。また、そのような力の探求が技術への投資を両者一丸となって促進した。そうした営みがなければ、天文学も、天体物理学も、宇宙飛行士も、太陽系の探査も、全宇宙の理解も、何一つ存在しないのだ。

だから私はその場を離れなかった。そして別のやり方で、そのときの感情と、歴史、矛盾、優先事項、その日が垣間見せた可能性との折り合いをつけようと決意した。

＊　＊

宇宙は究極のフロンティアであり、どこよりも高い戦略高地だ。宇宙科学者にも宇宙戦士にも共有される実験場であり戦場でもある。探索者はそれを理解したいと願い、軍人はそれを支配したいと望む。だが正しい技術なしには――どちらの陣営も多かれ少なかれ同じ技術を必要とする――到達することも、活動することも、調査することも、支配することも、自らが優位に立つために利用することも、決してできないのが宇宙である。そのための技術がなくては、科学者も軍人も目的を達成することはできない。ラムズフェルド委員会の報告書には、「昨日の技術に頼って今日の要求を満たし、明日を犠牲にすることでは、アメリカ合衆国は世界をリードする宇宙開発国でありつづけることはできない」とある。宇宙にどのような類の関心を持つ者であろうと、求めるものは最先端かつ軍民両用可能な技術なのだ。

だから、平和目的で土星の輪を詳しく観察したい天体物理学者であろうと、侵略目的で山中のシェルターについての高解像度の衛星情報を求める陸軍将官であろうと、同じ技術者たちに頼るほかない。技術者には、企業に勤めたり助言をおこなったりする者もいれば大学の教員もおり、両方をおこなう者もいる。彼らが請け負う仕事のほとんど、それに有名な宇宙科学プロジェクトの費用のほとんどは、国民の税金で賄われている。NASAは学術的な宇宙研究への主要な資金提供者で、多くの大手企業がさまざまな契約をNASAと結んでいる。企業が契約を結ぶ相手はいろいろだ。たとえば空軍宇宙軍団、国防高等研究計画局（DARPA）、空軍研究所、アメリカ国家偵察局、NASA、それにスペースXのような民間企業もある。誰が資金を出すかはそれほど重要ではない。どのみち宇宙科学者と宇宙戦士の両方が、その結果を活用するからだ。

では、航空宇宙技術者や天体物理学者、物理学者、コンピューターの天才たちはどこから来て、どこで働いているのか？　政府や軍の機関や企業はどうやって彼らを引きつけるのか？　おそらくミサイル防衛契約の話で興味を引くわけではないだろう。この種の人たちがやりたいのはあくまで科学であり、宇宙なのだ。

近年の宇宙財団『宇宙リポート』や全米国立科学財団『科学・工学指標』を紐解いてみると、瞠目すべき統計的傾向がある。アメリカでは知識または技術集約型産業が国内総生産（GDP）の四〇パーセントを占める。この割合は先進国の中で最も高く、高学歴の労働者に大きく依存する経済構造になっている。全雇用に占める科学や工学分野の雇用の割合は一九六〇年から二〇一三年までのあいだに倍増し、そのうちの相当部分が移民によるものである。アメリカ在住者のうち、移民の割合はこの一〇〇年間の平均で一〇パーセントほどである一方、アメリカ人の全ノーベル賞受賞者のうち三三パーセントは移民だ。博士号を持つ労働者のうちアメリカ国外出身者の割合は、自然科学分野では半数近くに、計算機科学、数学、工学分野では半数以上にのぼる。だが同時に、これらの分野における博士号取得者数でアメリカを凌ぐ国が出てきている。なかでも目立つのが、中国やインドだ。そのような国々が学術インフラをせっせと整えているため、今後アメリカの大学院で学ぶ留学生の割合は減っていくだろう。このままのペースでいくと、間もなくアメリカは「途上」国の科学者志望の若者が目指す土地として一番ではなくなる。偉大さを取り戻すという私たちの夢が、ますます遠のく。排外主義が広がり、高等教育に対する公的支援の縮小が進めば、中・長期的にはどのような結果が待っているだろう？　問題は、単に大学院の学生数だけでは捉えきれない。特に宇宙に関していえば、宇宙開発が世界的に急速に活発になっているにもかかわらず、アメリカではこの一〇年ほどのあいだ、宇宙関係の民間労働者が毎年減少を続けている。一方、日本ではその数は二〇〇八年に底を打ってから六割以上増加し、EUでも三割以上増している。[32]

絶対数の多さにもかかわらず、アメリカでは天体物理学の博士号取得者が職探しに困ることはほとんどない。天体物理学者はプログラミングのエキスパートで、問題解決能力も鍛えられている。複数のコンピューター言語に通じ、大量のデータ分析もお手のもので、ほとんどの職務で求められる水準を上回る数学力を持っている。教授や教育者にならない者はウォール街に取られ、NASAに取られ、エネルギー省、国防総省の各部門、情報技術産業や航空宇宙産業に取られていく。そして大学に残った者たちよりも常に多く稼ぐのだ。

就職先として有力な選択肢の一つがノースロップ・グラマンだ。老舗企業で、一九六〇年代、宇宙飛行士を月の表面に降ろす月面着陸船をつくったのが合併前のグラマンである。二〇一二年から一六年にかけて、ノースロップ・グラマンの株価はS&P五〇〇種株価指数よりも著しく高い伸び率を示した。同社の主要な収入源は、国防総省や情報機関との請負契約である。二〇一四年から一六年までの三年間における同社の売上総額のうち、六分の五はアメリカ政府発注によるものだ。ノースロップ・グラマンは自社を「安全保障分野の世界大手」と位置づけ、ウェブサイトに「弊社は自律システム、サイバー、C4ISR（指揮・統制・通信・コンピューター・情報・監視・偵察）、攻撃、ロジスティクス近代化の各分野において、製品、システム、問題解決を提供します」と軍需企業であることを前面に押し出しているが、一方ではNASAのジェームズ・ウェッブ宇宙望遠鏡の開発をおもに請け負った企業でもある。これは最先端科学を駆使した赤外線観測望遠鏡で、常に地球の一五〇万キロメートル外側の位置を保ちながら太陽を周回し、初期宇宙における銀河の誕生を観測することを主な任務としている。ウェッブ望遠鏡は一九九六年にハッブル宇宙望遠鏡の後継機として計画され、アポロ計画実施期間の大半でNASA長官を務めた人物にちなんで名付けられた。総コストは約九〇億ドルに達すると見積もられており、構想開始から打ち上げ予定まで毎年約三億七五〇〇万ドルが費やされた計算になる。莫大な金額に思えるかもしれないが、これはノースロップ・グラマンの年間売上額の二パーセントにも満たない。

　新米の天体物理学者なら間違いなく、ウェッブ望遠鏡や同社の「スターシェード」という花冠型遮光器の開発に携われると思うとわくわくするだろう。スターシェードとは、宇宙望遠鏡が向いている方向の数千キロメートル先に設置する構造物で、恒星の光を遮り、その恒星の惑星系を観測しやすくする役目を持つ。やりがいに加えて、民間企業で働くということは大学よりも高い給料がもらえるということでもある。だから魅力は大きい。とはいえ私たちのように星を見上げて目を輝かせていた科学者たちも、ノースロップ・グラマン社員六万七〇〇〇人の一員になってしまえば、ウェッブ望遠鏡やスターシェードではなく、軍事関連の航空宇宙プロジェクトに配属されることもありうる。たとえば配列型レーダー、マルチスペクトル高解像度撮影技術、弾道ミサイル防衛、高エネルギーレーザー、ＥＨＦ（ミリ波）通信システム、宇宙配備型赤外線監視システムの開発に回されるかもしれないし、ステルス爆撃機開発をやらされる可能性すらある。[33] 才能を引き寄せるのは宇宙探査かもしれないが、給料を払うのは戦争なのだ。

＊＊

　二〇〇三年四月一四日、アメリカ軍がサダム・フセインの生地ティクリートを制圧したように思われた日、統合参謀本部作戦副部長は「大規模な戦闘行為は終わったと考えられる」と発言した。二七日間に及んだイラクの自由作戦が終わろうとしていた。二週間後、ストラップ付きのフライトスーツに身を包んだブッシュ大統領が、カリフォルニア州サンディエゴ沖で空母エイブラハム・リンカーンの飛行甲板からおこなった演説は、統合参謀本部と同様の見解を述べたものだった。

イラクにおける戦闘で、アメリカ合衆国と同盟国は勝利した。（……）この戦闘で、我々は自由のために、そして世界の平和のために戦った。（……）新しい戦術と高精度の兵器のおかげで、我々は民間人に暴力を与えることなく軍事目標を達成できる。（……）テロとの戦いはまだ終わっていないが、終わりがないわけではない。いつ最終的な勝利を収めることになるかはわからないが、すでに潮目は変わった。テロリストのいかなる行為によっても、我々の目的は変わらず、我々の決意は揺らがず、彼らの運命も変わらない。テロリストの種は失われた。自由主義国は勝利に向かって進みつづける。

歴史上、外国の地で戦った国々は、占領と搾取のために居座りつづけた。だがアメリカ軍が戦闘後に望むことは、祖国へ帰ること以外にない。[34]

今の私たちは、テロリストの種が失われていなかったことも、アメリカがまだ勝利していなかったことも知っている。この先、たくさんの暴力が民間人に向けられることになる。アメリカ軍が祖国へ帰ることについては、その年にも二〇〇〇年代にも予定が立たなかった。そして、占領が開始された。

三年後の二〇〇六年四月、ブッシュ大統領による時期尚早の宣言から三周年の日が近づくころ、私はブロードムーアで開催された宇宙シンポジウムにまた参加していた。イラクの状況は悲惨だった。内乱が起き、抵抗勢力による攻撃が毎日のように発生し、インフラは大破したままであった。二か月前には国民議会議員選挙の結果が確定したものの、安定した有効な新政府の発足は危ぶまれていた。アメリカ兵の多くは従軍が三度目か四度目になっていた。[35] ハリバートンやブラックウォーターUSAなどの企業から派遣された約一〇万人の請負業者が高賃金を受け取りながら現役兵士とともに働いており、兵士との人数比はほぼ一対一だった。[36] アメリカ軍の戦死者は二〇〇〇人を超えていた。イラク民間人の死者は三万人を超え、六〇万人とする統計もあった。公式発表によると、アメリカ軍の負傷者は二万人に届こうとしていた。[37] 六人の退役将官が、ブッシュ政権による戦争の進め方に公然と反対を表明しようとしていた。そして、大金が動いていた。二〇〇六年、戦争のコストは直接的なものだけでも毎月一〇〇億ドル近くに上り、全体としては毎月一五〇億ドルを超えていた。[38]

シンポジウムではビジネスが好況に沸いていた。参加者は七〇〇〇人以上。一〇〇団体を超える企業や宇宙関連組織が参加して製品を展示し、ブースは前年よりも大きな面積に広がっていた。その年のテーマは「業界一丸――打ち上げよし！」(One Industry – Go for Launch!)。軍、科学、技術、企業、政治の各業界団体を一つの命令系統の下に集めようとするようなフレーズだ。学会後のニュースリリースでは、宇宙財団の元会長・最高経営責任者の故エリオット・プルハムによる絶賛の言葉が取り上げられた。「会場は、興奮と、業界の団結感に満ちていた。(……)アメリカ及び世界の民間、営利企業、国家安全保障関係者、起業家による宇宙コミュニティが一堂に会し、人類は最大の冒険における次なる一歩を果敢に踏み出す用意ができているのだという雰囲気に包まれていた」[39]。興奮、業界の団結、果敢に冒険に挑む用意ができている人類。たが、全人類が等しく用意ができていると言える状況だったのか？

その答えのようなものを示す三通のニュースリリースが、その年の四月のうちに私のメール受信ボックスに届いた。一通はアメリカ物理学協会からのもので、三月下旬に開かれたアメリカ議会下院科学・州・司法・商務関連機関小委員会の公聴会についての報告だ。当時のNASA長官マイケル・グリフィンの発言が要約されている。その中でグリフィンは、かぎられた予算を全員が納得するしかたで配分することの難しさと、人間を宇宙に送ることのできる能力は「超大国を定義」するものの一つであるという主張を述べている[40]。言い換えれば、宇宙における支配力と地球における支配力は強く相関するというわけだ。

もちろん、このような見解を持つ者はNASAのトップだけではない。世界最大の人口を誇る国の政治家も同じように考えていた。二〇〇三年、中国は自力で人間を宇宙に送った三番目の国になった。二〇〇五年末にはすでにアメリカの有権者のうち三人に二人が、中国が間もなく超大国になると考えていた[41]。二〇〇六年四月にブロードムーアで開催された全米宇宙シンポジウムでは、中国国家航天局の局長が講演し、同局の驚くべき成果やプロジェクト、目標の数々を発表した。ことのほか熱心に耳を傾けていた超満員の聴衆は、大勢の青い制服や上等のスーツ姿の人々のあいだにラフな格好をしたエンジニアが混じる、まさに「業界の団結」を具現化したような集ていたように見えたことだ。

団だった。ただし一つだけいつもと異なっていたのは、この聴衆が興奮ではなく狼狽の色を放っていたように見えたことだ。

ところで「業界の団結」とは、新興の「宇宙・産業複合体」を指す口あたりのよい言い方である。ドワイト・D・アイゼンハワー大統領が退任演説で使って以来幾度となく使われている「軍産複合体」と似たようなものだ。二〇〇六年四月に届いたメールの二通目を見てみよう。これはマイケル・グリフィンが、元空軍准将でアリゾナ大学の天文学研究教授サイモン・P・〝ピート〟・ワーデンをカリフォルニア州にあるNASAエイムズ研究センターの所長に任命したことを知らせるものである。[42] ワーデンは血統書付きだ。天文学の博士号を持ち、空軍宇宙軍団の事務局長、同第五〇宇宙航空団司令官、それに「スター・ウォーズ計画」を担っていた戦略防衛構想局の役員を歴任し、NASAと国防総省が共同で計画して一九九四年に月に送ったクレメンタイン月探査機のプロジェクトも率いた。これぞ「業界の団結」の体現者である。力と戦争と宇宙科学のあいだを、途切れることなく滑らかに転々としてきた人物だ。

だが、業界の原動力となるピート・ワーデンのような人材は足りていないのかもしれない。四月に届いたメールの三通目を紹介するので、考えてみてほしい。これはアリゾナ大学がアメリカ天文学会のニュースポータルサイトを通じて発信したもので、アメリカに拠点を置く惑星科学者に太陽系探査の優先度について尋ねたアンケートの結果が要約されている。半数の一〇〇〇人以上が回答を寄せたが、圧倒的に多かった意見は、宇宙に人や探査機を飛ばすミッションよりも基礎研究と分析のほうがはるかに重要だというものだった。掲載されていたアリゾナ大学月惑星研究所所長のコメントは、基礎研究よりもさらに基本的なことを気にかけるような内容だった。いわく、アメリカの人口動態の趨勢を見ればわかるように、「真の問題は、今後一〇年間でアメリカの労働人口の半分が引退を迎えるということだ」[43]。労働人口の半分とはつまり、天体物理学者の半分であり、会計士の半分であり、薬剤師、教師、大工、ジャーナリスト、バーテンダー、漁師、自動車整備士、リンゴ農家、ロケットエンジニアなど、ありとあらゆる職業の半分である。これは、信じられないほど幅広い分野で深い専門知識が失われるのに等しい。

つまりアメリカは、費用をかけて現在と将来の科学者を励まし、教育し、支援し、活用するか、さもなくばあらゆる職業とともにアメリカの科学が徐々に消え去り、技術革新も、宇宙飛行も、新発見も、軍事力も、生み出す金も一緒に失われるままにするか、二つに一つだ。その気配は雇用喪失の実態にもすでに現れている。スペースシャトル計画の終了が与えた影響は甚大だった。シャトル関連の雇用人口は、一九九〇年代の三万二〇〇〇人から、二〇一一年半ばには六〇〇〇人にまで減った（運よく別の職務に振り分けられた人も中にはいたが）。もう少し範囲を広げよう。もはや新しくない〝新〟世紀に入ってから、アメリカの航空宇宙産業における中核人材の雇用人口は、二〇〇六年の二六万六七〇〇人から、二〇一六年には二一万六三〇〇人にまで減った。一〇年間で一九パーセントの減少である。労働統計局によれば、非農業の総労働人口は（二〇〇八年から一〇年にかけての減少、鈍い回復にもかかわらず）六パーセント増加しているのに、である。アメリカの宇宙関連雇用の状況は、同時期のヨーロッパや日本と比較するとより厳しさが際立つ[44]。

シャトル計画の後を継ぐことになるかもしれない宇宙船を、アメリカの民間営利企業は完成させた。だが今のところ、アメリカ人宇宙飛行士が国際宇宙ステーションとのあいだを往復するには、ぎこちない間柄であるロシアに法外な値段を払って運んでもらうしかない。二〇一六年には一人一回あたりおよそ七一〇〇万ドルだった運賃は、次期の契約では八二〇〇万ドルに上昇する。[45] 現時点ではロシアに頼る以外の選択肢はないため、価格上昇も驚きではない。単に需要と供給の原理が働いているだけだ。

他国頼りといえば、アメリカの素粒子物理学者は、運よくヨーロッパで職を得るか共同研究者を見つけられなければ、ただ指をくわえて大西洋とアルプスの向こうを見つめ、スイスのジュネーヴ郊外にある大型ハドロン衝突型加速器（ＬＨＣ）を羨（うらや）むしかない。世界一強力な加速器であるＬＨＣは、ビッグバン当初の高エネルギー状態に匹敵する条件をつくりだすことで、長年探し求められてきたヒッグス・ボソンと呼ばれる粒子が存在する証拠を生み出してきた。なぜ指をくわえて羨むのかといえば、一九九三年に議会が超伝導超大型加速器の計画を完全に中止しなければ、今ごろアメリカはＬＨＣよりも五倍も強力な加速器を持っていたかもしれないからだ。アメリカとソ連のあいだに突然、平和が訪れてから数年後のことだった。このあたりの話は詳しく紹介したほうがいいだろう。

一九七〇年代の天体物理学者たちは、熱くて高密度な、誕生したての一四〇億年前の宇宙を、粒子加速器で再現しうることに気がついた。加速器で得られるエネルギーが高ければ高いほど、ビッグバンそのものに近づける。

より高いエネルギーを得るために重要なのは、より強い磁場をつくりだし、荷電粒子を途方もないスピードにまで加速することである。加速器の輪は粒子の競技トラックになる。粒子同士を正面衝突させると、新しい粒子が生み出される。存在が予言されていたものもあれば、まったく予想できなかったものもある。一九八〇年代までには、加速器に超伝導材料を導入することで、従来よりも著しく強力な磁場が得られるようになり、より高エネルギーの衝突が起こせるようになっていた。

現在、アメリカのエネルギー省は傘下に一七か所の国立研究所を置いている。粒子加速器を備えている研究所もあって、その多くは大学と連携しており、新しい加速器ほどより強力になっている。注目例は、カリフォルニア州にあってスタンフォード大学が運営するSLAC国立加速器研究所や、イリノイ州にあるフェルミ国立加速器研究所だが、他にも、カリフォルニア大学が運営するローレンス・バークレー国立研究所、テネシー大学が運営するオークリッジ国立研究所、ニューヨーク州にあってニューヨーク州立大学ストーニーブルック校と提携するブルックヘヴン国立研究所がある。これらの研究所は、エンジニアや、物質の基本構造を突き止めようとする高エネルギー素粒子物理学者らを大勢雇い入れている。

アメリカ合衆国は、純粋に科学的発見のためだけにこの種の研究に資金を出し、取り組んできたのだろうか？　ありえない。アメリカにある加速器のほとんどは冷戦時代につくられたものだ。核兵器の致死性を高めるために、素粒子物理学者が不可欠だった時代である。冷戦時代に科学の分野における優先事項が決められたことによって、天体物理学が、なかでも特に宇宙学の一分野である天体素粒子物理学が、利益を受けることになったわけだ。天体物理学と軍は互いに結びつき、政治における潮の満ち引きにしたがってともに浮き沈みするようになった。

一九八七年秋、二期目の任期が折り返し地点を過ぎたロナルド・レーガン大統領は、下院科学・宇宙・技術委員会委員長が「アメリカ合衆国史上最大の公共事業」と呼んだ超伝導超大型加速器の建設を承認した。一周八七キロメートルもあるこの加速器を建設するには、比較的住人が少ない広い土地があるうえに、その地下深くにトンネルを掘っても耐えられる地質構造を持つような、大きな州でなければならない。八州の候補の中から選ばれたのはテキサス州だった。具体的にはワクサハチーという、オースティン・チョークと呼ばれる石灰岩の上にできた町が選定された。それまでに建設または計画された衝突型加速器の二〇倍もの高エネルギーが得られる超伝導超大型加速器は工学的偉業となるはずであり、完成すれば、アメリカが素粒子物理学においてその先何十年間も先頭を走りつづけるのは確実であった。当初予定された建設費は四四億ドルで、史上最も高価な加速器になる見込みだった。[46]

しかし二年後にベルリンの壁が崩壊、さらに二年後にはソ連が解体した。冷戦に伴う投資熱は消え去った。一九九三年二月には、アメリカ政府監査院が議会向けに「超大型加速器の予算超過および進捗遅延」という率直なタイトルの文書を用意している。[47]同年六月には計画の責任者らが下院監視・調査小委員会に呼ばれたが、それは物理学分野の開拓に役立つ衝突型加速器の価値を主張するためではなかった。小委員会のメンバーが気にしていたのはその価値ではない。計画責任者らは、進行管理の杜撰さに対する非難から加速器計画を弁護しなければならなかったのだ。[48]

平時になったことで、かつてないものを創造するうえで進行の遅れはつきものだとは思われなくなり、コスト超過や管理運営の拙さがプロジェクトにとっての致命的な打撃になってしまった。

建設開始から二年経った一九九三年一〇月、加速器計画への予算を止める決定を下した議会は、決してあからさまに「冷戦に勝った我々は、もはや物理学者も物理学者が使う高価なおもちゃも必要ない」とは言わなかったが、コスト超過と、国家にとっての優先事項が変わったという点を理由として挙げた。加えてテキサス州は、ヒューストンにあるジョンソン宇宙センターが運営する、同じぐらい莫大な金がかかる宇宙ステーションの新プロジェクトを勝ち取ろうとしていたところだった。一つの州に議会の承認を必要とする大プロジェクトを二つというのは、平時には無理な話だったのだ。[49]

見直しの議論において、宇宙学者たちは脇に追いやられた。平和による隠れた被害者である。この宇宙そのものをつくった過去最大の爆発事象に対する私たち人類の理解は、世界最大の爆発力を持つ兵器が人類を人質にしたまま五〇年続いた膠着状態が終わったことで、進まなくなってしまった。

アメリカが科学のプロジェクトから手を引いたからといって、世界じゅうで研究、計画立案、将来への期待に急ブレーキがかかるわけではない。アメリカが取りそこねたものは、先進国であれ途上国であれ、他の国が拾いに来る。その先頭に立つのは中国だ。世界の研究開発費のうち、二〇〇〇年から一五年間に上昇した分の一九パーセントはアメリカによるものだが、中国の寄与分は三一パーセント超もあった。[50]

二〇世紀の野心や創造力、戦争に導かれた技術革新によって〝科学技術立国アメリカ〟というピカピカの自己像が磨かれたせいで、現在の私たちはオスカー・ワイルドの『ドリアン・グレイの肖像』のように現実が見えなくなってしまっている。序列の入れ替わりは過去にもあった。それは芸術、商業、探検調査、スポーツの分野で起こったことだ。どうして宇宙の分野では起こらないと言えるだろう？　もうすでに入れ替わりが起こっていると考える評論家もいる。彼らによれば、今後のアメリカは、大して重要でない消費財をつくりだし、積極的なマーケティングをすることによって、すでにある同じような消費財を「完璧に満足のいくもの」で置き換えること以上に高い目標を持たなくなるだろうという。「アメリカは自動車から宇宙まで、多くの事業で競争力を失っているのかもしれない」と二〇一〇年の夏、ナショナル・パブリック・ラジオの番組司会者スコット・サイモンは言った。「だが我々が潤滑油たっぷりの五枚刃カミソリをつくりだせるあいだは、未来にきれいな顔を向けていられる[51]」

＊　＊

ヨーロッパや中国が意思決定を下す場に「どうか同席させてくれ」と哀願するような二流国アメリカの未来というのは、ほとんどのアメリカ人が望むアメリカではない。愛国者であれば、考えるだけで嫌悪感を抱くだろう[52]。政治家にとっては、ぞっとする見解であり、学生にとっては、希望をくじくものだ。たとえば二〇〇一年二月にハート・ラドマン委員会が出した国家安全保障に関する報告書は、歯に衣着せぬ言い方でこの問題を取り上げている。

大量破壊兵器がアメリカの都市で炸裂するような事態を除けば、我々が考えうる最大の危険は、次の四半世紀の公益に資する科学、技術、教育の適切な運用に失敗することである。（……）アメリカの国際的な名声や、それゆえにアメリカが持つ世界的な影響力にとって、これらの分野で卓越しているという評判は欠かせない。だが今アメリカは、その名声を維持するだけのパフォーマンスを発揮していない。他国は奮闘中であり、鍛錬によって我々を追い越すだろう。

これは単に国家の威信や国際的なイメージだけの問題ではない。国家安全保障にとって根本的に重要な問題である。（……）現時点で我々が手にしている国富や国際的な権力に満足していては、それらすべてを危険にさらすことになる。[53]

その五年後、競争力評議会が二〇年間の概観として発表した『競争力指標――アメリカが置かれている立場』もまた警鐘を鳴らしている。アメリカは世界最大の経済大国であり、一九八六年から二〇〇五年にかけては世界経済の成長率の三分の一を担うなどの成果を挙げたとしながらも、大量の統計データを整理して見せたうえで、未来は過去ほど明るくならない可能性を示している。ある見出しには「依然として科学技術で世界の先頭に立つアメリカ、ただしその差は縮まっている」とある。その下には、アメリカが二〇年間に多くのカテゴリーで国別シェアを落としていることを示す棒グラフが掲載されている。それによると、科学・工学分野で授与された学位のシェアは、学士号で一〇ポイント減、博士号では三〇ポイント減となり、科学研究者のシェアは一二ポイント減った。[54]

アメリカの宇宙支配が永続するかどうかの見通しについて、アメリカ海軍大学で国家安全保障を研究するジョーン・ジョンソン＝フリーズ教授は、まったくもって不透明だという。「魔法の答えが見つかったり、ワープ航法や光線銃やイオン砲が突然発明されたりはしない。安心な未来がそんなふうにやってくることなどありえない」[55]

アメリカの宇宙計画が近年、大きな成功を収めていることは間違いない。だがそれは、中国、インド、カナダ、韓国の宇宙計画も同じだ。ヨーロッパ宇宙機関（ＥＳＡ）、ロシア国営宇宙公社ロスコスモス、日本のＪＡＸＡは全世界の宇宙開発の中心にいる。アゼルバイジャン、ブルガリア、エジプト、イスラエル、インドネシア、北朝鮮、パキスタン、ペルー、トルコ、ウルグアイ、そしてほとんどの西欧諸国でも、数十年にわたって宇宙計画が実施されている。二〇一〇年代に入ってからは、バーレーン、ボリビア、コスタリカ、メキシコ、ニュージーランド、ポーランド、南アフリカ、トルクメニスタン、アラブ首長国連邦もこのリストに加わった。オーストラリアやスリランカも間もなく参加するだろう。現在、政府運営の宇宙機関は全部で七〇以上存在する。人工衛星を保有する国は約五〇か国にのぼる。打ち上げ施設を持っている国も一〇か国以上ある。

その猛烈さと成功度において、中国の宇宙計画は全盛期のアメリカやソ連にまったく引けを取らない。二〇〇七年一月一一日、中国は上空八〇〇キロメートル超の宇宙にミサイルを放ち、自国の老朽化した気象衛星に直接当てて破壊した。これは事実上、中国が潜在的に殺傷能力を保有する宇宙大国になったことを告げる出来事だった。今や中国は宇宙を他国の自由にさせない力を持ったと言える。

この衝突実験によって数万個の破片が飛び散り、地球の高軌道に長期間留まりつづけることになった。過去に他の国々、なかでもとりわけアメリカが生み出した宇宙ごみがすでに相当の危険性をはらんでいたのだが、それに新たなごみをつけ足した形になった。宇宙をそのように散らかしたことで、中国は宇宙開発をおこなう他の国々から激しく非難された。中国外務省は一二日後、この行動は「どの国に向けたものでもなく、どの国に脅威を与えるものでもなかった」と断言した。ううむ。これは、一九五七年一〇月にソ連が世界初の人工衛星スプートニクを打ち上げたのは脅威ではなかった、と言うのに少し似ているではないか——スプートニクのブースターロケットは大陸間弾道ミサイルであったにもかかわらず。第二次世界大戦以降、冷戦中の各国は宇宙配備型の偵察機を渇望していたにもかかわらず。戦後ソ連のロケット研究は核爆弾を太平洋の反対側に到達させることを目標にしていたにもかかわらず。それに、送信機が据え付けられて平和に電波を発信していた部分には、核弾頭が搭載可能だったにもかかわらず。

中国の破壊実験成功がもたらす影響は数々あるが、当然、見逃せないものが一つある。それは、同じ高度を周回するアメリカのスパイ衛星やミサイル防衛関連兵器が容易にターゲットになりえたということである。アメリカ空軍参謀総長T・マイケル・モーズリー大将は中国の実験成功を「戦略的な秩序を狂わせる出来事だ」と述べた。八〇〇キロ上空にある二メートルの物体を攻撃できるなら、と彼は言う。「確実に三万二〇〇〇キロ先のものを攻撃できる。これは物理の問題だ」[56]

それ以来、ますます宇宙は混み合い、軍事化され、グローバル化される一方だ。さらなる秩序の混乱は避けられず、また、さらなる協同が不可欠になるだろう。

＊　＊

三〇〇〇年近く前のこと。今日のバグダッドから北に三〇〇キロメートルほど離れたところにあった古代都市カルフに、建築家、石工、彫刻家、奴隷たちが、アッシリア王アッシュールナツィルパル二世のための息を呑むような宮殿群をつくりあげた。北西宮殿の壁を飾っていたレリーフ群は現在、ロンドンの大英博物館やニューヨークのメトロポリタン美術館に展示されている。筋骨隆々の射手、突撃する戦闘馬車、狩られたライオン、貢物を持ってひれ伏す人々など、勝利のモチーフが繰り返し浅浮彫にされている。大英博物館所蔵の各レリーフ板の中央には、統治者の無敵を宣言するいわゆる「アッシュールナツィルパルの標準的な碑文」が楔形文字で刻まれている。

（……）偉大なる王、強大なる王、アッシリアの王。主アッシュール神の守護を受け、世界中のどの君主にも勝る、勇敢なる男。従わぬ者をも従順にさせる王、全人類を服従させた王。敵の首を踏みつけ、すべての仇を踏みにじり、驕(おご)れる者たちの軍を打ち砕く強大なる戦士。偉大なる神々の守護の下、その手ですべての土地を征服し、すべての山々を服従させ貢物を受け、人質を取り、すべての国々で権力を打ち立てた王。[57]（……）

しかし、無敵さには限界があるものだ。アッシュールナツィルパル二世の一族はメソポタミア北部を二世紀にわたって支配した。アッシリア帝国と、のちにニムルドと呼ばれるカルフの大宮殿群は、さらに一世紀持ちこたえた。今日では、ニムルドの栄光は西洋の美術館の中にしか存在しない。二〇〇七年のアメリカ軍の増派によって、ニムルドに最も近いイラクの都市モスルは、銃を持った男たちが結婚式の列に発砲し、その日のうちに身元不明の九人の遺体が安置所に運ばれる事件が起こるような場所になった。二〇一四年、イラクとシリアのイスラム国（ＩＳＩＳ）の進攻により廃墟と化したモスルからは住民が退避を強いられ、アメリカ軍によって訓練されたイラク軍も風に舞う粉のように散り散りになった。二〇一七年七月、イラク首相がこの破壊された都市を訪れてＩＳＩＳに対する勝利を宣言したところ、『ニューヨーク・タイムズ』紙には「飢餓、負傷、トラウマを抱え瓦礫から立ち上がるモスル市民」「モスル、最低限のインフラ復旧に一〇億ドル以上、国連試算」といった見出しが載った。また、考古学的に貴重な宝は、ＩＳＩＳによって略奪されたか、そうでなければほとんどが粉々に破壊されていた。

アッシュールナツィルパルへの称賛は帝国なるものへの称賛だった。イギリスの優れたヨーロッパ帝国史家ジョン・ホレース・パリーの言葉を借りれば、アッシュールナツィルパルの碑文は彼を「至高の指揮官」として描写するものだ。一九七一年にパリーは、二〇世紀後半について「いくつかの西側主要国、とりわけアメリカ合衆国は、帝国主義への根強い不信感を抱く政治的伝統がありながら、いつの間にかそこかしこで、大きな疑念を抱きつつではあるが、半ば帝国主義的な事業や責務に身を投じている」と指摘した。[58] だが二〇世紀も終わりに近づくと、多くの政治思想家も指導者たちも、疑念をかなぐり捨てて「半ば帝国主義」から「半ば」を事実上取り去った。地球上の敵を服従させる能力や、宇宙で敵を制圧する意図をアメリカが持っているということを、公然と述べたり吹聴したりするのは彼らの習い性となった。パリーなら「支配」という言葉を使ったかもしれない。これは「imperium」(帝国)という言葉の本来の意味である。

今の時代に帝国を称揚するのは夢想家ばかりであり、熱望するのはゲーマーだろう。アメリカの政治エッセイストで小説家の故ゴア・ヴィダルは、名家に生まれ、機知に富んだ左派であったが、アメリカ帝国を主敵としていたことは『最後の帝国(The Last Empire)』(二〇〇一年)や『帝国アメリカ——記憶喪失合衆国について(Imperial America: Reflections of the United States of Amnesia)』(二〇〇四年)といった著書のタイトルからもわかる。東アジア専門家で「報復(ブローバック)」という便利な用語を私たちに与えてくれた政治学者の故チャルマーズ・ジョンソンも、アメリカの外交政策への幻滅を『アメリカ帝国の悲劇』(二〇〇四年)、『帝国解体——アメリカ最後の選択』(二〇一二年)などの著書で示した。二〇〇三年にノーベル文学賞を受賞した南アフリカの作家J・M・クッツェーは、一九八〇年の小説『夷狄を待ちながら』で帝国に対するとりわけ悲劇的な見方を著している。かつて名もない城壁都市の民政官を務め、信用を失った小役人である主人公は、物語の終盤、帝国が「いかに終わらないようにするか、いかに死なないようにするか、いかに延命するか」という単一の思考に心を奪われているとして非難するのだ。[59]

帝国のやり方を描き出した著作物のうち、そこまで文学的でない例を挙げれば、ピュリッツァー賞を受賞したジャーナリストのロン・サスキンドによる記事がある。二〇〇二年にジョージ・W・ブッシュの大統領補佐官と対談したときのことを書いたものだ。その大統領補佐官は、当時サスキンドが書いたばかりの記事を非難し、一笑に付した。そのときの補佐官の言い方は、サスキンドも後になって気がついたというのだが、「まさにブッシュ政権の本質」を表していたという。

補佐官は、私のような者のことを「現実ベースのコミュニティ」に属していると言った。つまり「目に見える現実を思慮深く研究することで解が得られると信じる」人たちだというのだ。私はうなずき、啓蒙主義や経験主義について何事かをぶつぶつと口にした。すると彼は遮って言った。「世界はもはやそんな風には動かない」。そしてこう続けた。「我々は今や帝国だ。我々が行動すれば、我々自身の現実ができあがる。あなた方がその現実を研究するあいだ――思慮深くやろうがどうしようが構わないが――我々は再び行動し、また別の現実ができあがる。あなた方はそれもまた研究する。この先、物事はこのように進む。我々は歴史の行為者だ（……）そしてあなた、いや、あなた方は、我々がおこなうことをただ研究するだけの者になる」[60]

空威張りをしたところで、アメリカ人はアッシリア人と同じ運命をたどることになるかもしれない。あるいはローマ人やマヤ族やオスマン帝国民を例として挙げてもいいが、同じことだ。二〇〇〇年代の終わりごろになると、アメリカ帝国の消滅への言及は、政治的立場の左右を問わず論壇での決まり文句となった。『ニューヨーク・タイムズ』紙のコラムニスト、モーリーン・ダウドは二〇〇八年一〇月一一日、ニューヨーク・ダウ史上最悪の週が終わった土曜日に、生きとした表現でその状況を描写した。「現代が崩れ去り、我々は古代に思いを馳せる。アメリカ帝国の衰退と崩壊は、ローマ人たちが経験したことの繰り返しだ。彼らは我々と同じように、レバレッジを効かせすぎた帝国のあばずれと化す罠に陥った」[61]。「帝国」という言葉は、同紙上に目立ちはじめるずっと前から、ジャーナリストや学者、各メディアのバグダッド支局長、CIAの元幹部、テロ対策専門家、歴史家、あらゆる種類の政治評論家たちが、著作物の本文やタイトルにちりばめていた。それは「傲慢」という言葉と結びつけられることもあった。二〇〇八年の半ばごろにはこれらの言葉があまりにも浸透したため、米ヤフーの株式ブログでさえ、「超長期的に見ると、ドルの弱化はグローバルなアメリカ帝国が衰退する兆候なのだろうか」という疑念を投資家が抱いていると表現したり、「アメリカ帝国の終焉に備えるポートフォリオ調整」を勧めたりするほどだった。[62]

帝国を建設するには何が必要だろうか？　それを維持するためには、どんなリソースを消費しなければならないのだろう？　忌避する人がいる一方で、軍事力を渇望する人がいるのはなぜだろうか？　危機が現実であれ思い込みであれ、安全保障を確立するという名目が仮にあったとして、こちらの思想を植え付けるか侵略するかすべき他国とはどこなのか？　仮に反乱を防ぐとして、懐柔するか黙らせるかすべき国民とは誰なのか？　そのような目的を達成するために、何が破壊され、誰が殺されなければならないのか？

数百年前、クリスティアーン・ホイヘンスは、私たちは戦争と商業活動を「強いられる」ことで「我々がいま自由に操ることのできる多くの発明品、およびほぼすべての知識の極意」を手にしたと強調した。戦闘に勝つには戦略と勇気さえあればいいとしても、わずかな例外を除けば、戦争に勝つには最先端の科学と技術を活用しなければ絶対に不可能だと、歴史は教えてくれる。星空そのものは究極のフロンティアであるとはいえ、天体物理学者は宣戦布告することも外国を敵に回すこともできない。それができるのは国家であり、科学者の助けなど不要だ。だが歴史上、どの帝国にも空を見上げる者たちがいて、謎めいた宇宙の知識を献上していたのだ。その知識の獲得を可能にしてきたのは軍事力であり、また、そうして得られた知識は軍事力を強化してきた。その軍事力を、指導者たち――最高の戦略高地を追い求め、今こそ殺戮のときだと判断を下してきた指導者たち――は行使してきたのである。

第二章 星の力

天文学と時間のはじまり、占星術

歴史の大半を通して、天上の知識が生活のリズムをつくり、領土の掌握を可能にした。天文学は、農業、貿易、移住、帝国、そして戦争と腕を組み、ともに歩んできた。時間を創造し、私たちに示したのも、地球上の位置を知らせたのも天文学だ。天文学は神聖な謎であり、かつ投資すべき優良株でもあった。天文学者は力を持ち、また、力のある者に奉仕した。

誰かが実用に足る大陸地図を描くまでの数千年間、人々は夜空の地図を心に描いて記憶していた。アストロラーベ（古代や中世に使われた天体観測器）や六分儀や精密携帯時計が登場すると、距離や緯度・経度が測定できるようになったが、それまでの長いあいだ、人々が現在地を知るには空と自分の目を頼るほかなかった。前人未到の地へ行くのにも、そこへ到達するのにかかる時間を見積もるのにも、そこで好ましいものが見つかったとなれば再訪するのにも、案内が必要になる。空はよい道しるべになった。とりわけ、まだ海図もない海や、不安定な砂丘、広大な草原地帯、不毛のツンドラを渡らなければならない場合はそうだ。天空そのものがコンパスであり、時計だった。つまり、空が方向を示し、時を刻んだのだ。また、多くの人にとって天空は究極の源泉であり、未来を予測する水晶玉であり、神のおわす所でもあった——天文学、占星術、歴史、民間伝承、宗教、心理学、詩歌は一体となっていた。空のリズムを知ることは、万物の性質と運命を知るための手段だった。

月が光を浴びる部分の変化や、太陽が空に描く弧の伸び縮み、あるいは金星の定期的な行き来といった周期的な現象を、誰が最初に観測し記録しようと決意したのか。いつぞやの、どこかの集団にいた記録係なのか、それとも単なる不眠症の人だったのか。それは誰にもわからない。そのような観測は、石器が使われる前からおこなわれていた可能性がある。もしかしたら、人類がホモ・サピエンスになる前だったかもしれない。いつ誰がやりはじめたかはともかく、天文学が芽生えたのはそのときだ。初期の現生人類に、好奇心と力の源泉が誕生した瞬間である。

* *

時間の単位について考えてみよう。もし太陽が沈まず、月が欠けることもなかったら、私たちは心臓の拍動、概日リズム、月経周期といった生物学的な要素だけを基に時間を計っていたかもしれない。なぜなら「周期性は我々人間の一部」[1]だからだ。だが、太陽は沈み、月は予想どおりに満ち欠けする。空ではそのような移り変わりが終わることなく繰り返される。天体のサイクルはそのまま自然の物差しとなって、私たちの関心に応じた時間の単位を与えてくれる。

地球上に生まれたばかりの文化、人口集中地域、中央政府は、公式の時間管理法を必要とした。先の予定を立てる場合にはとりわけ重要であり、生贄、祭祀、種まき、収穫、徴税、日々の勤務交代、日々の祈りを、予測可能な間隔でおこなう必要があるからだ。上エジプトの農民は、夜空で最も明るい星、おおいぬ座のシリウスが日の出直前の空に昇るのはいつなのかを知る必要があった。なぜなら、ナイル川の水位もそのころに上昇するからだ。狩猟採集民、牧人、遊牧民も、前もっての計画が必須だった。彼らの生活は、近くの水源が枯れる時期、牛やガゼルやバイソンが出産する時期、クサムラツカツクリ（オーストラリアのキジ目の鳥）の卵を横取りできる時期、ノイチゴのなる場所に行くべき時期、ヤムイモを掘る時期などを知ることにかかっていたからだ。一番近いオアシスまで何日あればたどり着けるかを知るとおおいに役立った。収穫や繁殖を管理できるのも有益だった。過ぎゆく日々を記録しておく方法を、誰もが必要としていた。

二万年以上前の人々は、動物の骨に切り込みを入れたり洞窟の壁に点を並べたりして、月の満ち欠けの周期（朔望月）の日数を記録していた[2]。しかし、太陽年を切りのいい数の朔望月で分けようとすると、必ず余りや不足の日数が出る。この不一致のせいで、暦には絶えず混乱が生じる。初期の文化の中には一二か月で一年とする制度をそのまま続けたところもあれば、臨時で一三番目の月や五日間のかたまりを挿入することでズレを解消しようとしたところもあった。紀元前四五〇〇年ごろのエジプトでは、本当の太陽年とはズレがあるものの、一年が切りのいい日数で数えられた。エジプト人は一年が三六五日の太陽暦も考案した。その始まりとされたのは、夜明け前にシリウスが昇る日、紀元前四二三六年七月一九日だった。これは歴史上、確実に特定できる最古の日付かもしれない。[3]

太陽、月、地球の周期でわかる年、月、日や、私たちの祖先が観測できたその他の天体サイクルとは違い、それらより短い単位である時間、分、秒には、文化や数学的センスの問題がからむ。社会学的には、それらの単位は監視、労働、標準化、刑罰の始まりを示唆する。たとえば、建設作業に従事する奴隷や囚人、決まった時間に祈りの言葉を唱える僧侶、決まった当番で見張りに立つ哨兵は、そのような単位を必要とするだろう。もっと最近の例でいえば、定刻で運行する列車、タイムカードを押す労働者、打ち上げに向けて同期された宇宙船の装置類などもそうだ。より卑近なレベルでは、パンの焼き上がりや配偶者の帰りを待つときのような、実用性や苛立たしさを連想させる単位でもある。時計の出番だ。それが動く影によるもの（オベリスクや日時計）か、それとも流れる水（水時計）、回転する歯車、揺れる振り子、はたまたセシウム原子の電子遷移に基づくものかはともかく。

シュメール人は一日を一二等分し、それぞれをさらに三〇等分した。エジプト人は昼と夜をそれぞれ一二等分した。そう、一日二四時間制だ。バビロニア人は割り算がしやすいように一時間を六〇分、一分を六〇秒とした。だが、どんな時間の単位も分や月ほど実用的とはかぎらない。たとえばプラトンは「完全年」という、全惑星が元の配置に戻るまでにかかる時間について書き残している。古代ヒンドゥー教徒が考え出した時間体系は、さらに長大な単位を含んでいる。たとえば「劫（カルパ）」は、創造神ブラフマーの生涯における一日もしくは一夜に相当する。ブラフマーは眠っているあいだに夢の中で宇宙を創造する。ブラフマーが目覚めたとき、新しい宇宙が始まる。そして四三億二〇〇〇万年後、ブラフマーが次の眠りに落ちるとき、宇宙も消えてなくなる。マヤ人もまた、長い創造のサイクルに基づく時間観をつくりあげていた。それによると、最新のサイクルは紀元前三一一四年八月一二日を元期とする複雑な「長期暦」を使って表現される。[4]このように想像力豊かなアイデアは、近代になってもなくならなかった。たとえばアドルフ・ヒトラーの助言者的な存在だった神秘主義者は、木星がうお座に入る一九二〇年から七三〇年間にわたる「宇宙週」が始まり、貴族、聖職者、総統による賢明で温情ある統治の下、白人キリスト教徒の千年王国が到来すると予言したのだ。[5]

時を表すことに加えて困難だったのが、星図をつくることだった。もし天上界が運勢や災難の源泉であるならば、追跡すべき星や星座は、慎重に境界を定め、観測しなければならない。古代中国天文学では、空は五宮に分割された。他にも、九分野、十二支、月の公転周期に基づく二十八宿に分ける方法もあった。メソポタミア初期の天文学では、東の地平線を三神の通り道に分け、その道に沿って動く六〇の星や星座を定めた。メソポタミア後期（バビロニア）の天文学は、空を一二分割した。各区画は、それぞれ一つの星座が対応し、太陽が一年かけて空を一周する通り道の三〇度分になっている。これが今や古典といえる西洋の黄道十二星座の元になった。

宇宙に関連するものが古代の美術品や建築物に現れるのは必然だった。五〇〇〇年前にメソポタミアで刻まれた楔形文字の平板には、おうし座、しし座、さそり座への言及がある。四〇〇〇年前にメソポタミアの都市ニネヴェで刻まれた平板には、アンミサドゥカ王の時代における金星の出現時期が列挙されている。紀元前一世紀、漢王朝時代の墓にあるアーチ状の天井もそうだ。

中国西安市の西安交通大学キャンパスから発掘されたその墓は、天井に天文図が描かれており、二八の「月の宿」を表すシンボルを記した帯が太陽と月を囲んでいる。[6]

私たちの惑星のあちこちに、天上のパターンについての高度な知識が反映された構造を持つ、巨大な石造神殿の廃墟やそそり立つ石造モニュメントが点在している。建築物というのは、建設にかかる費用、労働力、時間のせいもあり、古代世界ではまさに国家や宗教の持つ権力を具現化したものであった。天文学の存在をうかがわせる、異論なく最古のモニュメントといえるものの一つは、アイルランドのミーズ州にある、紀元前三〇〇〇年ごろに建設された石造の「羨道墳（せんどうふん）」である。低い埋葬塚があり、冬至の日には入口上部の穴から太陽の光が差し込んで、大きな玄室につながる長い通路（羨道）を照らす。[7]

巨大な石造物——使われた重さ何トンもの石の中には、金属製の道具の助けなしに切り出され、輸送され、成形され、設置されたものもある——は、正確ではないにしろ明らかな狙いをもって、その戸口や視軸線が設計されている。それらは、春分や冬至の日の出や日没、夏至の満月の入り、方位、惑星が他の天体に隠された（掩蔽（えんぺい））あとに出現する方向、あるいは決して沈まない北極星などの方向を指すようにつくられているのだ。そういったものは世界のあちこちで見られるが、たとえばギザのピラミッド、ブリテン諸島に点在するストーンサークル、マルタの巨石神殿群、バスク地方で見られる八角形の教会、メキシコのマヤ文明の遺跡チチェン・イッツァにあるエル・カラコル（天文台）、メキシコシティーにあるアステカの遺跡テンプロ・マヨールなどがある。ペルーにあるチャンキロ遺跡の一三基の塔は、丘の稜線に並んでいて、東西にそれぞれ観測所が設けられている。同じ原理でつくられた、より簡素な石造物もある。エジプト南部ナブタプラヤには、小さなストーンヘンジのような、砂岩が並んだ小型の環があって、その中の二つの「石門」は夏至に太陽が昇る方向を指すと思われる位置に並んでいる。[8]

* *

天体観測は、進歩と停滞を繰り返しながら科学になっていった。紀元前最後の一〇〇〇年間、メソポタミアや中国で世襲君主、武人王、高僧に仕えていた天文学者たちは、眼前で起こった現象を体系的に記録、編纂した。そのうえ、将来に起こることを予測する方法を開発し、さらにはそのための器具さえも発明した。定期観測の日報という体裁になっている後期バビロニアの粘土板がこれまでに一五〇〇枚ほど見つかっている。その八〇〇年分の粘土板には、月食や気象状況のほか、ひと月の中で変わりゆく月の出と日の出の間隔、日の入りと月の入りの間隔、さらに、三一個の星を参照点とし、それとの関係で示した惑星の位置の変化が記録されている。紀元前五〇〇年ごろまでには、バビロニアの天文学者は新月と満月の日を予測する数学的手法を考案していた。継続的な日食の記録として世界最古のものは、紀元前七二〇年ごろから同四八〇年ごろにかけて中国でなされたものだ。紀元前二〇〇年ごろまでには、中国の宮廷天文学者は、周期的なものも散発的なものも、それが理解可能なものであろうとなかろうと、裸眼で見えるほぼすべての天文現象の記録を始めていた。オーロラ、彗星、隕石、太陽黒点、新星、超新星、それに各惑星の運行も毎月書き残していたのだ。宇宙の成り行きと地上における国家の情勢には関連性があると考えられていたため、このような記録活動は庇護すべき対象となった。現代の言葉でいえば、これは「研究」に分類される活動だった。[9]

一九九〇年代初頭に私がプリンストン大学のポスドク研究員だったころ、古代中国文化を専攻する大学院生が、ある歴史上の日付に関する疑問を持って私の研究室に立ち寄った。彼は紀元前一九五〇年ごろのはずだと言うものの、その年をぴたりと特定することができずにいた。当時の中国では大きな出来事が続いたが、それに先立って何らかの天文現象があったのではないかと言うのだ。彼は正しかった。

プラネタリウム・ソフトウェアを立ち上げて調べてみると、果たして紀元前一九五三年二月二六日に、文明史上最も密集した惑星会合が起こっていたことが判明した。この日、腕を伸ばした先の小指の爪に収まる範囲（〇・五度）の空に水星、金星、火星、土星が、さらにそこからわずか指の幅二本分（四・五度）離れたところに木星が集まっていた。つまり、当時知られていた五つの惑星すべてが集まる会合となっていたのだ。その四日後には、新月間際の非常に細く欠けた月もこの惑星の宴に参加することになる。こうして六つの天体が、腕を伸ばした先で握った拳の上下の幅（一〇度）にきれいに収まったのだ。同様のコンピューターツールが使える天文関係者なら誰でも独自にこの天体集合を発見できただろう。

大昔の出来事が起こった日付を特定しようとするときには不確実性がつきものだが、この紀元前一九五三年という年は、禹（う）による夏（か）王朝の創始と一致するかもしれない。『孝経鉤命訣（こうきょうこうめいけつ）』には

「禹の時代、連なる真珠のように五つの惑星が重なり合った」とある。さらに重要なことに、今は失われてしまった紀元前一世紀の書物『洪範伝（こうはんでん）』では、紀元前二〇〇〇年ごろのある春の朝、五惑星と新月が集合したまさにそのときに新しい暦が始まった、と明言されていた。これらを合わせると、紀元前一九五三年二月の惑星会合は、現代中国につながる暦の起源として説得力のある候補になる。[10]

中国人が天体の挙動を観察し、記録することに夢中になっていた一方で、ギリシア人は天文学を、より概念的でありながら、実用的かつ人々の手に届きやすいものにしていた。幾何学を知った彼らは、過去のどの文明とも違うやり方で、この宇宙の地図を描きはじめた。三角測量は、エウクレイデスの『原論』（紀元前三〇〇年ごろ）では純粋に数学的な概念として書かれていたが、のちに本領を発揮し、地球から太陽までの距離を推定するのに役立った。『原論』が世に出てから数世紀後、ロドス島にいたと考えられている熟練の工具製作者が、おそらく天文学者と協力しながら、ある物体を組み立てた。それは精巧なカレンダーであり、かつ天体運行計算機や太陽系儀でもあった。これは現在「アンティキティラ島の機械」として知られており、科学的な古代遺物としては、おそらく最も議論の的になる代物だ。

古典学者で数理科学史家のアレクサンダー・ジョーンズは、アンティキティラ島の機械を「コスモクロニコン（宇宙年代記）」と呼ぶことを提案している。地中海の水深五五メートルの海底に沈んだ大型難破船の中から他の高価な積荷と一緒に見つかったこの機械には、数十個もの青銅製歯車や、一つの手回しクランク、多数のダイヤルが取り付けられており、たくさんの文字が刻まれている。靴箱ほどの大きさで、月相、太陽・月・惑星の黄経、月食・日食や夏至・冬至および春分・秋分の日時のほか、いくつかの長周期現象が計算できる機械だった。刻字の語彙や字体がヘレニズム時代のものであることや、使われている天文知識、加えて難破船の中で一緒に見つかった大量のコインから製作時期を推定すると、最も有力なのは紀元前一世紀で、紀元一世紀より後でないのは確実だ。この機械自体の精巧さは衝撃的と言えるほどだが、これに先行する遺物もいくつか発見されている。そこからは、当時の文化的な背景もわかる。地中海世界では、天文学は大衆への普及にふさわしいトピックだとみなされており（古代中国の帝国のように保護すべき秘密とされるのではなく、『コスモス——時空と宇宙』や『スタートーク』（いずれも著者がホストを務めるテレビ番組）が放映されるような環境だと思えばいい）、公共空間と私的空間の両方に天文学関連の品物が豊富にあったのだ。たとえば大小さまざまな日時計のほか、渾天儀や天球儀も、パラペグマと呼ばれる石板もそうだ。パラペグマには数字が刻まれており、その横には棒が抜き挿しできる穴があいていて、天文現象が起こる日付を示す公共の暦として使われた。アンティキティラ島の機械は最近、X線ＣＴ（コンピューター断層撮影）によって複雑な内部構造が明らかになり、反射率画像のおかげで表面も判読しやすくなった。この機械はまさにギリシアの「器具によって測定できる、均等に流れる時間」という概念を表すよい例だ。[11]

　物理学もまた前面に出てきた。紀元前二世紀以降、何人もの著述家たちが、ギリシアの数学者にして兵器発明家アルキメデスのことを詳しく語ってきた。アルキメデスは紀元前二一三年ごろ、自身の考案した「燃える鏡」を使って太陽光線を反射し、シュラクサイの港に停泊していたローマの艦隊に照射したと伝えられている。その様子をルキアノスは「技術を用いて敵の三段櫂船をいくつも炎上させた」と書いた。だが、アルキメデスがこれをやる前から（実話ではなかったかもしれないが）、数学者や技術者たちは、一体どのようなものをつくれば実用可能な「燃える鏡」ができるかを考えはじめていた。最初期の詳しい分析によると、鏡は凹面で、おそらく放物線状になるはずであり、それも一枚だけでなく、蝶番（ちょうつがい）で固定する可動式の鏡が二〇枚以上並んだものでなければならないだろうと結論づけている。きっと鏡は大きく、磨かれた青銅製のものになったはずだ。現代でもときどき、アルキメデスの試みを再現しようという実験を、機械技師たちや、一〇代向け科学コンテストの類、あるいはテレビ番組がおこなうことがある。結果は完全な失敗に終わるか、限定的な成功に留まるかといったところだ。[12]

天文学はどんどん実用的になっていったものの、天文現象が強い魔法的な力を持つという考え方は根強かった。それはときに歴史を左右した。彗星や超新星のせいで支配者が地位を追われることもあった。日食や月食は、戦闘の開始や中止、勝敗を決めた。オデュッセウスが、寡婦になったと思われながらも待っていた妻と再会し、彼女に求婚しようと自宅の周りをうろついていた者たちを次々に撃ち殺した日は、紀元前一一七八年、ある真昼に日食があった日と符合する可能性がある。[13] 紀元前五世紀の戦争史家にして旅行作家、調査報道記者のような役割も果たしていたヘロドトスは、リュディア対メディア戦争の六年目に起こった日食が戦いに及ぼした影響について詳述している。いわく、両陣営ともに「昼が突然夜に変わった」のに衝撃を受け、戦闘を中止して交渉を始めたという。[14] 現代の天体力学に基づく計算によって、この停戦の日を正確に言い当てることができる。紀元前五八五年五月二八日の午後七時半ごろである。古代の出来事が起こった時間はたいてい不確実なものだが、場所についてはきちんと記録されていることが一般的だ。そのため、過去の皆既日食はある意味で実験室のような働きをしてくれる。まず地球の自転速度が過去数千年間変わらなかったと仮定し、日食が見られたはずの場所を割り出す。それを実際に日食が観測された場所と比較するのだ。すると、その二つの場所の違いが動かぬ証拠となって、地球の自転が遅くなりつづけていることが判明する。その主な原因は、潮の満ち引きによる海水と大陸棚との摩擦である。現代では、この現象はよく知られているうえに精度よく測定されている。暦にときどき「うるう秒」が挿入されるのもこのためだ。

天文学を使って軍事的に優位に立つ方法については、戦争をよく知る古代の著述家の多くが論じていた。だが一方で、ソクラテスはそれを軽視していた。二四世紀も前（アルキメデスの鏡よりも前のことだ）に書かれたプラトンの『国家』の中でソクラテスは、アテナイの支配者たちにとって最も役立つ学問分野とは何かについて、グラウコンと議論している。第七巻でソクラテスは、「軍事と哲学、その二重の使い道がある」学問こそ最も価値があるとし、戦争にも精神にも不可欠なのは算術と幾何学の高度な運用能力だと主張する。それに対してグラウコンは、天文学――ここでは季節や年月の観測を意味している――は将軍にとっても農民や船乗りにとっても同じくらい有益だと応じるが、ソクラテスは同意しない。彼にとって天文学はあまりに観察重視かつあまりに感覚頼りの学問であり、崇高な哲学とは正反対に思えたのだ。

それから二世紀後、ギリシアの政治家で歴史家のポリュビオスは、著書『歴史』の中の「指揮官の技能について」[15]という節で、幾何学と比肩する地位に天文学を昇格させた。太陽、月、星座の動きや位置を知ることの重要性を詳しく論じながら、このように書いている。

人間の行動、特に戦争の情勢を支配するのはまさに時間である。したがって将軍は、夏至、冬至、春分、秋分それぞれの日付、およびその間に昼夜の長さが増減する割合を熟知せねばならない。海路または陸路で進むことができる距離を正確に計算する方法はこれを措いて他にないからだ。また、起床や行進の合図を鳴らすべき時を知るためには、将軍は昼夜の細分にも精通せねばならない。よい時間に始めなければ、よい終わりは得られないからである。[16]

これらの事柄を無視すれば何もかもが台無しになるとポリュビオスは忠告する。タイミングの悪さは致命的にもなりうる。論証のために数々の事例が挙げられているが、なかでもペロポネソス戦争中の紀元前四一三年八月二七日、シュラクサイ包囲戦（アルキメデスが鏡で応戦したというシュラクサイ包囲戦とは異なる）で下された判断の誤りについて、このように記されている。

アテナイの将軍ニキアスも、シュラクサイから軍を救うことができたはずであり、夜の適切な時間を設定し、敵に知られることなく安全な場所に退避することができたはずだった。ところが月食が起こり、不吉な何かの予兆ではないかと怖気づいたニキアスは、出発を遅らせたのである。その結果、次の夜ニキアスが野営地を去るとき、彼の意図を見抜いた敵シュラクサイ軍によって兵も将軍もみな捕えられた。だが、もしニキアスが天文学に精通した者から意見を聞いていれば、このような現象のせいで好機をふいにすることもなく、むしろ敵の無知を逆手に取ることができただろう。[17]

月食を経験せずにいることは困難だ。一度に何時間も続き、月が見えさえすれば地球上のどこからでも観察できる月食は、平均して二、三年に一度は起こる。というのも、地球表面に影ができる皆既日食とは違い、皆既月食の影ができるのは宇宙空間であり、その中に満月が入ればいいからだ。実際、古代ギリシアやローマの知識階層は当時すでにそれを理解していた。古代世界の天文学史を研究するアラン・ボウエンはこう書いている。「無学な民衆が食によって恐怖に陥ったとき、それを解消するには、食は自然現象の一環であって神々からの吉凶のお告げではないと教えることだ[18]」

クリストファー・コロンブスは四度めの新世界への旅のとき、間もなく起こる月食を利用してイスパニョーラ島の現地住民を脅迫することにした。というのも現地住民がほぼギリギリの食糧しか生産せず、コロンブスらに十分な量を提供しなかったため、コロンブスは部下の自分に対する忠誠心が危うくなると考えたのだ。そこで住民に、もし追加の食糧を我々に渡さなければ、悪人を処罰なさる神が月をお隠しになるぞと警告した。彼はそれが起きる時刻まで予言した。神の怒りはさておき、天文学なら脅し文句の裏付けになってくれるということをコロンブスは知っていた。食の予測発生日時がまとめられたばかりの表を熟知していたからだ。一五〇四年二月二九日の夜に、月食が起こる。一八世紀イギリスの歴史家エドワード・ドレイクがこの出来事について記している。

三日後に月食があると知っていたコロンブスは、スペイン語を話すインディアンを住民たちのところへ使いにやり、これからの暮らしに最も重大な問題について話があるから集まるようにと伝えさせた。月食を迎える日の昼、集まった住民にそのインディアンはこう告げた。キリスト教徒らは天地を創造した神を信じている。その神は、神のしもべたちに十分に食糧を与えず困窮させているおまえたちにお怒りである。そのためおまえたちには罰として飢饉や数々の災いが降りかかるであろう。それが真実である証拠に、おまえたちは今夜、血のように赤い月が昇るのを見るであろう。それは神が罰を下す前におまえたちに送る警告である。

月が出てすぐに食が始まり、辺りがどんどん暗くなると、住民たちはひどく狼狽した。提督の元に急ぎ、食糧なら欲しいだけ差し上げるから神の怒りを鎮めるよう祈ってくださいと懇願した。

コロンブスは船室に戻り、しばらく閉じこもった。そして食が最大になったころに出てきて、おまえたちのために祈ったのでもう大丈夫だと請けあった。神はおまえたちをお許しになったので、月はこれから少しずつ姿を現し、元どおりになるだろう、と。[19]

コロンブスより遡ること一四世紀、プトレマイオスはすでに食の時刻、大小、継続時間を計算するのに必要な数学を発明していた。それでも無学な者にとってはやはり、特別で不吉な現象でありつづけた。実際、長いあいだ空の出来事は、特別なものであれ平凡なものであれ、地球上の人間社会の諸事に関係があるどころか直接の原因にさえなると考えられてきた。もし、その意味するところを見抜くことができたなら。

占星術の出番だ。

＊　＊

メソポタミア人にとっては、占星術(アストロロジー)と天文学(アストロノミー)はほぼ同じものだった。古代中国の皇帝や古代ギリシア人にとっても、両者は密接に結びついていた。空が語り、空を見る者が翻訳する。コペルニクスも、ティコ・ブラーエも、そして偉大なガリレオも、占星術を実践していた。ヨハネス・ケプラーは占星術のさまざまな面に批判的で、その利己的な使われ方にも気づいていたが、星占いは何百回とおこなっていた。神聖ローマ皇帝ルドルフ二世の宮廷数学者となった直後の一六〇一年、ケプラーは『占星術のより確かな基礎について』と題した学術論文を出版した。そして四半世紀後には、お抱えの占星術師として、皇帝軍総司令官アルブレヒト・フォン・ヴァレンシュタインに仕えた。[20]

現在では区別されている占星術と天文学だが、かつては錬金術と化学、あるいは魔術と医学のように両者の区別は曖昧であり、区別することそのものがさして重要でもなかった。好機をつかみ、災難を避け、死を予言するというと、占星術的な考え方だと思うだろう。だが予測は分析の派生物であって、正しくおこなえば厳密かつ科学的になりうる。空を精度よく観測し、物理学や星図作成技術と組み合わせることは、占星術と天文学の両方にとって肝心だ。

二世紀に活躍したアレクサンドリアの数学者クラウディオス・プトレマイオスは、これらすべてに取り組んだ。天文学の礎を築いた名著『アルマゲスト』や、当時の地理学や地図作成術の知識を集めた『地理学』を著したが、それらと同じくらい影響力があったのが、占星術についての本『テトラビブロス』だ。その冒頭でプトレマイオスは、空と地球のつながりについて、そして空の研究の二面性についてこう明言する。

> 天文学を用いて先を読む方法に関しては（……）次の二つが最も重要かつ有効である。その順序および有効性において、第一は、刻々と変わる太陽、月、星の動きの様相を、相互の関係および各天体と地球との関係において理解するための方法である。第二は、これらの様相そのものの本来の性質を知ることによって、それらと結びつく現状にどのような変化がもたらされるのかを調査するための方法である。[21]

プトレマイオスは、宇宙（コスモス）が一体で調和のとれた系であること（ギリシア語の「コスモス」には「秩序」のほかに「世界」という意味もある）や、天上の諸事が地上の諸事に影響するということを疑わなかった。天体と黄道十二星座との位置関係は、地球上の地域ごとにどのような力を及ぼし、各地域に生まれた人間にどのような気質を与えるのだろうか。さらには、時間が違えば天体の位置関係も違い、その影響力も違ってくることを考えると、特定の時間に生まれた特定の人間の気質はどうなるのか。その当然の連鎖を彼は追いかけた。空はいわば封蠟に押したスタンプであった。[22]

占星術師は、空にあるあらゆるものの過去、現在、未来における位置を計算することで、その影響として起きるものごとの原因を特定することができた。事前にわかれば好ましいが、事後になることもあった。肉体におけるなんらかの過剰、性格の欠点や好ましさ、精神的苦悩、社会や自然の混乱はどれも特定の発生源に帰することができた。木星と金星は温暖と湿潤、したがって多産、活発、慈悲深さを象徴し、一方、土星と火星は寒冷と乾燥、したがって破壊的な星とされた。しし座、太陽、火星、土星、木星は男性性を、対しておとめ座、月、金星は女性性を象徴するとされた。既知の世界を四分割した北西部分であったヨーロッパは、しし座、おひつじ座、いて座と関係が深いうえに木星に支配されているため、ヨーロッパの男たちは好戦的で威厳があり、高潔で自由を好み、女性に無関心である、とプトレマイオスは書いている。また彼によれば、ブリテン島やドイツの住民はおひつじ座や火星とより関係が深いため、とりわけ気性が荒いのだという。[23]

あなたが生まれた時間に太陽が他の天体に対してどの位置にあったかがわかれば、あなた自身の「ホロスコープ」(「ホーラ」すなわち「時間」と、「スコポス」すなわち「観測者」というギリシア語に由来）なる占星用の天体配置図が得られる。ホロスコープには個人の基本的な性向が描かれていると考えられた。さらに、空が変われば引き起こされる効果も変わるとされた。自分自身のことに加え、惑星が持つ悪い傾向について知っておけば、今後待ち受けることにも落ち着いて準備ができ、必要があれば自身の一番の欠点となる性向を抑えてリスクを減らせるというわけだ。出来事や都市も、同様の影響下にあるとされた。天体の配置は、個人の行動を暴力か黙従かに向かわせたり、政策を平和か終わりなき闘争かに傾けたりする。[24]また同時に、船の難破や地震、略奪の発生を予言し、結婚や戴冠、祈禱、侵略をおこなうのに最も有利なタイミングを教えてくれるものでもあった。[25]

古典的な占星術の影響は何世紀も続いた。占星術師がする星占いは、イエスやローマ教皇ウルバヌス八世だけでなく、フィレンツェとローマの運命を占うのにも、さらには第一次世界大戦の交戦国にも利用された。彼らの予言や事後説明は、君主の暗殺、帝国の成功、宗教の隆盛、あるいは歴史の終わりにさえ及んだ。[26]だが、誰もがこのプトレマイオスの遺産をありがたがったわけではない。占星術師は、権力をしかるべき者から不当に奪っているという批判を浴びていた。星占いには説得力がありすぎたのだ。プトレマイオス本人も懸念を抱いていた。[27]『テトラビブロス』のインクも乾かぬうちに、占星術師はローマから追放されはじめていた。アウグストゥス、ディオクレティアヌス、テオドシウス、ユスティニアヌス一世といった皇帝たちは占星術を制限または禁止した。アウグスティヌスは、神の力で動くはずの星々が悪を引き起こすというのは理屈に合わないと言った。マルティン・ルターは、実際には発生しなかった一五二四年の大洪水を多数の占星術師が予言したのに、実際に一五二四―二五年に起こったドイツ農民戦争を予言した者は一人もいなかったと指摘した。ウルバヌス八世は、高名な僧院長兼占星術師の占いで一六三〇年に死ぬと予言されたものの、それが誤りだったことから、占星術師たちを非難する大勅令を一六三一年に発布した。[28]

とはいえ占星術を声高に批判する者たちでさえ、ときには念のために利用することがあった。ルネサンス時代のフィレンツェの政治家フランチェスコ・グイチャルディーニもその一人だ。当たった予測ばかりが記憶され、それよりはるかに多いはずの外れた予測は皆すぐに忘れるのだと言って占星術を馬鹿にしていたグイチャルディーニだが、自身はといえば、ある殺人者にホロスコープの作成を依頼していたのだ。合理主義が興り、観測による天文学への関心が高まり、望遠鏡が普及するようになっても、占星術は姿を消さなかった。ところが、輝ける新しい星（超新星）が一五七二年と一六〇四年に突然現れ、さらにはガリレオが一六〇九年と一六一〇年に、月の山やクレーター、木星の四大衛星、土星の二つの付随物らしきもの（実際には土星の環だったが、ガリレオは環だと認識できなかった）を次々と発見し、占星術の土台を揺るがした。突如として空の地図は――それに当然ながら天体が及ぼす影響の分析も――修正を迫られた。一七八一年にウィリアム・ハーシェルが天王星を惑星だと確認したことは、占星術の混乱にさらに追い打ちをかけた。

＊　＊

だが、信念は人をつかんで離さないものだ。多くの教養あるヨーロッパ人は、個人の生に対する天体決定論を退けるようになったが、それでも多くの人は、大まかな自然の成り行きに星や惑星が影響するという考え方を信奉しつづけた。外交官は、特に戦時には占星術を完全に拒絶するのではなく限定的に利用するように勧めた。[29] イギリスの哲学者で科学者のフランシス・ベーコンは星占いの教義を疑問視し、占星術のことを「あまりに迷信だらけで、確からしいことはほとんど見出せない」と感じていたが、それでも完全に捨て去るよりは不純物を取り除くほうがよいと断言した。[30] イギリスの初代王室天文官ジョン・フラムスティードは、占星術師の足を軽く踏みつけるようなことを言った。一六八二―八三年にかけて土星と木星が立て続けに三回接近したというめずらしい出来事（三連会合）について言及した際の言葉だ。占星術師たちがこのとき「不吉な出来事が起こるという恐ろしい予言」によって「一般の人々」を「恐怖させた」ことについて、「より賢明になって、会合がどのくらいの頻度でいつ起こるのかを知ることが望ましい」と書いたのだ。[31] ガリレオもまた、新旧のはざまにいた。彼は友人や娘たち、パトロン、そして自分自身のためにホロスコープを作成した。一六一〇年三月に出版されたパラダイム破壊的な著書『星界の報告』には、パトロンであったコジモ二世・デ・メディチや木星への賛辞が書かれているが、ガリレオはそのコジモ二世のホロスコープを、王の惑星である木星が最大限優勢になるように細工した。[32]

占星術による予言は一七世紀に入っても威力を保ちつづけた。一八世紀には数発のボディーブローを食らったものの、一九世紀には復活し、二〇世紀を生き延び、二一世紀に入った今も世界じゅうで、とりわけ科学リテラシーに乏しい人々のあいだでは健在だ。[33] 占星術が何らかの助言や断言をしてくれるという考え方に影響を受けずにいられる人は、権力者を含めて数少ない。

アメリカの例を見てみよう。占星術を信じるアメリカ人の割合はこの三〇年間ほぼ一貫して四分の一程度で推移していたが、最近は上昇傾向にある（死後の生まれ変わりを信じる人の割合も同程度だが、いわゆる「神秘体験」を経験したという人はその二倍いる）。ロナルド・レーガンが大統領だったころ、彼と妻ナンシーはヴァッサー大学卒の占星術師に助言を求めていた。大統領選挙戦での討論や、連邦最高裁判所判事にアンソニー・ケネディを指名する発表のほか、記者会見、大統領専用機の離陸、一般教書演説など、さまざまなものの日時を（場合によっては秒単位で）その占い師が指定した。9・11直後には、あの反啓蒙主義的な一六世紀の占星術師ノストラダムスによって書かれたとされる「予言」がインターネットを駆け巡り、すでに怯えていた多くのアメリカ人の恐怖心と復讐心に油を注いだ。「二人の兄弟はカオスによって引き裂かれ／要塞は持ちこたえるも／偉大な指導者は屈服し／大都市が燃えるとき第三の大戦が始まる」。実は、出回ったこの四行連はでっち上げで、元ネタは二〇世紀に書かれた学校の課題エッセイである。すぐに装飾が付け加えられた。「九の月の一一番目の日／二羽の鉄の鳥が二体の高い立像に衝突する」、「ヨークの街に大崩落が起こる」。その後、メディアや公職者による徹底的な恐怖の扇動が数年間続き、二〇〇四年にはAOLで最も検索されたワードが「ホロスコープ」になった。そして二〇〇八年九月四日の夜、共和党全国大会に集まった忠実な党員たちにジョン・マケインが紹介された。巨大なスクリーンに映像が流れ、BGMと拍手喝采が高まる中、朗々と響くナレーションが宣言する。「星は並んだ。変化の時がやってくる」[34]
インドの例も見てみよう。プトレマイオスではなくヴェーダに基づくインドの占星術では、太陽よりも月の形状のほうが重要だ。占星術師に相談したり従ったりせずに結婚に踏み切るヒンドゥー教徒は、昔と変わらず、現在でもほとんどいない。外交官、ジャーナリスト、作家だったクシュワント・シンが「天文学的な調和こそが、幸福を保証してくれた」と述べたとおりだ。二〇〇三年一一月二七日の夜は木星による「星まわりの悪影響」がないからというので、ニューデリーではその日に結婚したカップルが一万二〇〇〇組に上った。二〇〇六年の一〇月下旬から一一月上旬にかけて、デリーには再び結婚の波が押し寄せたが、今回は、両人のホロスコープが不調和なために普段なら結婚が不可能だとされるカップルでさえ、この時期に結婚すれば確実に幸せになれるというのが理由だった。だが、婚姻問題だけが占星術の支配領域かといえば、まったくそうではない。選挙で立候補の届け出をするのも、当選者が就任の宣誓をするのも、占星術的に最適なタイミングでおこなわれるのだ。インド人民党が政権を担っていた二〇〇一年には、公的資金を受け取る大学が、ヴェーダ占星術の課程を用意するよう求められた。インドの科学者や教育関係者は「宇宙に人工衛星を送るわが政府が、一方で公的資金を使って占星術を教えることを許すというのは、とてつもない矛盾であるとしか言いようがない」とこき下ろしたものの、この政策にはインド最高裁判所のお墨付きが与えられた。[35]
インド系アメリカ人作家でコンピューターギークでもあるヴィクラム・チャンドラは二〇〇七年（米での刊行年。印・英では二〇〇六年）刊行のパノラマ的な小説『聖なるゲーム』（ネットフリックスでドラマ化されている）で、殲滅と結びついた占星術を並外れた筆致で描いている。作中に登場する導師（グル）は、地球における時間と生命の循環を再始動させるために、核による都市の殲滅を画策する。弟子となったギャングのボスに、彼はこう語りかける。

生命そのものを考えろ。そこに暴力は含まれていないと思うか？　いいかガネーシュ、生命は生命を食べて生きるのだ。それに生命の始まりも暴力だ。我々のエネルギーがどこから来るか知っているか？　そう、太陽だ。すべては太陽が頼りだ。我々は太陽に生かされている。だが太陽は平和な場所ではない。信じがたいほど暴力的な場所だ。巨大な爆発だ、爆発の連鎖だ。この暴力が止めば、太陽は死に、我々も死ぬ。（……）聖職者たちは戦ってきたのではなかったか？　彼らは兵士たちを戦闘に駆り立てたのではなかったか？　精神の進歩とは、悪に直面しても武器を取るべきではないという意味なのか？（……）平和などという、精神性を骨抜きにし弱体化させるものに、我々は立ち向かわなければならない。[36]

＊　＊

お金は間違いなく圧倒的な権力の源泉だが、これにも占星術師は懸命に取り組んでいる。ビジネス系の雑誌や新聞を読んでみよう。たぶん、経済学者ジョン・ケネス・ガルブレイスによる次の言葉の引用に出くわすだろう。「経済予測が持つ唯一の機能は、占星術がまともに見えるようになることだけだ」。だが多くの人が、お金とは権力であり、占星術は管理法であり、そしてその二つを合わせると、お金を管理下に置いたことになると思っているようだ。一九世紀後半「金ぴか時代」の銀行王ジョン・ピアポント・モルガンは、「百万長者は占星術師を雇わないが、億万長者は雇う」と言ったとされる。そのモルガンと、一九二一年から一九二四年までニューヨーク証券取引所の社長を務めたシーモア・クロムウェルは二人とも、エヴァンジェリン・アダムズという当時注目を浴びていた占星術師に助言を求めていた。アダムズが顧客の相談を受けていた部屋はカーネギー・ホールの上にあった。[37]近年の金融系占星術師が掲げる標題や本のタイトルを見ると、懐疑派ならば手を伸ばすのを躊躇するかもしれないが（たとえば「惑星サイクルとテクニカル分析でマーケット・タイミングをつかむ」、『投機市場の惑星調和』）、そんな彼らに助言を求める投資家やファンドマネージャー、銀行家、企業役員は今でもいる。統計的には当然のことながら、無数のハズレの中にもときどきまぐれ当たりが混じることがある。一九八七年一〇月に株式市場が急落すると予測していた占星術師はいた。二〇〇五年に金相場が一オンスあたり四八七ドルをつけると予測した占星術師もいた。社債、財務省短期証券、会社、あるいは証券取引所のホロスコープさえ、新規発行、合併、取引開始の時間をもとに描くことができるし、実際にそういうものがつくられている。[38]

ある二人のビジネススクール教授によると、ダウ工業株三〇種平均、S&P五〇〇種株価指数、総合株価指数、ナスダック総合株価指数の全歴史を通じて、それらの上昇率は満月前後の一五日間よりも新月前後の一五日間のほうがおよそ八パーセント高かった（約二倍だった）という。占星術師たちがこの発見に勇気づけられたのは間違いない。この「月周期効果」はアメリカ以外のどこかではもっと強く現れていたようだ。二〇世紀最後の三〇年間、世界全体の証券取引所で、新月前後の上昇率のほうがおよそ一〇パーセント高かったのだ。[39] とはいえ、半月間に発生する重力や潮汐力は、平均すれば新月前後も満月前後も同じなのだが。

「古典派科学的占星術師」の金融評論家セオドア・ホワイトは、月相よりも惑星の通過や衝（外惑星が地球に対して太陽と正反対の位置にくること）を重視した。ホワイトが分析結果を公表したのは、信用危機が深刻化し、住宅の抵当流れや銀行破綻の波が押し寄せ、世界的な金融メルトダウンの兆候がそこかしこに現れていた（だが大方からは無視されていた）二〇〇七年の晩夏だった。いわく、これまでは価格上昇を木星が支えてきたが、今や土星が反転しはじめていると主張し、住宅バブルの崩壊を警告した。「土星の長期（二六か月間）にわたるおとめ座通過および四か月の逆行が、二〇一〇年、水星が支配する星座宮（おとめ座のこと）で起こる」と彼は書く。「この通過は、全国的な住宅市場の退潮で深刻な打撃を被った人々に、気が滅入るほどの破滅的な影響を及ぼすだろう」。加えて、土星が「日の出昼間チャート上に昇るようになり、二〇〇七年一〇月および一一月の支配星となったあとも、強い影響は一二月まで続く」。月の降交点近くを通る後者の土星通過は、サブプライムローン危機によって「アメリカ経済界のあちこちから規制強化を要求する声が上がる」ことを示唆しているとした。[40]

事後的な大発見をしたいなら、ほぼ無限にある周期的な現象を調べれば簡単だ。お望みの答えや予想に合致するものを見つけるのは難しくない。太陽黒点の一一年周期、火星・地球会合の二六か月周期、月食に影響する、月の公転軌道面の回転の一八・六年周期。特定の月が一年に一回巡ってくるのも周期だ。一九〇七年、一九二九年、一九八七年、二〇〇八年に、株式市場が大打撃を被ったのは一〇月だ。一〇月に株価が下落した年はほかにもある。これは株の「一〇月効果」が本物だということだろうか？　そうではない。だが、宇宙の力が相場を下げると信じて売買する人がそれなりの数になれば、大量売却は起こる。こうして予言が自己成就するのだ。「外れた」予言ならいくらでもあるということを忘れてはいけない。

＊　＊

戦争の遂行は少なくとも富の獲得と同じくらい持続的で現実的な事業だ。近現代の武人たちも、メソポタミアや古代中国の支配者たちと同じぐらい占星術に関心を持っていた。ナチス・ドイツが驚くべき事例を残している。第二次世界大戦中にイギリスの政治戦争執行部という機関で文書偽造のエキスパートとして働いていた、作家で歴史家のエリック・ハウが、その詳細を記録している。[41]

ハウによれば、第一次世界大戦に敗北し、インフレにあえぐドイツでは、他のヨーロッパ諸国よりも急速に占星術への関心が高まったという。筆相学者でジャーナリストのエルスベート・エバーティンは、いち早く、多くの読者を持つ売れっ子のプロ占星術師になった。一九二三年の春、一人のアドルフ・ヒトラー信奉者が指導者のホロスコープを知りたいと思い、エバーティンに新興の政治家ヒトラーの生年月日を書いて送った（何時何分に生まれたかがきわめて重要なのだが、その情報はなかった）。エバーティンは自身が発行する暦『未来展望』の一九二四年版でその占い結果を紹介することにした。ヒトラーの名前は出さなかったが、出すまでもなかった。

> 一八八九年四月二〇日に生まれた行動派の男性は、出生時に太陽がおひつじ座の二九度にあったため、極端に無鉄砲な行動で自分自身を危険にさらすことがあるうえ、制御不能な危機を引き起こす可能性が非常に高そうです。星座から判断するに、この男性はきわめて慎重に扱うべき人です。将来の戦いで「総統役」を演じることが運命づけられているのですから。私が思い浮かべる男性は、この強いおひつじ座の影響で、ドイツ**国民のために自らを犠牲にする**運命にあるようです。また、たとえ**生きるか死ぬか**の状況であろうとも、大胆さと勇気を持ってあらゆる事態に立ち向かう人であり、のちにドイツ自由運動としてにわかに花開くような衝動を人々に与える人物であるように見受けられます。ただし運命の予想はしないでおきます。[42]

一九二三年七月に発表されたエバーティンの未来予測は、ヒトラーの出生時を正午と仮定して計算したものだった。一一月、ヒトラーは明らかに「極端に無鉄砲な行動」と呼ぶべきものに参加した。「ビヤホール一揆」である。反乱に関与した罪でヒトラーが収監されたころには、エバーティンは彼の出生時が午後六時半だったと知る。だが問題ない。ドイツでは占星術の運勢が上昇中で、あらゆる種類の関連団体、出版社、手引き書、会議、信奉者が急増していたのだ。哲学者、古生物学者、医師のほか、なかには弾道学に取り組み、ことによるとあの恐ろしいV２ロケットに関わっていたかもしれない天文学者まで、一〇〇人を超えるヘレン・ドクトレン（博士殿）がその仲間に加わった。ハウの表現を借りれば、「二つの大戦に挟まれた時期のドイツは、平方マイルあたりの占星術師の数が世界のどこよりも多かった」[43]。人気の一方で、占星術は大勢の反対者も生み出した。

一九三三年一月三〇日にヒトラーが第三帝国の首相に就任すると、彼のホロスコープは広く注目の的となった。総統のさまざまな人物像を根拠づけようとして、彼の出生時間を「修正」する占星術師まで現れた。そうして太陽をおひつじ座ではなくおうし座に置くことが、いくつかの場合では、ヒトラーの資質や能力を疑問視していることにもなった。当局はそれを超えてはならない一線だとみなした。一九三四年の春、ベルリン警察はほぼあらゆる形式の占星術活動を禁止し、年末までにはパウル・ヨーゼフ・ゲッベルス博士率いる国民啓蒙・宣伝省が、第三帝国やナチスの運勢やホロスコープを占った結果の公表を封じた。占星術関連の書籍は一般向けも難解なものもみな押収され、出版社や書棚から消えた。家が捜索され、人々が逮捕された。占星術師が集まる大きな年次会は一九三六年に開かれたものが最後になった。一九三七年から三八年にかけて、定期刊行物は次々と廃刊に追い込まれた[44]。

一九四一年五月一〇日の夕方。偶然にも、ロンドン大空襲で最悪の被害が出ることになる夜の数時間前のことだった。精神的に不安定さを抱えた第三帝国の序列第三位であり、多くの同胞人の例に漏れずちょっとした占星術熱愛者だったルドルフ・ヘスが、メッサーシュミット110戦闘機に乗り込みスコットランドへ飛び立った。彼は、ある生煮えの奇妙なミッションに、密かに着手することにしたのだ。それは、イギリスの高官たちを説得し、国をこれ以上荒廃させないよう、ヨーロッパにおけるドイツの優越を認めさせることだった。だが現実的な事情がすぐに割って入った。飛行機の燃料が足りなかったのだ。脱出しなければならなくなった彼は、機体をグラスゴー近郊の農場に墜落させ、自らはパラシュートで飛び降りた結果、足首を痛めてイギリス軍の病院に収容されてしまった。この予告なしの飛行をドイツ国民だけでなく世界じゅうにどうにか納得してもらえるような説明をひねり出す必要に駆られた第三帝国の当局は、精神異常と占星術に罪を被せることにした。噂はヨーロッパじゅうを駆け巡った。イギリスの『タイムズ』紙はヘスのことを、ヒトラーが密かに抱えているお付きの占星術師だと断定した。両陣営の宣伝機関は過熱状態になった。[45]秘密国家警察（ゲシュタポ）は二、三日のうちに数人の占星術師を逮捕、尋問し、五月末までにはさらに数百人を捕まえた。逮捕されたのはおもに占星術師の協会に属していたか、あるいは自ら占いを出版していた人たちだったが、オカルトじみた活動に、ほんの少し関わっただけの人も数多く含まれていた。六月二四日をもって、占星術、透視術、テレパシーその他の秘術的な行為について公の場で講義、実演することが禁じられた。一〇月三日には規制が印刷メディアにまで広げられた。強制収容所に送られた占星術師もいた。

　だが相当の検閲がおこなわれたにもかかわらず、人目につく場所でも密室でも占星術やオカルトは隆盛をきわめた。ある意味でそれを支えていたのはゲッベルスだった。一九三九年一一月二三日、彼はほぼ日課になっていた閣僚会議の場で（協議ではなく賛成を集めるために召集されていた）、ノストラダムスの予言に基づく心理戦用宣伝ビラを早急に用意してフランスでばら撒くよう命じた。[46] 宣伝省は一九四〇年、統計学志向のスイス人熱血占星術師カール・エルンスト・クラフトを雇い、ノストラダムスの選集に注釈を付けさせた。[47] ヘス事件のあおりを受け、粛清により数か月間の獄中生活を経たクラフトは、一九四二―四三年、同じく著名だがより実用主義の占星術師F・G・ゲルナーとともに徴用され、ノストラダムスを抜粋したり連合国の将校たちのホロスコープを作成したりする日々を送った。先ごろ逮捕された他の占星術師や天文学者、数学者、物理学者らは、ドイツ海軍大佐が指揮をとる「振り子研究所」に採用された。彼らは一九四二年の春のあいだ、敵艦の位置を探索するために、大西洋の海図上でせっせと振り子を振りつづけた。[48]

第三帝国が衰勢に向かうにつれ、予言の起草やホロスコープの個人研究が盛んになった。[49] 有益な内容にとどまるかぎり、予言は今や大っぴらに人口に膾炙（かいしゃ）するようになった。また、そのために宣伝省が好んで使ったメディアはラジオだった。ロシア侵攻開始から二度目の冬であった一九四二年九月から一九四三年三月にかけて、ドイツで流れたニュース速報の八つに一つはあからさまな予言だった。[50] 亡命知識人たちは、ナチスの予想や予言への取り組み方をこう評した。

交戦中の政府は例外なく勝利を予言する。戦争のリスクは高く、当然ながら民衆は不安に思うものだ。予言をしないのは、疑念を促し、信頼を失わせることと同じである。最終的な敗北を予言するのは、実質的に降伏するのと同じである。したがって宣伝機関は勝利を予言する。なぜなら、それ以外にやりようがないからである。(……)以上のことから、指導者は自らのカリスマ性を示すため、予言者になることを強いられるのである。(……)

初期の勝利では安心が得られた。しかし時が経つにつれ、宣伝機関は(……)ドイツ国民のあいだで高まる緊張感に、予言を頻発して対処することに味をしめた。順境よりも苦境のほうが予言は必要とされるのだ。長きにわたり、予言はいいニュースとして扱われた。だが(……)ロシア軍を撃破できないでいると、その方針はにわかに転換され、予言が出されることはまれになった。ゲッベルスがドイツ国民に対し、世界は予言などできないものであり、戦争は実に「難問中の難問」なのだと何度も繰り返し説きはじめたのは、まさにこの時期であった。[51]

しかし、とりわけ占星術形式の予言は訴求力を保ちつづけた。一九三〇年代末以降、ヒトラーと占星術の関係が急速に噂されるようになる。ルイ・ド・ウォールという、占星術に精通したベルリン出身のユダヤ系作家がいた。ロンドンやニューヨークでの派手な暮らしを望んで一九三五年にドイツを脱出した彼は、占星術を自身の生き残りのために都合よく使えることに気づき、クラフトはヒトラーお付きの占星術師であると吹聴した。コロンビア大学の学長がすぐに続き、ヒトラーは五人の占星術師を抱えていると言いだした。ロンドンの『イブニング・スタンダード』紙は、総統のお気に入りはエルスベート・エバーティンだと名指しした。[52]

多くの人は、純粋アーリア人種の未来を取り戻すという政治目標だけでなく、かつてアーリア人の黄金時代があったという、スピリチュアリズム、民族同一性、宇宙の神秘、占星術的概念に満ちたおとぎ話を信奉していた。ナチスの荒れ狂うナショナリズムと激しいレイシズムはそれとまったく同じ側にあったにもかかわらず、実際は、ヒトラーもナチスにおける彼の最側近たちも、いつ何をすべきかの助言を求めて占星術師を頼ったりはしなかった。[53] それでもやはり、ゲッベルスが言ったように「狂った時代は狂ったやり方を求める」ものであり、第三帝国の光が陰っていく日々は間違いなく強烈な狂いようであった。それはとりわけ、自分たちにナノ秒ほど訪れた最高潮がとうに過ぎ去ってしまったことを、指導者たちが把握できていなかったからである。[54] そしてこの終末の日々になって、ヒトラーは予言に救いを求めるようになった。

ヒトラー内閣の財務相ルッツ・シュヴェリン・フォン・クロージク伯爵（オックスフォード大学の元ローズ奨学生）が残した日記を読むと、一九四五年四月の半ば、ゲッベルスとヒトラーは二つのホロスコープを分析すべきときが来たと判断したことがわかる。一つは一九三三年に総統本人を占ったもの、もう一つは一九一八年に大ドイツ国を占ったものである。ぞくぞくするような啓示だったに違いない。日記にはこう書かれている。

どちらのホロスコープも一致して、一九三九年に戦争が勃発、一九四一年まで勝利が続いたあとは負けがかさみ、一九四五年前半、とりわけ四月の前半にはついに大惨事に陥ると予言していたのである。だがその後、四月後半になると我々に大勝利が訪れ、八月までの停滞期を経て、八月中に和平が結ばれるという。和平後の三年間はドイツにとって困難な時期となるが、一九四八年からドイツは再び偉大さを取り戻す（……）今、私は四月後半を心待ちにしている。[55]

一九四五年四月一三日金曜日の未明、シュヴェリン・フォン・クロージクに次官から電話があり、ルーズヴェルト大統領が前日に死んだと伝えてきた。「我々は部屋の中で歴史の天使の羽音がバサバサと鳴り響いたように感じた」と彼は書き残している。「これこそ待ちに待った運命の変わり目ではないか?」ゲッベルスもそう思ったようだ。ルーズヴェルトの死を伝えられると、一番上等なシャンパンを用意させ、ヒトラーに電話をかけて、これこそが「星に書かれていた」転機ですと言ったという。ゲッベルスは有頂天になっていた。[56]

それから四週間もしないうちに、ナチスは敗北した。

＊　＊

国家社会主義の支持者にとって、一九三〇年に小さな氷の星、冥王星が発見されたことは、何かの暗示であるように思われた。占星術師は早速、冥王星をホロスコープに取り入れた。ヒトラーの第三帝国首相就任から二年後の一九三五年、ドイツ人占星術師のフリッツ・ブルンヒュブナーは、その新入りについて手短だが詳細に記した本『新しい惑星・冥王星（Der Neue Planet

Pluto)』を上梓した。ブルンヒュブナーによれば、冥王星は「旧世界の終わりであり、新しい精神の時代の幕開けである」。また、「最も勢いのある凶星」、「死をもたらす惑星」、「世界の趨勢を変える扇動者」であり、冥王星が持つ「運命の力は、古きを一掃し、新しい形の新しい時代を到来させる」という[57]。

だが、彼がヒトラーのドイツと冥王星とを関連づけて論じる中で、最もぞっとさせるのは次の記述である。

> さらに、私は冥王星が国家社会主義と第三帝国の惑星であると信じる。アドルフ・ヒトラーをはじめ現政府およびナチスのほぼ全指導者、および第三帝国のホロスコープ（一九三三年一月三〇日［ヒトラー首相就任の日］、ポツダムの日［一九三三年三月二一日。同地の衛戍教会でこの日、国会開会式がおこなわれたことから］、ドイツ国会議員選挙が実施された一九三三年三月五日および一一月一二日）は、非常に優勢な天王星に加え、強い冥王星の影響を示している。
>
> つまりこういうことだ。冥王星は転換点の惑星である。国家社会主義運動は、冥王星が他の全惑星より高く昇るホロスコープになっており、これは冥王星の法則に従えば、ドイツ史に大転換をもたらす。では、アドルフ・ヒトラーのホロスコープは何を告げているのか？ヒンデンブルク大統領がドイツ国民の運命をアドルフ・ヒトラーに託したあの瞬間、冥王星は天頂にあって、力試し、権力の掌握、転換点、危機（……）といったホロスコープにおける最重要の位置に結びついている[58]。

「転換点」は転換しつづける。戦争が終結すると、連合国は国家社会主義ドイツ労働者党を解体して活動を禁じ、今やドイツ自らがナチス式敬礼を犯罪行為とみなすようになった。終戦から数十年、この間に天文学者は、冥王星が私たちの月より小さいだけでなく、太陽系には冥王星より大きな衛星が他に六つもあることを明らかにした。国際天文学連合はもはや冥王星を惑星には分類していない。天空の力、征服、「新時代」の源を探すなら、別の場所を当たらなければならない。

第三章 海の力

緯度・経度・標準時

ナチスを駆り立てたのは、拡大した、民族的に純粋なドイツ——大ドイツ国——という未来像だった。彼らが征服しようとしていた土地は、はるか昔から探検され、人が定住し、領有権をめぐって争われ、緯度と経度が確定され、地形が地図に描かれ、河川がなぞられ、住人とその名前が特定されてきた。だが、最初に大地溝帯を北上したり、海図もなく太平洋に漕ぎ出したり、未踏の荒野だったタクラマカン砂漠を馬に乗って渡ったりした、勇気と好奇心にあふれた必死な人々を駆り立てたのは、そのような未来像ではなかった。彼らには、自分たちが何を経験しようとしているのかさえ定かではなかった。

だが今から四万年前までには、解剖学的に現代と同じ人類の集団が、その足でスリランカや中国東岸まで到達し、アフリカから海を渡って東南アジアや、現在のオーストラリアとニューギニアがつながったサフル大陸まで移動していた。[1] そういう初期の探検者、狩猟採集民、亡命者、漂流者、貿易商人、侵略者たちはコンパスも地図も持っていなかった。地理学も航海術も萌芽期にあった。地上では、旅人は河川や山道や獣道をたどればよかった。海上では、なるべく陸が見えるところを進めばよいとはいえ、海岸沿いの浅瀬は命取りなので避けなければならなかった。
海の道を探る者たちは、陸にあるものを目印にして一覧にし、記憶した。それに加えて、雲や風や音も手掛かりにした。彼らは波のうねりや海流、燐光、潮汐、シュロの葉やヤシの実の殻が浮遊していることの意味、それぞれの水深に棲む植物や魚、海水の色の違い、舟の下から取った堆積物の味や匂いの違いに詳しくなった。

水平線の先に陸地があるかどうかを知るには、鳥の飛び方を見ればよかった。水夫は〝陸地探知〟ができるワタリガラス、カツオドリ、グンカンドリのどれかを籠に入れて船に持ち込み、定期的に籠から放して、安全な足場である船に戻ってくるか、それとも鳥にとってはもっと安全で好ましい陸地に向かうかを確かめることがあった。旧約聖書の創世記八章一一節には、ノアの放ったハトがオリーヴの小枝をくちばしにくわえて戻って来たとある。古代ポリネシア人はキジカッコウが毎年、南西方向に渡るのを見て、その鳥が見知らぬ大地に向かっているのだと気づいたのだろう。なぜならキジカッコウは普段は陸者の鳥だからだ。キジカッコウからヒントを得て双胴カヌーを南西方向に走らせたポリネシア人たちは、ニュージーランドを発見した。中世アイルランドの修道士たちは、毎年春にシャノン河口からおびただしい数のガチョウの群れがガアガア鳴きながら北へ向かい、秋になると戻ってくるのを見ていた。彼らは皮舟（コラクル）で北へ向かい、アイスランドを発見した。コロンブスは、インドがあると想像していた方向にペリカンが飛ぶのを目撃した。彼は航海日誌に、ペリカンは陸地から二〇リーグ（距離の単位）より遠くへは離れないものだと書いている。[2]

だが、ひとたび外洋に出れば、水夫が現在位置を知るのに頼りにできたのは空だった。季節、陸地との近さ、天候だけでなく、空は位置と方向を示した。舟がどこにいて、どちらに向かうべきなのかを教えてくれるのだ。言うなれば、空は道探しを航海術に一変させたのだ。一六世紀末までには「停泊所発見術」[3]としてヨーロッパで非常に評価されるようになった。アントウェルペンにいた数学志向の道具製作者は、このような定義を書き残している。

この技術は二つに分けられる。すなわち一般航海術と大航海術である。(……)一般航海術とは、目視によってすべての岬、港、河川を把握し、それらが沖からどのように見えるか、それら同士の距離はいくらか、およびそれら同士のあいだをどのように進めばよいかに関する知識にすぎない。月の位置による干満、潮の満ち引きの流れ、水深、海底の様子に関する知識もこちらに含まれる。(……)一方、大航海術では、前述の方法に加えて、天文学と天地学から導かれた実に見事な法則や器具を利用する。[4]

それから一世紀後、数代のイングランド王に仕えた常任水路学者、つまり河川・湖沼・海洋を調査する役人だったジョン・セラーは、航海術のことを「広大な海を渡る船の針路を、既知の世界のいかなる場所へも案内することである。それは、船の位置を常に測定することなしに成し遂げることはできない」と表現している。[5]そしてそのとおり、彼の時代にはすでに、この広い海と世界はあらかた知られていた。旅行本は、事実に基づいたものも架空のものも、常にベストセラーだった。天文学、数学、地図作成術、文学、兵器開発、計器開発、航海術、脅威が強力に連携することによって、この広い海と世界は発見され、探検され、地図に描かれ、目録がつくられ、物語化され、買われ、売られ、植民地にされ、奪い取られ、作物を植えられ、収穫され、鉱物を採掘され、居住していた何百万もの人々が強制的にキリスト教化されたり奴隷にされたりした。

だが、そこに至るまでには背景がある。

＊　＊

昔の航海士が自分の船の位置を正確に測るためには、比較対象として信用できる物体が必要だった。だが岸からかぎられた範囲の海にいるときでさえ、春にはあった目印が秋には存在しないということがありうる。それに、航海士のほうも静止せずに動いており、立ち止まらずに船を操縦しているのだから、目印の信用度は月ごとに、週ごとに、それどころか日ごとにさえ変わるのだった。

地球は太陽のまわりを一年に一周しているので、同じ屋根の上から毎月一回、同じ時間に夜空を見上げれば、前の月に比べて空が西向きに三六〇度の一二分の一、つまり三〇度ずれているのに気がつくだろう。昔の天文学者たちはこのサイクルを注意深く見つづけた。紀元前一千年紀に中国で書かれた『尚書（しょうしょ）』には、おうし座は（中国での年の区切りで）六月に東の空に昇り、八月には天頂に達し、一〇月には西の空に沈むとある。明記されていないが、いずれも夜の同じ時間に観測すればということである。一五世紀に現在のアラブ首長国連邦にあたる場所で編纂された『航海術の原則および規則の有用な情報についての書』には、明るい星カノープスが（イスラム年で）第四〇日の夜明けに真西に沈み、第二二二日の夜明けに真東から昇ると書かれている。[6]

別のやり方でこのサイクルを検討してみたければ、来る日も来る日も、一〇年も二〇年も、水平線や地平線上の同じ地点から同じ星が昇るのを見ればよい。ただしその星は、前日より四分早く昇ってくるだろう。この一日で四分、一か月で三〇度の変化に、それよりもはるかに小さいが重大な因子が加わる。地球の自転軸のふらつきだ。傾きの方向が二万五七〇〇年かけて一回りする。古代人たちも気づいていたこの自転軸のふらつきを「歳差運動（赤道の歳差）」といい、このせいで、毎年特定の月に夜空を見比べたときの星の位置は、何世紀も経つとずれてくる。その影響は北極星にも及ぶ。ホメロスの時代、私たちが今日ポラリスと呼ぶ北極星は天の北極（地球の自転軸の延長線上）から一二度ほど離れたところにあった。コロンブスの時代には、そのずれは三・五度だった。スプートニクの時代、北極星は天の北極のすぐそばまで来た。今後も地球はこまのようにふらつきつづけるため、西暦一万五〇〇〇年ごろには、北極星は天の北極から四五度離れたところにあるはずだ。[7]

大海原を航海中の人にとっては、北極星がゆっくりと何世紀もかけて動こうが関係ない。だが、北と東の違いがわからなくなったら致命的だ。方角は重要である。幸い、日の出・日の入りや真昼の影の方向、あるいは星の軌道や、どういう性質の風がどこから吹くかといったことが利用できる。これらは方角を示すものの代表例だ。たとえば、オリオン座の三つ星（オリオンの帯）の中央にあるアルニラムという明るい星は、真東から昇って真西に沈む。北半球で北の方角を知るには、明るい北斗七星[8]を一部に持つおおぐま座を見つければよい。それは、一点を中心にしてぐるぐる回り、昇りも南中もせず、沈みもしない。盲目の詩人と伝えられるホメロスは、北の夜空について誤解していたようだが、それでも星を使った航海術はいかなる旅人にとっても重要だということを知っていた。だから、帰郷を願うオデュッセウスは、海の精カリュプソーから、「海に決して入浴しないただ一つの」星座であるおおぐま座の右方向に進みつづけよと教わったのだ。[9]

印欧語族の言語は昔からオリエント（昇る／東方）とオクシデント（沈む／西方）を区別してきた。ギリシア人は夏至と冬至の日の出・日の入りを春分・秋分のそれと区別し、東西の二方角を六つに分けた。ヴァイキングはスカンディナヴィア半島から海へ出るとき、陸方向と海方向を区別した。陸が南北にある方向が東、外海が南北にある方向が西だ。地中海やアラビア海のような低緯度海域を行く航海士にとっては、方角の指標として、日の出・日の入りを一年を通して便利に使えたが、ヴァイキングが住む高緯度では、それらは毎月の変化があまりに急なので使いづらい。北極星を見ればおおまかに北の方角がわかるとはいえ、北極に近づけば近づくほど太陽や星を使って位置や方角を知るのは難しくなるから、風、鳥、潮流に頼るほかなくなる。南太平洋の島嶼民は別の方策をとった。彼らはオセアニアの海を渡るとき、「カヴェンガ」すなわち星の軌道によって舵を取った。一連のなじみの星々が次々に昇ったり沈んだりするときに描く弧を利用して、島々を往来したのである。[10]

＊　＊

三―五〇〇〇年前、遅くてずんぐりした商船が多数、旧世界の航路を行き交い、贅沢品と必需品の両方を運んでいた。[11]だが、海や港は商人たちだけのものではなかった。紀元前二四〇〇年までにはエジプトの軍隊が現在でいうレバノンの沿岸部に渡っていた。紀元前二〇〇〇年までには地中海世界初の真の海洋強豪、クレタ島に住むミノア人たちが海軍を築き上げていた。紀元前一三〇〇年までには北方の略奪者たちの船団が、かつてのファラオ、トトメス三世によってレバノン沿岸に築かれた海軍基地を封鎖し、船を奪った。

歴史家ライオネル・カーソンは、世界で海上交易が始まった当初から「貨物船は軍艦と海を共有しなければならなかった」と書いている。[12]交易、交通、土地の攻略の増加とじかに比例して、海賊、略奪、奴隷の獲得は増えていった。船に対しても沿岸の入植地に対しても、海からの強襲は日常茶飯事になった。海上の戦いも規模と複雑さを増した。一方で、外国の品物への渇望は募っていった。アテナイは穀物をエジプト、シチリア島、ロシア南部からの輸入に頼っていたことが「アキレス腱」となり、戦争ではそこをスパルタやマケドニアに突かれた。

古代からすでに驚くほどの種類と量の貨物が海を渡って運ばれていた。紀元前二〇〇〇年代の千年紀には、南アジアの金、象牙、紅玉髄（カーネリアン）、ラピスラズリ、レバノン杉、それにオマーンやキプロスの銅が、地中海東部のビュブロスやペルシャ湾のバーレーンの港、あるいはインダス川の河口で取引された。乳香と没薬が「アフリカの角」から紅海を北上してエジプトへ運ばれた。インダス川流域の町ハラッパーからはラピスラズリが同じくエジプトに運ばれた。インド産チーク材の断片がシュメール人の都市ウルの廃墟から見つかっている。ミノア人の職人たちはバルト海沿岸の琥珀を加工していた。ミケーネの甕がファラオ、アクエンアテンの宮殿に届けられた。中国の絹はエジプトのミイラの髪の毛に編み込まれた。スリランカの桂皮（シナモン）はアラビアの女性たちに香りを与えた。ヨーロッパ人がアフリカ南部の権利を主張しはじめるよりずっと前に、ジンバブエの金はインド洋を渡っていた。中国漢王朝の皇帝たちは軍馬を欲し、陸路と海路で輸入した。毎年、何百トンもの小麦、オリーヴ油、大理石、香草を加えた魚醤（ガルム）が、アテナイ、ローマ、アレクサンドリアに輸送された。発酵させた小エビのペーストは東南アジア料理に欠かせない調味料であり、各地でつくられたものが南シナ海を行き交った。紀元前一世紀にイタリアのジェノヴァとモナコのあいだにある海岸沿いの町アルベンガ付近で難破した商船には、アンフォラ（古代ギリシア・ローマで用いられた二つの取っ手と長い首も持つ壺）一万一〇〇〇から一万三五〇〇杯分のワインが積まれていた。[13]

青銅器時代はスズが重要商品になった。一般的に銅とスズの合金である青銅は、輝かしい発明だった。強くて錆びにくく、比較的低い温度で武器、儀式用の器、装飾品、像、道具が鋳造できる素材だ。商船の航路を確保していた軍船の船首は、青銅製の恐ろしい衝角（体当たり攻撃用の装備）が付いていた。だが、銅とスズは同じ地域の地殻から見つかることがめったにない。そのため、その二つを一緒にするには長距離交易が必須となる。しかもスズは銅の何倍もの値段が付いたため、貿易商人にとっては間違いなく時間と努力をつぎ込む価値があった。[14]

＊　＊

紀元前八世紀までには、金や銀、そしてスズを求めたフェニキア人たちが、「ヘラクレスの柱」を過ぎて地中海西端のジブラルタル海峡を抜け、イベリア半島大西洋岸のタルテッソスという地域に向かった。[15] そこでも多少のスズは取れたが、大半ははるか北の主要産地から陸路で運ばれてきたものだった。その一つがブリテン島の南西端、コーンウォールで、紀元前五世紀半ばにヘロドトスが「スズ諸島、そこから我々が使うスズは来ている」と言及したのはその地のことらしい。ヘロドトスにとってこれらの土地は、彼自身も彼の知人も見たことのない「地の果て」だった。スズの産地を彼の知る誰一人として直接見たことがなかった理由の一つは、フェニキア人が北アフリカに置いた強力な植民地カルタゴの海軍がジブラルタル海峡を封鎖していたからだ。それでもヘロドトスが先ほどの言葉を書いてからほんの一世紀後には、ピュテアスという名のマッシリア出身の勇敢なギリシア人が、大西洋やコーンウォールのスズ採掘地のほか、さまざまな場所に行っていた可能性が高い。[16]

マッシリア（現フランスのマルセイユ）は植民地のそのまた植民地で、紀元前一千年紀の初期から中期にかけて地中海全域やその先で次々と出現した、ギリシア人やフェニキア人による多数の海洋都市の一つであった。この間、植民地の建設と貿易ルートの整備を進めるうえでは、軍船の開発と海軍の設立が切っても切り離せなかった。[17] 盛んな貿易と紛争のかたわら、調査と学問も花開いた。あらゆる海岸で意見交換がおこなわれ、あらゆる方向から情報がもたらされた。地球上で人が住む地域の地図が、繁栄したギリシアの都市ミレトスに住んでいたアナクシマンドロスによって初めて描かれた。それから間もなく、ミレトスのヘカタイオスがアナクシマンドロスの地図に改良を施し、既知の世界の位置関係を網羅する地図を作成した。それはドーナツ型に大陸が寄せ集められた平面地球を平面地図に描いたもので、地中海（文字どおり「地球の真ん中」という意味である）が中心にあり、外側を海が切れ目なく囲っている。さらにそれから間もなく、各地を転々と旅した数学者で天文学者、クニドスのエウドクソスも自身で地理学の著作を書いたうえ、惑星運動のモデルを考案した。それは、連結し合う二七個の球体がそれぞれ地球の中心を通る軸のまわりを回転するというシステムだった。

ピュテアスが成年に達したのは、このように世の中が国際色豊かで議論好きで知的に活発な時代であり、世界は日に日に大きく、より貪欲に、より多くの事実を欲するようになっていた。ピュテアスがどのようにヘラクレスの柱を通過したかについては、さまざまな説がある。そこを実際に越えたという点は広く認められていて、彼がコーンウォールを見てからブリテン島の西岸沿いに北上してオークニー諸島に到達したこと、さらにその途中にマン島に立ち寄ったという主張もおおむね受け入れられている。学者の意見が分かれるのは、ピュテアス自身がさらに北へ六日間旅して、古代人がトゥーレと呼んだ場所（アイスランドである可能性がある）、つまり北極圏のすぐそばまで到達していたという話が本当かどうかだ。[18]

ここは信者になるとしよう。ピュテアスの擁護者たちの言う彼が達成したことのすべてを、実際に彼はやったということにしよう。彼は旅のあいだ、スズを探し当てただけでなく、定期的に太陽の高さを計測し、さまざまな場所で晷針（きしん）（時間や季節などを知るための日時計の一種）の影を記録し、ペントランド海峡の並外れた潮流に息を呑み、オークニー諸島の島を数え、訪れた地域の家や作物や飲み物をメモした。北極圏の端にあたるトゥーレで、彼は尋常でない現象を目にした。「太陽がひと休みして、すぐに再び昇るような場所」。そのうえ、陸から一日行くと「凍結した海」が広がっていて、それは「大地も海も蒸気もそれ自体では存在せず、代わりにある種の混合物になって（……）大地も海も何もかもが一緒に浮かび（……）徒歩でも船でも通り抜けることのできない形で存在していた」。トゥーレを出て琥珀を探しに東へ進み、その後南下し、船でプレッタニケー（つまり「ブリタニア」）一周を達成した彼は、そのおおよその距離を、現代の単位に換算して約七一〇〇キロだと概算して見せた。[19] マッシリアに戻った彼は『大洋』という「周航記（ペリプルス）」を執筆したが、これは一冊も現存せず、敬意の込もった言い換えによる引用と懐疑的な見解が現代に伝わるのみである。[20] 地中海世界で初めて北大西洋に船を進めたといわれる水夫はピュテアスではない。彼はただ、先人たちより冒険心が強く、科学志向が強かっただけなのだ。

昔から、航海士と学者の概念世界は重なり合うところがなかった。船乗りが科学者の測定を受け入れることはほとんどなく、科学者も船乗りの発見にまともに取り合わなかった。だが、ピュテアスのデータは彼の死後何世紀にもわたって天文学者や地理学者に利用されたほか、商人や外交官だけでなく略奪者や征服者にも重宝された。数学者で天文学者のヒッパルコスは、現代でも緯度・経度を説明するのに用いられる角度・緯度線・子午線からなる体系をつくりあげた人物だが、彼はピュテアスが注意深く計測した晷針の影、昼間の長さ、太陽高度、移動距離のデータを緯度に換算した。今の私たちはこのおかげで、ピュテアスがマッシリアを北緯四三度三分の位置にあるとしていたこと（たった四分の一度しかずれていなかった）や、北への旅の小休止を北緯四八度四〇分（ブルターニュ北西部、おそらくイギリス海峡のウェサン島）、五四度一四分（マン島）、五八度一三分（アウター・ヘブリディーズに属するルイス島）、六一度付近（シェトランド諸島）、六六度付近（アイスランド北部）で取ったことを知れるのだ。[21] 自身も相当の権威だったはずのヒッパルコスは、他の科学者たちの不覚を正すときにピュテアスの権威を援用した。

まさに北極について言うならば、エウドクソスは（……）「常に同じところから動かない星がある。この星が宇宙の極である」と述べたものの、よく知りもせずに話したに違いない。なぜなら天の北極には一つとして星はなく、代わりにあるのはからっぽの空間であり、近くに三つの星があるのみだからだ。北極を示す点とそれら三つの星を結ぶと、ほぼ四辺形に似た図形になる。実は、このとおりのことをピュテアスは言っているのである。[22]

野心あふれる初期の探検家たちは、反対の方角にも行っていたと言われている。つまり南である。たとえば、紀元前六〇〇年ごろにフェニキア人の水夫たちが、時計回りによる数年がかりのアフリカ大陸一周に乗り出したが、これは軍事志向のエジプト王ネコ二世の命によって開始されたものだ。それから一世紀以上経ったころ、カルタゴ王ハンノが数千人の植民者と大量の船を引き連れて反時計回りルートに挑戦した。彼らは、どこまで進むことができたのだろうか？　確かなことはわからない。[23]

＊　＊

ヒッパルコスによる三六〇度の緯度・経度システムとそれが可能にした計算法は、地理学、地図作成術、天文学を大きく発展させた。英語の latitude（緯度）と longitude（経度）はそれぞれラテン語の「幅」と「長さ」に由来し、既知の世界を描いた初期の地図における縦と横を意味する。だが、両者のあいだには根本的な違いがある。アメリカの歴史家ダヴァ・ソーベルは、それをこんなふうに言い表している。

緯度ゼロの線は自然の法則によって一つに決まる一方で、経度ゼロの線は砂時計のように移ろいやすい。この違いがあるために、緯度を求めるのは児戯に等しいが、経度を、とりわけ海上で決めるのは大の大人を悩ます難問となる。人類の歴史の大半を通して、この難問は世界じゅうの最も賢い頭脳を持った人々さえも途方に暮れさせてきた。[24]

北極星がまだ北を示す星として便利な位置になかったころのギリシア人も、別々の二つの都市から北や南の空を見たとき、同じ星がギリギリ水平線または地平線をかすめるのを観測できたとすると、その二都市は同じ緯度にあるということを理解していた。緯度は、特定の星の極大高度から計算できる。そのために使える星の一つは、明るい南の星カノープスであり、アラビア語ではスハリという。エウドクソスは、その星がロドス島ではほとんど見えないが、アレクサンドリアでは七度半の高さまで昇ることを知っていた。中世アラブの航海士にして詩人アフマド・イブン・マージドは、星の高さを度数と「イスバ」(地平線に腕を伸ばしたときの中指付け根の関節の幅)の両方で測っていた。彼は、アルデバランが最も高く昇ったときのスハリの角度はシンダブール(現インドのゴア州)では六度、現オマーンにあるマドラカ岬では七と四分の三イスバになると書き記している。「緯度を測る最良の方法はスハリを使うことである」とイブン・マージドは書いている。「そして、これに匹敵する方法が別に見つかることは永遠にないだろう」[25]

永遠とはずいぶんな時間だ。実際のところは一〇〇〇年もしないうちに北極星がスハリを押しのけ、現世紀においては、緯度を知るための最良の手段になっている。今のところ赤道以北ならどこでも、北極星の高度がそのまま誤差一度以内で現在地の緯度になる。

明るい南の星スルバール(アケルナルともいう。アラビア語で「川の果て」の意)もまた、緯度を計算するときの参照点になる。イブン・マージドによれば、モンスーンと相前後して数週間がかりでインド洋を渡る「ムアリム」(航海士たち)は、スルバールをおおいに頼りにしていたという。

実に、スルバールがなければ、
　イチジク、ナツメヤシ、キンマを運ぶ水先案内人たちは決して導かれなかっただろう。
　マドワラを越えて道しるべとして使える道具に、似たようなものはない[26]（……）

イブン・マージドはこのように裸眼での観測を称賛していたものの、航海においては専門の道具が役に立つことが昔からはっきりわかっていた。四分儀やアストロラーベといった道具は天文学者や数学者によって考案され、地上観測の補助具として使われはじめ、のちに航海に適するように簡略化された。
　長さを測るのにいつでも使える道具として真っ先に挙がるのは、もちろん、独立して動かせる人体の一部だ。つまり、指や手、腕、そして陸を闊歩する足である。一一五〇年代、聖地巡礼を終えたばかりのアイスランド人によると、当地で地面に仰向けに寝て膝を立て、その上に握りこぶしを置き、さらに親指を立てたところ、北極星の高度を測ることができたという。一四五〇年代にポルトガル王のために航海していたヴェネツィア人は、西アフリカ沿岸のある場所での北極星の高度を「海面から男一人分の高さ」と表現した。一九五〇年代のあるイギリス海軍の准将も、現代の航海士であろうとも、伸ばした腕の先の手首の幅（八度）や広げた手のひら（一八度）を使えばおおよその星の高度を測れると言ってはばからなかった[27]。今日でも、伸ばした腕の先の握りこぶしが空では一〇度の幅になることは、アマチュア天文学者なら誰でも知っている。このやり方がうまくいくのは、手が大きい人はたいてい腕も長いからであり、それゆえ測量のときの角度の標準になるのだ。

インド洋を行く初期の航海士たちは、指の関節の幅のほかにも「カマル」を用いた。最も簡素化された形式でいえば、カマルというのはカード型の木片の中心に一本の紐を通したものだ。この紐には等間隔に結び目が付いていて、それが緯度の単位を表している。カマルは紐の一端を歯でくわえ、もう一端を片手で持って使う。緯度を測るには、まず紐を地面と平行になるようにピンと張る。次に、もう片方の手でカードを前後に動かし、カードの上端が北極星の高さと揃うように、下端が水平線と揃うようにする。このときに歯でくわえた紐の端とカードとのあいだにある結び目の数から、緯度が換算できる。インド洋の各地で一九世紀に入ってからも現役で使われていたカマルは、二〇世紀の終わりごろに実施されたオマーンから中国までの再現航海で再び用いられ、その有効性が再確認された。マルコ・ポーロは、中国の航海士たちが使う「牽星板」なる同様の道具について言及している。それは大きさの異なる板の組であり、そのうちの一枚を持って腕を伸ばし、上端と下端がそれぞれ北極星と水平線に揃うようにする。北極星の高度によって、どの大きさの板を選ぶべきかが決まる。さらに一千年紀遡れば、中国人は緯度を見積もるのに「量天尺」を使っていた。[28]

＊　＊

航海に本物の大変革が訪れたのは、磁気コンパスという一見したところ魔法のような道具が急速に普及したときだった。これにより、晴れだろうと曇りだろうと、昼でも夜でも星も太陽も関係なく、即座に方角がわかるようになった。

　コンパスの発祥地であることや、少なくともその決定的な構成要素についての知識があったことを主張してきた国は多い。古代ギリシア人も古代中国人も、ある種の茶色っぽい石が鉄を引きつけるのを目撃していた。鉄を豊富に含む磁鉄鉱など、磁性のある天然鉱物を天然磁石といい、英語ではlodestoneというが、このlodeは古英語の「道」にあたる語に由来する。一部の学者は、日本への航路が確立した五〇〇年ごろに中国の航海士たちが使いはじめたものや、あるいは一一〇〇年に書かれた中国の航海術指南書に登場する、南を指す船上用の針のことを、確信を持って「コンパス」と呼ぶ。伝統的には、一二世紀イタリア南部の海洋強国アマルフィに住んでいた人物が、北を指す羅針盤の発明者だとされてきた。また、同時代の年代記作者は、中世のアマルフィ自体が船乗りたちに海と空の道を教えるところとして有名だったと記述している。アラブで最初にコンパスについて触れた文書は一三世紀に書かれたが、そこではコンパスがイタリア語の名前で呼ばれている。中国では南を指す針、一方イタリアでは北を指す針が言及されていたという事実は、両国でそれぞれ独自に発明された可能性を示唆していると考える歴史家もいる。[29]

　起源はどうあれコンパスは機能し、それがどのように機能するかは一二〇〇年までには地中海世界でよく理解されていた。当時のフランス人が、コンパスを使って「決して動かない星」を頼りに航海する方法を詳しく書いている。

これは、航路を外れないために船乗りがいつでも見ることのできる星である。ほかの星はどれも周回するが、この星は動くこともなく固定されている。磁石の長所を利用すれば、嘘のない技を実践できる。鉄がひとりでに貼りつく、醜く暗い色の石を用意したら、その表面の正しい箇所に針を触れさせる。その針を藁の中に入れ、水面に置いて浮かせる。すると針先は向きを変え、正確に星を指す。疑いを差し挟む余地はない。それは決して欺かない。海が暗く、霧がかかり、そのために星も月も見えないときは、針のそばに明かりを置けば針路がわかる。その針先は星を向いており、それにより船乗りは舵がとれる。決して失敗しない技術である。[30]

つまり、磁気を帯びた鉄の針を浮力のある何かにくっつけて水に浮かべると、必ず地球の南北の磁軸に沿うまで回転して止まり、針先は北を向くということだ。

それから間もなく、旋回軸に取り付けられて回転する針と、それに不可欠なパートナーが登場する。コンパスカード（指針面）やウインドローズ（風配図）と呼ばれる、方位を最大で六四方向に分けて示す放射状の図が描かれた盤面だ。海上で方位といえば風向きが大事であり、それぞれの方角から吹く風には別々の名前が付いていた。一三世紀初めに地中海や黒海で船を走らせた、読み書きや算術の心得のある水先案内人たちは、この新技術の助けを借りることで、船がちょうどトラモンターナ（北風）やオストロ（南風）、グレコ（北東風）、シロッコ（南東風）に向いているときだけでなく、「トラモンターナ四分の一グレコに向かっている」というようなことさえ確定できた。また、推測航法によって航路を保つことも可能になった。これは、出発地と目的地の相対的な位置関係、および一定間隔で測定される船舶の進行方向と移動距離をもとにした、たいていの場合は信頼の置ける航法である。水先案内人の仕事は世襲で受け継がれたが、子や孫の代になると、より多くの助けを借りられるようになっていた。縮尺付きの海図や、運航の指示が細かく書かれた水路誌が充実してきたからだ。

あなたが一三二〇年のヴェネツィア船の船長になったと想像してみてほしい。あなたはエジプトから穀物を運び終えたばかりで、今度は貴重なサルデーニャ島のチーズとコンスタンティノープルで積んだ穀物を載せてスペインの東海岸に向かっている。復路ではスペイン産の羊毛を運ぶ予定だ。これまでのところ、雇い主や彼らが支援する海軍はあなたの航路がポルトガル船に邪魔されないようにしてくれているし、ヨーロッパにはまだ黒死病もオスマン帝国の騎馬軍団も上陸していない。ボローニャ大学に通う優秀な甥っ子が、あなたの仕事に関係があるからと言って二冊の革新的な本を紹介してくれた——あなたには読むつもりはないのだが。その二冊とは、フィボナッチの『算盤の書』とサクロボスコの『天球論』だ。前者にはインド・アラビア数字を紹介する読みやすい導入部分があって、欠くことのできない「0」の数字についても書かれている。後者はこの時代定番の天文学入門書である。実際にあなたが熟読し、いつも船内に置いているのは、地中海の時計回り航路を指南する『航海のコンパス』と、向かい風でタッキング（上手回しともいう。船首を風上に回し、風を受ける舷を反対側にすること）で方針を変えるときに使う三角関数表「マルテロイオの表」だ。ほかにも、地中海全体の各地点間の距離、港湾、主な目印を記した精巧なポルトラーノ海図（羅針儀海図）を持っている。綿密に縮尺され、マヨルカ島出身の著名なユダヤ人地図製作者の署名まで入った代物だ。オーク製の机には、海図を読み解くのに使う銀製のディバイダー（割りコンパス）と銀製の定規が置いてある。船のコンパスは、なめらかに回転する針にコンパスカードが付いたもので、丸い金属製の箱に鎮座している。砂時計（いくつか予備もある）はヴェネツィアの吹きガラスだ。[31]これら最新鋭の装備のおかげで、船がどの方角を向いているのかがわかるうえ、夜が更けては明けていくあいだも時間を測って当直番を管理できる。また、最も近い港までの距離と、到着するまでの所要日数や目印にすべきものを知ることもできる。アラブやインド、ポリネシア、中国の航海士たちとは違って、あなたは星からはほとんど何の情報も引き出さない。それに、あなたは本拠地たる地中海というかぎられた範囲から出ることがないため、緯度に注意を払う動機はほとんどなく、まして経度に至っては考慮する意義もほぼ見出せない。

だが、すでに既知の世界は地中海のはるか外側まで広がっており、すべては急速に変化しつつあった。ヴァイキングが干し鱈をブリテン島に輸送しはじめ、アイスランド人がヴィンランド（現カナダ、ニューファンドランド島）にしばらく居住し、ポリネシア人がニュージーランドに定住し、アラビア海を渡った中国人が東アフリカのある地域には牛の鮮血を牛乳と混ぜて飲む住民がいると知ってから、とうに数世紀が過ぎていた。このころ、ヨーロッパ人による地図の中には、赤道よりかなり南のほうまでアフリカ大陸を描いたものがわずかながら登場しはじめている。プトレマイオスがアフリカ大陸の南半分についておぼろげに言及してから一〇〇〇年以上が経過していた。アフリカについては、船で一周できることをプルタルコスは知っていたし、ユーフラテス川の河口から船で行けることをアレクサンドロス大王は知っていた。だがそれ以降は、いわば失われた時代だった。一三世紀末までに、あるヴェネツィア人はモンゴル帝国の王女に付き添って南シナ海からペルシャ湾まで送り、あるジェノヴァ人はカナリア諸島に城を築いた。一四世紀末までに、アラブやインドの商人たちは東アフリカ沿岸に拠点を築き、その南端は現在のモザンビークのあたりだった。一五世紀初頭には、中国・明の宦官にして恐るべき提督、鄭和（ていわ）が二万八〇〇〇人の兵士と六人の占星術師を乗せた三〇〇隻以上の重武装艦隊を率い、あり余る宝物と軍事力を見せつけて南方の近隣諸国を震え上がらせた。[32] そして西欧視点では何と言っても、ポルトガル人が大西洋のいたるところに進出しはじめていた。

＊　＊

一三九四年生まれのポルトガルのエンリケ航海王子が人生を捧げた活動は、アフリカで「黄金の川」を発見すること、イスラム勢力を一掃すること、奴隷とコショウを集めること、そして、自らのホロスコープに示された使命を果たすことだった。当時の宮廷記録者によれば、「天の車輪の傾向」がエンリケを新天地の征服に向かわせたのだという。

王子の上昇宮（出生時に東の地平線上にあった星座）はおひつじ座で、これは火星が支配するハウス（室）であり太陽が高揚である。その王子の支配星は一一ハウスにあり、太陽を伴っている。つまり土星が支配星で希望のハウスであるみずがめ座に火星があるということは、王子は豊かで広大な征服地の獲得に精を出し、とりわけ他の人間から隠れた秘密のものを探し出すのに骨を折るということを意味する。これは土星の性質によるもので、その土星のハウスに王子はいるからである。前述のとおり王子に太陽が伴っているという事実、およびその太陽が木星のハウスにあるという事実は、すべての移動と征服活動は忠実に遂行されるだろうということを意味する。[33]

征服のために宇宙を援用することには、多くの合理的で戦略的な理由がある。夜間攻撃を仕掛けるには、一九九一年の「砂漠の嵐作戦」開始時のように、最大限の暗闇が得られる新月の時期を狙いたいと思うだろう。海から侵入するときは、座礁しないように月による潮の満ち引きを注意深く見張る必要がある。侵攻を決行するのは、相手側の無線通信が乱れる、オーロラの活動レベルが高いうちがいいだろう。だがエンリケ王子が抱いていたとされる占星術という疑似科学に根ざした理由は、合理的でも戦略的でもない。

エンリケ王子は、裕福なテンプル騎士団の後継として創設された同じく裕福なキリスト騎士団の指導者だった。彼が手がけているのが十字軍的な活動であるということは、当時から十分に理解されていた。つまり、戦争、利益追求、探検、外国の異質な考え方の押し付けが典型的に融合した活動である。二〇世紀、アメリカのジャーナリスト、ウィリアム・E・バロウズは宇宙探査を「あらゆるレベルで政治と競争によって定義され錬成された取り組み」と呼んだが、これは明らかにエンリケ王子の計画にも言えることだ。バロウズが言うように、「探検はいつでも間違った理由でおこなわれた。だが、とにかくおこなわれたのだ」[34]。この言葉の意味はもちろん、探検をおこなったのが探検家であろうとなかろうと、探検をしたいという欲望が動機になったことはほとんどないということだ。好奇心というカーテンの内側を覗いてみれば、政治的、文化的、経済的支配権を渇望して探検に資金を出す人々の姿が見えるだろう。

エンリケとその実際の航海士たちの冒険は、天文学なしでは不可能だった。この事実は、彼の生前および死後すぐに建てられた壮麗なポルトガル建築に施された、華美な装飾に明確に表れている。広い「トマールのキリスト教修道院」やその他の建築物にある、生き生きとした彫刻が施された窓枠やアーチ、あるいは床モザイクや天井画には、十字軍の十字架や異国の地の植物と融合した天球儀のモチーフが繰り返し現れるのだ。エンリケ王子以降のイベリア半島の植民地開拓者が形にした、この天文知識と征服との結びつきを、歴史家ホルヘ・カニサレス゠エスゲーラはこう表現する。「一五から一六世紀ポルトガル・スペインによる植民地拡大をはっきりと特徴づけるのは、騎士としての天地学者、あるいは天地学者としての騎士である」。知識を集めることは「十字軍的な美徳の拡大」であったと彼は論じる。一六世紀半ばに影響力のあった『航海の技法』という王宮天地学者が書いた本では、水先案内人のことをこう紹介している。「新しい騎士たちである。船が彼らの馬であり、コンパス、海図、直角器、アストロラーベが彼らの剣と盾である」[35]

エンリケ王子が最初に征服したのは地中海の都市セウタだった。現在はモロッコと接するスペイン領の飛地だ。南北一対のヘラクレスの柱の南側にあたり、最も美しく価値のあるアフリカの品物が集まっている。エンリケの経済的援助と指揮の下、大西洋に浮かぶアゾレス、カナリア、マデイラといった多くの諸島で農耕や牧畜がおこなわれた。エンリケに雇われた航海士たちは、恐ろしいボジャドール岬回りの航路を習得した。岬の風と潮流を避けるために大きく外洋に出て南下し、アフリカ最西端を通過してシエラレオネまで到達するルートだ。途中で船長らは重要な岬、島、河口で星の高度を記録し、ポルトガル本国に持ち帰ると、それを天文学者らが緯度の表に変換した。エンリケが運命を果たす事業を始めてから五〇年目には、彼はポルトガル王である兄から、発見した土地とそこに住む奴隷化可能な人間に対する独占権を与えられた。一四六〇年にエンリケが死去してもポルトガル人の海外進出が妨げられることはほとんどなかった。一四七三年、ロポ・ゴンサルヴェスが赤道を越えた。一四八八年、バルトロメウ・ディアスがアフリカ南端の「嵐の岬」(喜望峰のこと)を回った。一四九八年、ヴァスコ・ダ・ガマが船で南インドに到達した。一五〇〇年、つまりコロンブスが初めて大西洋を横断してから八年後には、ペドロ・アルヴァレス・カブラルがブラジルに到着した。彼らの目的はエンリケや後継の征服者たちと同様、「すべての人間がそうしたいと願うように、神と陛下に奉仕し、蒙昧(もうまい)なる人々に光を与え、富を成すことである」[36]。要するに、彼らは帝国の礎を築いたのだ。

貿易はすでに多くの人々を豊かにし、旧世界全体に広がるグローバル経済を築いていたが、それはここまで述べてきたポルトガル人による貿易のおかげではなかった。以下の事実を考えてみよう。十字軍と対抗した中東のムスリム戦士たちはカフカスの鎖帷子を着ていたし、サハラ以南の鉄を南アジアで精錬してできた鉄剣を振るっていた。オスマン帝国のカリフは税を、中国の皇帝は貢物を取り（そして紙幣を発明し）、一方で商人たちは品物を市場から港へ、港から市場へと運んだ。大陸間貿易のほとんどは汎アジアかつ私的な貿易で、それを担っていたのは血筋や言葉や信仰の異なるさまざまな離散者たちだった。つまり、ユダヤ人、ヒンドゥー、ムスリム、アルメニア人、レバノン人、福建人、グジャラート人たちである。インド洋は各地の貿易拠点を結び数千キロの広がりを持つネットワークが交差する場所であり、東シナ海から東アフリカ沿岸まで各地の君主はたいてい、どんなタイプや出自の商人であろうと入港を許していた。だが、中世の中東・アジアの貿易ネットワークは、どれだけ広がっていようとも植民地帝国ではなかった。イスラムのカリフ領が課した税は、主要道路の警備にあたる軍を運営できればよいという程度の重さだったので、人々は貿易を通じて贅沢品を買い求めることができた。中国は、砂糖などの熱帯の品々も自国領内で豊富に手に入ったので、お金、人員、努力を割いて海外に植民地を持つ動機がほぼなかった。[37]

一方、ポルトガル人は王、国、そして神の代理として、支配と植民地の両方を求めた。高性能の船と最新式の銃で優位に立った彼らは、要塞の建設や貿易ルートの遮断、独占的な貿易権の主張、外国船への乱入といった行為、つまり、海洋と港湾の支配を改めて追求しはじめた。計画の鍵となるのは、オスマン帝国の支配が及んでいないルート、つまりオスマン帝国の徴税者がいないルートを見つけることだった。[38]

一五世紀に大西洋やインド洋をはるばる横断しようとしたポルトガル人たちは、複雑な知識と道具を必要とした。それは、地中海をあちこち行き来する船や、アフリカの東海岸を探検する船の平均的な船長たちが使う知識と道具よりも、あるいは霧に閉ざされたイギリス海峡やバルト海で測鉛を使って水深を測ったり、船底の裂け目から海水を味見したり、干満を見張ったりするのよりも高度なものだ。ポルトガルの船乗りたちは馴染みのない概念や新しい技術を取り入れるのに慎重だったかもしれないが、大洋を行く航海士たちにとって、増える一方の海図、水路誌、数学公式を使う以外の選択肢はないに等しかった。彼らは先人よりもはるかに頻繁に、星だけでなくコンパスを参照した。推測航法に熟達した彼らは、絶えず四分儀やアストロラーベで太陽や北極星の高さを測って位置や方角を確認し、風や海流で航路を外れそうになると算術や幾何学を使って位置や方角を再計算した。四分儀の使い方を記した指南書には、北極星は完全に静止しているわけではないので二つの護衛（こぐま座β星とγ星のこと。矢来星ともいう）が東西に並んだときだけ観測せよという忠告があった。天体暦という表には、空の主な住人たちの日々の位置取りが予測されて列記されていた。さまざまな都市での太陽の正中高度が表に書いてあるおかげで、正しい緯度まで航行し、そこから緯度を保って真東または真西に進む距等圏航法がしやすくなった。[39]

海上のライバルよりも優位に立とうと航海情報を蓄積する動きは加速しつづけ、投資額もつり上がっていった。信仰、栄光、商業がその原動力だった、と歴史家エミリア・ヴィオッティ・ダ・コスタは記している。教皇もポルトガルのアフリカ事業を「まさに戦争」であると断言し、関連する三通の大勅令をエンリケ王子の晩年にあたる一〇年間に発布している。一通目は一四五二年。非キリスト教徒を攻撃および奴隷化し、その財産と土地を没収する権利をポルトガル王は有する、と宣言した。二通目は一四五五年。この権利を行使できる対象はモロッコ以南、ボジャドール岬以北に住む次のようなアフリカ人である、と明記した。

魂と肉体の破滅状態で生きてきた者たち。すなわち、理性ある人間の習慣がなく、いまだ異教徒であり（……）何よりも悪いのは、彼ら自身の大いなる無知により、善を理解せず、獣のような怠惰の中で生きる術しか知らぬような魂を持つ者たち。

翻訳しよう。軽蔑すべき生き方をしているとみなした人々からは、その全所有物を奪い取ってもよく、しかもそのような暴力を行使する自由が公式に認められている、ということだ。[40]
エンリケの没後四半世紀、ポルトガル王ジョアン二世（「完全王」と称される）は叔父であるエンリケの後を継いだ。一四八四年、彼はヨーロッパのあちこちから召集した大科学者たちに、太陽の正中高度を直接観測した結果から緯度を計算する公式を考案させている。彼らの成果は『アストロラーベと四分儀の法則』という網羅的な航海術指南書の中で公表された。収録内容の一つに、リスボンから赤道にまで広がる領土各地の緯度を記した表があり、記載されている値のほぼすべてが誤差〇・五度以内に収まっている。また、この本にはサクロボスコ『天球論』の翻訳まで収録されている。再び噂が駆け巡った。世界は平らではない。地理学者が地図を球体に巻きつけはじめる一方で、天文学者＝占星術師は、天体や天文現象の座標予測を向上させるのに忙しかった。[41]

一五世紀は、海洋史家J・H・パリーの言う「偵察の時代」の初期にあたる。この時代の遠征隊が探し求めたのは、奴隷や改宗者や知識だけではない。宝石や貴金属。スパイスや薬。サトウキビやブドウ、コーヒー、タバコを栽培するのに適した土地。新たな漁場。新たに羊を放牧するための牧草地。帆柱や大邸宅に適した木材を新たに伐採できる森林。[42] だが、はるか遠くの品物を船倉に詰め込むたびに、あるいは帰還した船長らが熱心な聞き手に土産話を語ってやるたびに、ある事実がだんだんと明白になってきた。それは、この冒険、征服、植民地化、商品化、ボロ儲けの一切をうまくやるためには、船長は全員、船の現在地、目的地、母港の位置を測定するエキスパートになる必要がある、ということだ。

一五世紀当時の航海は、相も変わらず壮大な挑戦だった。『法則』の内容をマスターした航海士は少数だった。東西方向の距離の起点になるような南北に伸びる基準線などというものは、広く認められてはいなかった。実用的なクロノメーター（航海用の時計）など存在せず、距離計や速度計に近いものすらなかった。四分儀やアストロラーベが垂直を保つためには重力ベクトルの方向が安定していなければならないので、これらは波が荒れる外洋では不向きだった。コンパスの針は定期的に再磁化してやらねばならなかった。

しかも問題はそこで終わらない。水夫たちは磁気偏角（北極点と磁北のずれ）の存在に薄々気がついていたが、それを分離する確かな方法がなかったので、役に立たない勝手な方法でコンパスの測定結果をいじり回した。度量衡の国際的な基準もなく、マイル、リーグ、スタディオンといった長さの単位は中身が統一されていなかった。そのため、それらの単位や度（角度）を使って古代の文献に書かれた距離を換算すると、結果がバラバラになってしまった。旧式の平面の海図は、情報が更新されていないだけでなく、地球の丸さが考慮されていないせいで支障が生じた。地球が丸いため、極に近づくと子午線同士の間隔が狭まって一点に収束するという（当時の人にとっては不可思議な）現象が起こる。つまり、赤道に沿って東へ六〇リーグ進んだ場合と、北回帰線に沿って東へ六〇リーグ進んだ場合では、異なる子午線上に到着するということだ。とはいえ一七世紀ごろまでは、平面の海図に頼って船の位置を見失うような航海士であっても王立協会員になることができた。[43]

空腹と健康に関して言えば、品揃え豊富な船の場合、十分な量の塩漬け豚肉や干し塩鱈、堅パン、チーズ、玉ねぎ、乾燥豆を積んで船員たちの胃袋を満たし、ワインも一日一人あたり一・五リットルを配れるだけ積むこともあった。だが樽の水はすぐに腐り、壊血病は船員たちに大打撃を与えた。[44]

そういったさまざまな障害にもかかわらず、ポルトガルの水夫や旅人は航海のたびに経験的な知識を積み上げた。東西の大洋のどこに何があるか、赤道の北と南の空にはいつ何が見えるのか。二世紀にギリシア語で書かれたプトレマイオスの『地理学』は一五世紀の最初の一〇年間にラテン語翻訳が登場してから広く読まれていたが、水夫や旅人の報告や体験談によって、そこに載っている地図や座標の間違いが年を経るごとに明らかになっていった。そして、ひととおり間違いが発覚するたびに、またひととおり地図が更新されたり、地理学の論文が書かれたりした。

＊
＊

四一歳という立派な年齢になり、すでに北はアイスランド、南はガーナまで大西洋を航海していたクリストファー・コロンブスは[45]、一四九二年八月三日にパロス港を出航し、カナリア諸島経由で西へ向かった。彼が率いる三隻の船は、四〇〇〇キロほど航海すれば数週間以内に日本へ、その後続けて伝説のインドへ到着できるはずだった。ポルトガル、スペイン、フランス、イングランド（そしておそらく、都市国家のジェノヴァやヴェネツィア）の君主は、少なくとも一度はコロンブスの提案を却下した。だが、すでにカスティーリャ、レオン、アラゴン、マヨルカ島、メノルカ島、サルデーニャ島、シチリア島ほかを支配下に収めていたイザベル一世とフェルナンド二世は、二度、三度、四度と考慮を重ね、専門家集団――彼らは、コロンブスが地球一周の長さを計算するのに間違った長さのマイルを使ったため、目的地までの距離を間違えて算出しているとわかっていた――も召集した結果、ついにコロンブスに対して、「海の向こうの大陸および島々を発見し、征服せよ」とのゴーサインを出すに至った[46]。

コロンブスと三隻の船に乗った九〇人の乗組員は、初めて大西洋を渡ったヨーロッパ人ではない。だからといって、彼らの計画の大胆さや、航海で乗り越えた課題の大きさや、結果がもたらした影響力が貶められるわけではない。計算間違いや意図した目的地に到着しなかったことなど問題にならないのだ。乗組員のほぼ全員が船乗りで、兵士は一人もおらず、武器は少なかった。

のちにコロンブスは「理性も数学も地図も、私にとっては役に立たなかった」と愚痴をこぼしているものの、彼は地図、海図、地球儀、書籍、道具類、とりわけコンパスをおおいに利用した。マルコ・ポーロの『東方見聞録』や、就任前の教皇ピウス二世がプトレマイオス『地理学』を基にして書いた『全世界史』も読んでいた。イタリアの天地学者パオロ・ダル・ポッツォ・トスカネッリが一四七四年六月にポルトガル王に宛てて書いた手紙は、読んだ上に筆写していた。そこには、アフリカを迂回するのではなく西へ向かってほぼ何もない大西洋を渡ることこそが、リスボンから中国へ行く最短経路であり、その直線距離は地球一周の約三分の一であると明言されていたのだ。コロンブスは、高名な地図製作者である弟のバルトロメとおそらく一緒に、ピエール・ダイイ（一四―一五世紀のフランスの神学者、枢機卿）の『世界像』を読み、くまなく注解を付けた。この時代、高い教養の持ち主もただ字が読めるだけの者も多くの人が読んだという、一四世紀半ばに成立した『ジョン・マンデヴィル卿旅行記（東方旅行記）』なる虚実と信仰がない交ぜになった本は、二人もほぼ確実に読んだに違いない。彼らは、西に向かうと東洋に行き着く可能性を示唆する最新の世界地図を研究した。実際、一四八〇年代後半にバルトロメ自身が作成した地図は、兄弟が世界の地理を描き換え、より魅力的なそれを考え出していた可能性を示すものであり、王室のパトロンたちにインド遠征の資金を提供させるほどの強い説得力を持っていた。[47]

　コロンブスは偵察の助けになるものを積極的に利用した。彼が引き連れていた船長や水先案内人たちは、書物に頼ることも計算に頼ることも拒んだことだろう。彼らの専門技能は、大西洋東側の海岸線が視野に収まる範囲で、実際に苦労を重ねながら体を張って船を操った経験から得たものだったからだ。だが、たとえ全乗組員が数学者や文学者だったところで、未知の海域を行くのに海図や手引書や水路誌が役に立つだろうか？　だからコロンブスは推測航法、北極星、コンパスを頼ったのだ。[48]

しかし、場所が変われば星やコンパスが示すものも変わる。季節や時刻や緯度は星の見え方に影響し、磁気偏角はコンパスに影響する。それに気づいたコロンブスはひどく苦労した。「針がまるきり北西に傾いた。朝には針の方向は正しかった。星は位置を変えているように見えるのに、針は違う」[49]。そのうえ、当時の航海士（または測量士）は相対的な「東へ」と「北へ」の距離しか知る術がなく、測れる範囲もたかが知れていた。もし、海藻が密生して通過できない場所や、真珠の好漁場や、防衛上好都合な岬がどこにあるのかを正確に記録したければ、何を基準にし、そこから北と東へそれぞれどのくらい離れているのかを正確に知らなければならなかった。熟練の航海士なら、特徴的な天体と自船との幾何学的な関係から現在地を計算するやり方を知っていたかもしれない。しかし、そうやって割り出した位置を、誤解の余地なく理解できるように記録するには、標準となる参照点が必要だった——正確には、二つの参照点だ。つまり、座標、グリッド、経緯線網の基準となる、赤道と本初子午線が直角に交わる二点である。

＊　＊

エラトステネスが作成した古代の世界地図は、基準となる緯線と本初子午線がエーゲ海のロドス島で交わるようにグリッドが引かれており、これをヒッパルコスは恣意的だと感じた。プトレマイオスの地図では、本初子午線が大西洋で最も西にある既知の島を通っており、より天文学に基づいたグリッドが引かれている。コロンブスの時代の地図は、学者や王に向けて作成された極秘扱いの品であり、これにもグリッドのようなものが引かれていた。一方、船乗りたちが使う海図には、そのようなものはなかった。現存する最古の地球儀は、一四九二年に完成した、マルティン・ベハイムによる「エルドアプフェル」(「大地のリンゴ」)だ。それには赤道、南北の回帰線、一本の子午線という最小限のグリッドが描かれている。[50] その図に新世界が加わることになったとき、緯線と子午線の問題はさらにやっかいになった。

土地を掌握したら、誰がどの権利を獲得し、誰が決定権を持つのかという、決して小さくない問題が発生する。ポルトガル、スペイン、キリスト教国のそれぞれの王たちにとって、誰を決定権者にするかは自明だった。もちろん、彼ら自身である。なにしろ今、魅力的な新世界の不動産に住んでいるのは「魂と肉体の破滅状態で生きてきた者たち」であり、「大いなる無知」により「善を理解せず」に暮らしているのだ。そんな者たちに、どうして伺いを立てる必要があるだろうか?[51] 一四九三年に教皇が発布した、探検者たちによる土地占領の調整を図る一連の大勅令は、スペインに最もよい分け前を与える内容だった。当然ながら、ポルトガルにとっては面白くなかった。そのため、どちらもカトリック国である両国は交渉の結果、トルデシリャス条約を結ぶことになった。この条約は一二年後に大勅令によって後押しされている。トルデシリャス条約は西側世界を根本的に二分割した。カーボヴェルデの島々から三七〇リーグ西に南北の線を引き、その東側はすべてポルトガルに、西側はすべてスペインに属するとしたのだ。一五二九年には、それを補完するサラゴサ条約が結ばれた。今度は地球の反対側を分割すべく、高価なクローヴの産地であるために「スパイス諸島」と呼ばれたモルッカ諸島から、東へ二九七・五リーグまたは一七度のところに境界線を引いたのである。結果、ポルトガルが地球の周囲一九一度分を手にした一方で、スペインの取り分は一六九度分となった。当然、争いは続いた。

スペイン、ポルトガル、教皇が採用した二本の境界線は、天文学、数学、地理学のいずれとも無関係に定められた。それらは領土を分ける目印であり、戦線であり、私設の柵であり、どちらが自分の土地かを告知するものでしかなかった。どちらの条約も、万国共通の本初子午線を定めたりはしなかった。そうしている間に、イベリア半島の両国の遠征は急速に進展していた。

一五二二年九月、フアン・セバスティアン・デル・カーノというスペイン人航海士が帰還した。彼は五隻の船に乗った三〇〇人近くの船員の一人としてフェルディナンド・マゼラン率いる遠征に加わり、三年前にスペイン・サンルーカルの港を出発していた。スペインに帰国できたのは一八人（マゼランその人は、戦闘で殺された）。残った船は一隻、ヴィクトリア号のみだった。したがってこの一八人が、初めて世界一周を成し遂げた者たちだということになる。航海の途中、マゼランの遠征隊員たちは、無意識のうちに国際日付変更線を――というよりも、その必要性を――発見していた。志願して参加していた中に、アントニオ・ピガフェッタというイタリアの貴族・騎士がいた。遠征中の彼はときどき外交官としての働きをするかたわら、「日々、我々の航海中に起こったことすべて」を書き残した。その彼が、スペインに帰る途中、ポルトガルの最後の寄港地（現カーボヴェルデ）で「我々船員が発見した、一日分の日付の間違い」について書いている。

上陸したら何曜日かを尋ねるよう、我々は船員に命じた。返ってきた答えによると、ポルトガル人にとってはその日は木曜日なのだという。船員たちはおおいに驚いた。我々にとってはその日は水曜日だったからだ。そのうえ、なぜ間違えたのか見当もつかなかった。一日たりとも体調を崩さなかった私は、毎日記録を付けていたのだ。我々が任務を命じられて以来、誤りは一度もなかった。我々は常に西向きに航海して出発地と同じ場所に戻ってきたのであり、太陽も相変わらずくっきり見えるが、しかしどういうわけか、長い航海が二四時間の得をもたらしたのだ。[52]

それから三世紀半後、国際日付変更線が、それに対応する本初子午線とともに、ワシントンDCで開催された国際子午線会議で正式に定められることになる。日付変更線は太平洋の真ん中を通って北極と南極を結ぶ線であり、経度ゼロ度にあたる本初子午線からちょうど地球半周分、一八〇度離れたところに引かれることになる。その本初子午線は、これも両極を結ぶ、ロンドン郊外のグリニッジ天文台をちょうど通る線として定められることになる。

＊　＊

まだ本初子午線や失われた一日の問題が起こる前だったが、一五世紀のポルトガルの海図は少しずつ、地図のような見た目になりはじめていた。いまだ平面的ではあったものの、多くには、緯線とは区別されて際立つ一本の子午線が、ポルトガル南端の出っ張りであるサン・ヴィンセンテ岬を通って南北方向に描かれている。海図はそうはいかないまでも、地図のほうはすぐに、地球上の陸地や海岸線がまずまずのバランスや詳細さで示されるようになってきた。そうした地図や海図は、所有者や忠誠対象を示すもので装飾されることがよくあった。つまり、国旗、紋章、宗教的な図像である。[53]

地図をつくることは、「世界の劇場」という概念を形成し、表現することを促進した。また、劇場の舞台そのものも着実に拡大している最中だった。地図とは、地理学や天地学の知識が詰まった、携帯可能な卓越した表現物だった。イギリスの歴史地理学者デニス・コスグローヴが言うように、一六世紀のあいだ、「世界の自然地理学的、気候的、生物的、民族誌的な多様性の規模と驚異は、ヨーロッパ人の認識を圧倒した」。ヨーロッパの海洋拡大と共犯関係にありながら、地図は、世界市民という概念を擁護するのと同時に、征服と帝国という西洋の夢の実現に向けた地ならしをした。地図製作者や天地学者たちはおそらく宗教的寛容を信じたヒューマニストでコスモポリタンな学識者であっただろうが、一方でそのパトロンとなったイベリア半島の王たちは、拡張主義や宗教的な覇権主義に向かう決意を固めていただろう。[54]

一五六九年、そのようなヒューマニストの一人であったフラマン人地図製作者ゲラルドゥス・メルカトルは、世界地図「マッパ・ムンディ」を作成した。彼自ら「航海用に修正された、地球描写の新増訂版」と呼んだこの地図には、複数の子午線と緯線および航路が、二四枚の紙からなる巨大な長方形に投影されていた。一方、スペインとポルトガルは地図上の意見の一致を得る努力を続けており、新世界の征服地における緯度と経度の決定を目指して水先案内人たちにアンケートを実施した。[55]

一六世紀末の一〇年間、重量化した銃砲をより多く運べるように船は大型化かつ再設計され、船長たちは航海術だけでなく戦闘にも秀でられるように習得を重ねていた。このころ、ケンブリッジの数学者・天文学者・地図製作者、エドワード・ライトは、メルカトル世界地図の習熟と、船乗りが使うのに適した実用的な海図の作成に熱中した。[56] ほかの国民国家も後に続き、スペインやポルトガルによる領有権の主張に対抗すべく、ジェノヴァやヴェネツィアの資本家を頼らずにすむように、銃砲を開発し艦隊を発展させ、十分な資金を蓄えた。[57] インド洋の昔ながらの航海士たちが操る船は、この変化に対応できなかった。一七世紀末までには、ヨーロッパ人は地球上にあるほぼすべての陸地に航海し、上陸し、そこの住民に相対し、品物や人間を搾り取り、そして、訪れた土地を地図に記録した。

天文学と自然科学は、ヨーロッパの貪欲な海洋帝国建設に必要不可欠だった。「一八世紀の君主たちは……」と歴史家ジョイス・E・チャプリンは書いている。

科学徒らを地球の反対側まで派遣した。それは、領土と領海の主権を主張するためだけではなく、知識の獲得と収集を世界の反対側で実践することを通じて文化的優位性を示すためでもあった。これらの目標はジェームズ・クック船長の三回におよぶ太平洋航海で完璧に成し遂げられたのである。[58]

＊　＊

王立協会から資金を得たクックの最初の航海は、めずらしい現象と時を同じくした。南太平洋からのみ観測できた、一七六九年の金星の太陽面通過である。この当時、科学における最大級の謎の一つは、太陽系の物理的な大きさであった。天文学者たちはすでに、地球と太陽の距離を単位として惑星間の距離を弾き出してはいたが、地球と太陽の距離そのものは知らなかった。しかし、もし二か所以上に観測者がいて、観測者同士の距離がわかっているとすると、金星が太陽面を通過するのにかかる時間を各観測者が正確に計測すれば、三角測量によって地球と太陽の距離を計算することができ、さらにはそれを使って太陽系の他の惑星までの距離も推定できるのだ。

金星の太陽面通過はこの航海において一番の話題をもたらしたが、キャプテン・クックの指令はそれだけではなかった。発見されたばかりのタヒチへ向かい、太陽面通過を見るための観測所を設置したあと、クックと八五人の乗組員――加えて、四人の芸術家と一人の天文学者を含む一〇人の文民[59]――は南太平洋にある他の島々を見つけ、海図を作成することになっていた。なかでも最も重要なのは、地球の南方に存在するという伝説の大陸、「テラ・アウストラリス・インコグニタ」（メガランカともいう）を発見することだった。もしテラ・アウストラリスが見つからなければ、ほかの陸地を探し、探検するつもりだった。言い換えれば、彼らのもう一つの仕事は、既存の地図を増補することであったのだ。[60]

だが、何のために？

カレンダーと同じく地図も、科学的な思考がつくりだしたものであるのと同時に、政治的、社会的権力の表明である。第二次世界大戦の終戦直後、イギリスの航海史家E・G・R・テイラーは、「一八世紀のヨーロッパで多発した戦争中、正確な地図は一種の武器であることが明らかになった。それは今も同じだ」と述べた。それから四〇年の年月といくつかの戦争を経て、イギリス生まれの地図史家J・ブライアン・ハーレイは同様のアイデアを、フーコーの「知と権力」というアイデアを強調してポストモダン的に言明した。「地図とは第一に、権力の獲得と維持に関わる政治的言説の一形態である」。デイヴィッド・ターンブルは、地図は「領土を社会秩序と結びつける」ものであり、したがって「恣意的に決めたものを自然なものとする」のだとピエール・ブルデューを引用しながら指摘した。小説家ヴィクラム・チャンドラもまた、地図の持つ意味について意見を述べている。「地図は一種の征服であり、他のあらゆる形態の征服の前兆である。（……）一種類の知識は別の知識を隠し持つ。情報の中に情報が潜んでいる」[61]。そして、もし地図に盛り込まれた「知識空間」が戦争を始める者やその他の権力行使者にとって必要不可欠なのだとしたら、その地図の測量や描画が国際的な拘束力がありかつ共有された知識に基づくものでないかぎり、その地図は平時には無用の長物である。君主や、航海士、提督、将校にとって、不完全な地図や海図は危険要因だ。

第一回の南太平洋への航海中、ジェームズ・クックはオーストラリアの東海岸を注意深く海図にし、イギリス王の代理として即座にその所有権を主張した。それから二〇年以内にイギリスはシドニーコーブに流刑植民地を打ち立てた。ニューサウスウェールズ植民地である。ある者は足かせを付けられ、ある者は鎖につながれた受刑者たちは、イギリスによるオーストラリア一帯の植民地化における労働力となった。オーストラリアの正確な海岸線を知ることに関心を持っていた大国はイギリスだけではない。オランダもそうだ。スペインに対抗する軍事行動のための資金を得ようとスパイスを探していたオランダは、すでに一世紀半を費やして北岸、南岸、西岸の海図を作成していた。フランスもまた、南太平洋の陸地を探検し、海図をつくっていた。だが、確実なことが一つある。それは、大英帝国を築こうという覇権主義的な政策がなければ、誰も一七六九年の金星の太陽面通過を観測しようとはしなかっただろうということだ。

＊＊

一八八四年一〇月の国際子午線会議の前はおろか、その後数十年にわたり、時と場所の決定問題をめぐって世界は混乱していた。

時間はずっと、場所を決定できるとまでは言えないまでも、距離の指標として使われてきた。古代ギリシアでは地上の距離を測るのに「旅何日分」、海上では「航海何日分」といった単位が使われていた。中世イギリスの水夫は「一、二グラス南へ」などと指示を受けた。これは、サンドグラス＝砂時計の砂が落ちるのにかかる時間だけ船を南へ走らせよという意味だ。[62] 中世アラブの航海士は移動した距離を表すのに三時間分の航行距離に相当する「ザーム」という単位を使った。今日でもロサンゼルスのような車社会の地域では、ステイプルズ・センター（ロサンゼルスのダウンタウンにある屋内競技場）からＬＡＸ（ロサンゼルス国際空港）までは三〇分だ、などと地元の人が教えてくれたりする。

科学者たちは時間の単位を角度の単位に転用した。度を分に、さらに秒に分けたのだ。科学者以外のすべての人にとって、単位はどんな種類であろうと地域に関わる事柄でありつづけたため、非常に多くのバリエーションが生まれた。たとえば、古代ギリシアのステード（徒競走一本分の距離であり、スタジアムという言葉の由来になった）で示された距離は、地域ごとに大きく異なっていたため、旅行者にとってはほとんど使いものにならない長さの単位だった。だから、各地を征服したローマは、ステードをマイルに置き換えたのである。一方、腕を伸ばした先にある中指の幅は、その船乗りが太っていようと痩せていようと、二度の幅を表す指標となった。[63]

それでもまだ場所というものが捉えがたかったのは、正確に経度を求めることができなかったからだ。経度は場所を確定するのに必要不可欠だ。紀元前二世紀のヒッパルコスから、ケプラー、ガリレオ、ニュートンをはじめとする一六―一七世紀の輝かしい学者たちに至るまで、誰も精度よく経度を求める方法は思いつかなかった。それを達成するためには、厳密なシステムと高度な計器一式が必要だ。測定の起点となるべきゼロ点またはゼロ子午線も、広く受け入れられるように選ばなければならない。そのうえで、誰もがその測定法と子午線を受け入れるよう全員を説得する必要がある。事実、「経度を求める」という言葉は、無茶なこと、あるいはまったく馬鹿げたことを指すスラングとなった。[64]

だが、困難だからといって必要性がなくなるわけではない。フランスのルイ一四世による王立科学アカデミーとパリ天文台の創設、およびイギリスのチャールズ二世によるグリニッジ天文台の創設は、この課題を解決するニーズに大きく関係している。よく知られた海上交通路は、積荷や大砲を満載した巨大な船舶であふれていた。商人は富を追いかけ、王は帝国を追いかけ、私掠船（しりゃくせん）や海賊船はそこを通る全員を追いかけた。正確な経度を求めるシステムがない中で新航路や新天地を開拓するのは、勇敢さを超えて無鉄砲、強欲、自殺行為だった。そんな中、一六七五年三月、二八歳の聖公会執事ジョン・フラムスティードが初代イギリス王室天文官に任命された。彼の任務は、「最大限の慎重さと勤勉さでもってただちに天体運行表および恒星の位置を訂正し、航海術を完全なものにするうえで強く求められている経度の決定を各地に対しておこなえるようにすること」だった。[65]

経度ゼロ度の子午線が通る点として、何世紀ものあいだにいくつもの場所が哲学者や天文学者に使われてきた。たとえばカナリア諸島のエル・イエロ島、インドのマディヤ・プラデーシュ州にあるウッジャイン（ヒンドゥー教の聖地）、アゾレス諸島を通る「無偏角線」（真の北と地磁気の北が一致する地点を結ぶ線だが、永遠不変ではない）、パリ天文台、グリニッジ天文台、ホワイトハウス、エルサレムにある聖墳墓教会などだ。また、現在地がそのゼロから何度東または西に位置するかを突き止めるために、次のようなものが物差しとして利用できると提案された。たとえば、日食や月食、木星にある四つのガリレオ衛星の食、月による星の掩蔽、地磁気の偏角に影響されない高性能なコンパス。あるいは、高性能の時計と、大砲を搭載した艦隊と、音と光のショーを演出できる装備を整えた船団とのコラボレーションを利用するという案もあった。[66]

もし天文現象に頼るのなら、経度がわかっている地点についてのデータが正確に網羅されている天体暦を参照し、自分の観測データと比較することになる。このとき、地球は二四時間で三六〇度回転するのだから、一時間あたり一五度の差が生じるということを計算に入れるのだ。

言うは易く、おこなうは難し。

一つには、天体暦がまだそれほど正確ではなかったせいもある。そのうえ、鏡筒が長い、高倍率の望遠鏡が必要になる。だが、どうやってそのような扱いにくい代物を、潮風で台無しにしないように気をつけながら、大きく揺れる船上で安定させて使うことができるだろうか？『イギリス航海者ガイド』や最初の『航海暦』を執筆したネヴィル・マスケリン師は、一七六四年に木星の衛星を海上で観測しようとしたときにそのような困難に直面し、こう述べている。「船上において望遠鏡を完璧に取り扱おうというのは、いつまでも無い物ねだりでありつづけるのではないかと憂慮する」[67]

きっと、信頼できて持ち運び可能な時計があれば、問題は解決される。それがあれば「船乗りたちは樽詰めの水や牛肉の半身と同じように母港の時間を持って行ける」ようになると書いている。問題は信頼性だ。一五〇〇年ごろは、固い地面にしっかり置かれた高級時計ですら、一日に一〇分から一五分のずれが生じた。それでも、オランダの数学者ゲンマ・フリシウスは怯まなかった。彼は、船が波止場を離れた瞬間にぴったり時刻を合わせた時計があれば、海上で太陽や星などから知ることができる現地時間と安定して比較できると提唱した。ただし、湿度や暑さ寒さ、塩分、重力、揺れがあろうとも時計の正確さが保たれることが前提だ[68]。そんな時計をつくるのは、かなりの大仕事である。イギリスの田舎の職人ジョン・ハリソンが三〇年間の努力の末にゲンマの提案を実現化するには、一七五九年まで待たなければならなかった。

ハリソンがこのプロジェクトに乗り出したのは、挑戦に燃えていたからでもなく、同胞人が乗った船の難破に心を痛めたからでもない。一七一四年の夏、切羽詰まったイギリス議会が、経度問題の解決者に莫大な懸賞金を与えることにしたからだ。最初に賞金を提示したのはスペインで、一五九八年のことだった。その後、ポルトガル、ヴェネツィア、オランダが続いたが、その甲斐はなかった。だからこそフランスとイギリスは科学アカデミーを創設し、天文台を建設し、ヨーロッパじゅうの名の知れた天文学者を呼び寄せたのだが、それでも成果は上がらなかった。一七世紀のあいだは、海難事故も懸賞金も、確実な経度を割り出す問題を解決には導かなかった。そうしているあいだにも、帝国建設は加速し、海の惨事は急増していた。

そして一七〇七年、イギリスはとりわけ恐ろしい海難事故に見舞われた。クラウズリー・ショヴェル提督が指揮するイギリス海軍の艦隊がシリー諸島沖で沈没し、四隻の船と二〇〇〇人の命が失われたのだ。狼狽（ろうばい）した船長たち、海軍司令官たち、ロンドンの商人たちは合同で、「経度の発見」という課題に「身を捧げる者が現れる」ように「相応の後押し」を提供するよう政府に請願した。方法や仕組みは問わなかった。議会はニュートンやエドモンド・ハレーをはじめとする著名な科学者に助言を求め、経度法の法案を作成し、届けられた提案や研究結果を審査する経度委員会を設置した。ガイドラインは明確だった。経度を二分の一度以内の誤差で測定できれば二万ポンド、三分の二度以内なら一万五〇〇〇ポンド、一度以内なら一万ポンドの賞金を授ける。正確さの評価は、イギリスから西インド諸島までの船旅でおこなわれることとする。経度二分の一度は時間に換算すると二分間になるが、この旅は六週間かかるので、そのあいだに生じるずれがたったの二分間であるような仕組みですら最高の賞を取り逃がすことになる。[69] 厳しいように思うかもしれないが、もし二分の一度もずれがあれば、マンハッタンの中心にあるタイムズスクエアに向かうつもりがハドソン川をはさんだニュージャージー州プレインフィールドに到着したり、カーナビの行き先をテキサス州フォートワースに設定したらダラスに連れて行かれたりすることになる。それを考えればあながち厳密すぎるとも思えなくなるだろう。

ジョン・ハリソンが製作したクロノメーターは一つだけではなく、経度法の求める最も厳しい基準をクリアする精度を持つ完成品を複数つくりだした。一番目は一七三五年に完成したH―1で、ばね、歯車、棒、天輪で動く複雑な仕掛けの真鍮製卓上型時計だった。一七五九年に完成した四番目のH―4は、クッション付きの箱に仰向けに置かれた精巧な特大サイズの懐中時計で、機構にダイヤモンドとルビーが使われた。H―4については製作者自ら次のように公言した。「厚かましくも、テクスチャーにおいてこれほど美しく興味をかき立てるような機械的または数学的な物体は、世界でもこの経度時計を措いてほかにないと言ってもいいだろう[70]」

経度委員会の有力メンバーはH―4の美しさにも流されなかった。彼らは、主要な星と月との角距離をリスト化した表を使って、実際の観測値と比べて経度を割り出す月距法の熱烈な支持者たちだったのだ。表は世界最高の天文学者らによって絶え間なく更新されていた。委員たちは何十年も、ハリソンに相応の賞金と名声を与えることに抵抗しつづけた。代わりに委員たちが与えたのは、散発的な一時金や、新たな条件、新たな侮辱だった。そして、ハリソンにとっての一番の敵であり、月距法支持者でいまやイギリス王室天文官となったネヴィル・マスケリン師が、ハリソンの創作物をあからさまに没収するまでに至った。一七七二年にはついにイギリス王ジョージ三世（その「不正と権利侵害」をアメリカ独立宣言で列挙されているのと同じ君主である）が割って入って老齢の時計職人の肩を持ち、翌年、議会はハリソンに賞金を支払うことを決定した。それでもなお頑固な経度委員会は決してハリソンに最高賞を与えようとせず、ハリソンが満額の二万ポンドを受け取ることはついになかった。[71]

しかしハリソンは、ジェームズ・クックによる擁護を受けた。クックは一七七二―七五年の第二回太平洋航海にH―4の精密な複製品を携行したのである。船首から海を見渡す視力の優れた者と同じくらい航海にとって価値があることから、ハリソンのクロノメーターは「ウォッチ」という言葉に新しい意味を与えた。この計時器について、クックはこのように書いている。「最も熱心な支持者の期待を上回り（……）どんな気候の移り変わりがあろうとも忠実な案内役になってくれている」。彼はそれを「我々の信頼できる友、ウォッチ」「我々の決して間違わない案内人、ウォッチ」と呼び、「実に、ウォッチほどの優れた案内人がいるかぎり、我々の（経度の）誤差は決して大きくなりようがない」と断言した。[72]「ウォッチ」の助けを借りて、彼は南極圏に突入し、巨大な南極大陸がそれほど北側には広がっていないことを決定的に証明し、いくつかの寒冷な島々についてイギリスによる領有権を主張し、のちの二〇世紀の水夫たちも頼りにするほど正確な南太平洋の海図を作成した。

ジョン・ハリソンは一七七六年に亡くなった。だが、彼の体が安らかに横たえられる前からすでに、腕の立つ助手がH―4の模造品をつくりはじめていた。安価だが性能の劣るK―2とK―3である。手ごろな価格のクロノメーターをめぐる競争が始まった。一〇年もしないうちに、クロノメーター設計者間の競争は、もとの経度測定をめぐる競争と同じくらい熾烈になった。船長たちは、商業に携わる者も征服に携わる者も、東インド会社やイギリス海軍のために、自費を投じてクロノメーターを買い求めた。それも一個だけではなく、相互比較ができるように複数購入したのである。ハリソンによる発明品の小型で安価なバージョンは、必須の装備となった。イギリス海軍はポーツマスに隠し場所まで持っていた。一七三七年の時点では、この世に存在する航海時計はただ一つだった。一八一五年、その数は約五〇〇〇になった。ビーグル号の一八三一―三六年の航海は、地球を一周して経度を測定することが任務であったが、そのために二二個のクロノメーターを載せていた――加えて、当時はまだ無名だった二〇代の博物学者、チャールズ・ダーウィンも乗り合わせていた[73]。

だが、全地球共通の一日の始まりは、どの場所の午前〇時と一致させればいいのだろうか。この世界には一八八四年まで、それについての協定がなかった。つまり、地理的な東西方向の起点となるゼロ地点についての共通認識がなかったのだ。経度ゼロ度地点の選定には、時刻と場所の国際標準を設定することによる明らかな利便性よりも、国家、宗教、愛国心による好みが大きく左右した。長らくグリニッジ天文台の天文学者は、頭上を通過する星の正確な天球座標データを、自分たちの望遠鏡が置かれた場所を通る子午線を基準として測定し、保持していた。一八世紀初頭のヨーロッパ人は、陸上の経度を測るゼロ度参照点としてパリ天文台を採用することが多かった。一九世紀のヨーロッパ人は、海上の経度測定の基準点にグリニッジ天文台を採用することが多かった[74]。一九世紀末までには、船長、鉄道王、陸軍、海軍、天文学者、地理学者、水路学者はみな、一貫性がもたらされるのを待ちきれなくなっていた。そろそろ合意がなされなければならない。

アメリカ議会が制定した法律に促され、国際会議がようやく一八八四年に国務省で開催された。二五か国が代表を送ったが、そのうち一六か国は科学者ではなく外交官を送るという、真剣さに欠く徴候が見受けられた。最初に議決しなければならない問題の一つは、幅広い科学分野の代表として招待参加している天文学者らが、議論の中で自身がふさわしいと思う意見を自由に述べてもよいかどうかという点だった。だが、彼らに自由な発言権は与えられなかった[75]。最初のいくつかの会議を我慢して見届けた週刊学術誌『サイエンス』の記者は、「ほとんどの時間は外交的な駆け引きや政治的な情緒論によって浪費された」と不満をこぼしている。完全な国際合意のうえに正確な経度設定などできるのかという反発に直面し、苛立ったイギリス代表のリチャード・ストレイチー中将は、「経度は経度だ。地理学者として、天文学用途には一級品の経度があり、地理学の経度は二級三級だなどという考え方は拒絶せざるをえない」と断言した。同じくらい苛立ったアメリカ代表の天文学者ルイス・ラザファードはこう指摘した。「代表委員はここに来る前に当該問題について勉強済みのはずである。この問題をいくらか理解できたか、理解できたと思わなければ、誰もここに来ようなどとは思わないだろう[76]」。まったく喧嘩好きなことである。二一世紀初頭の気候問題に関する国際会議を早くも先取りしていたかのようだ。

一八八四年一〇月二二日、集合した代表団は最後にはやむなく、「現存する多数の本初子午線に代えて、万国に共通する単一の本初子午線」を採用することの利点を認めざるをえなかった。そして、本初子午線がグリニッジ天文台にある望遠鏡の土台を二分するように引かれることでも合意した。これにより、「本初子午線上における真夜中の瞬間をもって全世界で始まる」「世界日」なるものが誕生し、その同じ瞬間をもって「天文日および航海日があらゆる場所で始まるように整えられる」ことになった[77]。とはいえ、フランスは一九一一年まで公式にはグリニッジ子午線を採用しなかった。

いくら大陸が移動したり、武力または正義によって国境線が書き換えられたりしたとしても、やっと手にした緯度・経度による地球座標系は、予測可能なずっと先の未来まで、基準の座標系でありつづけるだろう。だがそれは万人向けでも万能でもないだろう。一八八四年の国際子午線会議から一世紀後、空と望遠鏡に基づいたグリニッジ子午線は、より洗練された子午線にその支配的な権威の座を明け渡すことになった。地球重力場に基づき、パルスレーザーを人工衛星に反射させることで決定される子午線だ。地球の地殻やマントルの質量分布は均一ではないため、もしグリニッジ子午線からまっすぐ下に潜ったとしても、地球の中心を通らない。だが、伝統的なグリニッジ子午線より一〇二メートル東にある、成り上がり者の「測地」子午線に従えば、ちょうど地球の質量中心を通ることになる。

アメリカ国防総省は、冷戦時代の早期から測地子午線に取り組んでいた。新技術と大量のデータのおかげで、地球科学者と宇宙科学者は、国際的に一貫した実現可能な測地系に関して一九八〇年代までには合意に達することができた。これは一九八四年に国防総省地図局に採用されてアメリカの一連のGPS衛星にも組み込まれ、いまや衛星航法の世界基準や協定世界時の根拠になっている。[78] またしても文明と同じぐらい古いパターンをなぞり、星と軍人がいっそうの正確さを求めて手を結んだ――お互いのニーズにつけ込みつつ、ときに受動的に、ときに積極的にお互いの目的を達成しながら。

第四章

目の武装化

望遠鏡から人工衛星まで

宇宙の美しい姿を捉えるには、肉眼では心許ない。視覚を補助するものがあってこそ、物理的に橋を架けられない距離に橋を架けることができ、その向こうにあるものを、まるで近くにあるかのように知ることができる。人間は、目に見える宇宙の出来事を認識するのにさえ数え切れないほどの助けが必要なので、目に見えない周波数帯の光の中で起こっている多種多様な出来事となればなおさらだ。

人間の目そのものはなかなか良い検波器だが、すばらしい検波器というわけではない。視角にしてわずか六〇分の一度のものを見分けられる分解能を持つが、人間の網膜が検出できる波長の範囲はあきれるほど狭く、四〇〇－七〇〇ナノメートル（一〇億分の一メートル）のあいだであり、電磁スペクトルの中のほんの一欠片でしかない。この一欠片には、可視光という、そのものずばりの名前が付いている。光とは空間を伝わる波であると考えると、波長とは単に、隣り合った山と山の距離のことだ。一秒間に山が何個通過したかを数えれば、それが周波数になる。通過する波の速さがどうであれ、波長が短ければ、周波数は高くなる。

電磁スペクトルの両端はどこまでも伸ばせるだろう。波長の長いほうは、おそらく宇宙そのものの大きさが限界になる。波長の短いほうは、おそらく量子物理学的な限界がある。現在、私たちのテクノロジーが検出できる波長の範囲は、一〇〇〇億分の一メートル未満（高周波ガンマ線）から数百キロメートル（極超長波）までという幅広さだ。その差は数千兆倍である。

数千年前の人なら、もし空を見上げたり広い谷の向こうを眺めたりしたいときには、長い筒を使って、見たいものに視野を集中しグレアを抑えただろう。アリストテレスや、おそらくその先人もそうしていた。だが、どんなに筒が長くても——それが、古代アッシリアの金属細工職人が金で鋳造したものであろうと、古代中国の職人が翡翠を彫ってつくったものであろうと、数学に強い中世の教皇が渾天儀に留めたものであろうと[1]——空っぽの筒では生理学的な視力が向上するはずもなく、海王星を発見したり、遠くの陸地や海岸に集まっている敵の陸軍や海軍の規模を見積もったりはできない。

だが、一対のレンズを筒に装着すれば、それは光学望遠鏡になる。

感覚機能を拡張する道具である望遠鏡は、肉眼で見るにはあまりにかすかなものの検出とともに、肉眼ではわからない細部の解像を可能にする。まずは物体が存在することを教えてくれ、続いてその物体の形、動き、色を明らかにすることで、その物体の正体についてヒントを与えてくれるのだ。遠くから来る視覚情報をなるべく多く収集し、目を通して脳に伝えることが望遠鏡の役割である。

見渡す対象が敵であろうと空であろうと、望遠鏡によって伝えられる情報はすべて光線に乗ってやってくる。構造的には、望遠鏡は光子を捕まえるバケツでしかないと言える。使う目的が検出であろうと解像であろうと、バケツの直径が大きければ、捕まえられる光子の数も多くなる。だから、もし直径を三倍にすれば、望遠鏡の検知能力を九倍にすることができるのだ。解像能力のほうは、望遠鏡の直径を観測光の波長で割ったものに左右される。解像能力を最大化するために、選んだ波長よりもずっと、ずっと幅の大きいバケツが欲しいところだ。可視光であれば波長は数百ナノメートルなので、数メートルも幅のあるバケツならば楽勝だ。それに、ワイン愛好家が、唇とワインのあいだの境界をほぼなくすようになるべく薄いワイングラスを欲しがるのとまったく同じで、天体物理学者も、望遠鏡の設計上の制約、人間の観測者による影響、地球大気による像のゆがみがなるべくデータに入り込まないようにしたいのだ。

＊　＊

遠距離のものを見るための補助器具が登場したのは、ほんの四世紀前のことだった。クッキーぐらいの大きさの二枚のレンズが内部にしっかりと固定された筒。八〇年戦争として知られるカトリックとプロテスタントの衝突のさなかであった一六〇八年九月、ハンス・リッペルハイという眼鏡職人が、オランダ総督マウリッツ・ファン・ナッサウに贈ったものだ。もっと早くから元祖があったとする説はいくつもあるが、歴史的に実証されたものとしては、この筒こそが正真正銘の最初の望遠鏡である。半年もしないうちに、このリッペルハイによる必携の道具について知ったガリレオは、自分自身で改良版を設計し、作製した。

初期の望遠鏡は集められる光が少なかったため、天上のものであれ地上のものであれ、遠くの物体の像はぼやけ、ゆがみ、おぼろげだった。レンズは小さくて分厚く、曲面も研磨も不完全なガラスでできていた。当時の望遠鏡は、書き手たちが賛辞を寄せてはいたものの、今でいう一般的なオペラグラスとあまり変わらない程度の情報量を届けてくれるものでしかなく、偉業を伝える記述にしても、その分解能ではなく像の拡大率という点で褒めるのが普通だった。ガリレオが一六〇九年の夏に、鉛の筒と二枚の既製品のレンズを組み立ててつくった最初の望遠鏡は、物体を観測者に三倍近づけて見せた。望遠鏡の集光面積に対して計算を適用すると、裸眼よりも三の二乗で九倍、物体が大きく見えるということになる。秋の終わりごろまでにはガリレオは、物体が六〇倍大きく見える望遠鏡を自ら作製していた。[2]

一七世紀の天文学者たちは当然、自分たちの望遠鏡の性能がどれほど悪いのかを知らなかった。彼らが知っていたのは、人間の視力に比べてどれほど望遠鏡が優れているのかということだけだった。事実、彼らは驚嘆すべき発見を成し遂げている。一六〇九年の夏には、サー・ウォルター・ローリーに科学的な助言を与えていたイングランドの天文学者トーマス・ハリオットが、三日月の表面を細かく観察し、いくつかの特徴をスケッチした。これが、知られているかぎり史上初の、月面を望遠鏡で観察して描いたスケッチである。[3] その年の秋にガリレオは、自分の思いどおりに組み立てたずっと高性能な望遠鏡を使って、月の山やクレーターのほか、「非常にすばらしく、驚くべき光景の数々」を観察し、描いた。木星を回る四つの衛星や、オリオン大星雲やプレアデス星団（和名すばる）にある未発見の星、そして土星近くにある途切れた一対の付随物である。半世紀後、クリスティアーン・ホイヘンスは、より大きく高性能な望遠鏡を使って、その土星の二つの弧のように見える付随物が実際は一つの環であることを発見した。そのわずか二〇年後には、さらに大きな望遠鏡を使ったジョヴァンニ・カッシーニが、隙間で隔てられた同心円状の二つの環を見出した。

＊　＊

空爆というものが存在する以前の数千年間、空は空気、光、雨、風、そして神々の領域だった。空を見上げれば軍事的な危険を回避できるなどと想像すべき理屈はどこにもなかった。軍が何度も押し寄せる場所は、地上だった。空は敵から防御するために常に監視が必要な場所である、という考え方は二〇世紀的な曲解だ。とはいえ、遠く離れた地上の風景を監視したいという願いは、将軍、光学機器製造者、航海士、測量士たちにとっての長年の夢だった。

ハンス・リッペルハイが、紹介状の中で「はるか遠くのものがあたかも近くにあるかのように見えるようになる装置」と呼ぶ製品を売り込むためにハーグに到着した一六〇八年九月。折しも和平交渉がおこなわれており、町は外交使節でいっぱいだった。フランスが、オランダ代表とスペイン・ベルギー代表との調停役になった。だが両陣営ともに、戦いを続けるのが賢明かどうかをめぐって内部分裂していた。そんな中、ミデルブルフから来た感じのいい男が、特許と報奨金の契約を取り付けられないかとやってきた。実際に、リッペルハイは望みのものを手に入れた。だがそれ以上に、どうやら彼の発明品は和平交渉に目覚ましい役割を果たしたようなのだ。

この発明品が持つ驚くべき能力について、内情に通じた人物による報告がある。一〇月上旬、スペイン軍最高司令官がハーグを発った数日後に書かれたものだ。「前述のグラスを使えば、ハーグの塔からデルフトの時計やライデンの教会の窓までくっきりと見える。どちらの町も、ハーグからは陸路でそれぞれ一時間半と三時間半の距離にあるにもかかわらず」。リッペルハイの装置にいたく感銘を受けたオランダ議会は、「このグラスを使えば敵の計略もお見通しです」と言い添えてマウリッツ公に贈った。同じく感銘を受けたスペイン軍最高司令官は、マウリッツの親類であるヘンドリック公に「今後、私はもはや安全ではなくなった。なぜなら貴殿が遠くから私を見るようになるからだ」と言った。ヘンドリック公はこう答えた。「部下には貴殿を狙撃することを禁ずるとしよう」

書き手は続けて、この道具の持つ可能性についてこう論じている。

前述のグラスは包囲下やそれに類似した状況下で非常に役立つ。なぜなら一・五キロメートル以上離れたものが、あたかも手に取るようにわかるからだ。そのうえ、その小ささゆえに、また我々の視力の弱さゆえに目では通常見ることのできない星々も、この器具を使えば見ることができる。[4]

望遠鏡は、誕生したときからずっと、戦争と天文学の接近の象徴だった。これは明らかに軍民両用の道具だったのだ。宮廷人なら全員、これが情報収集と天体観測の両方に革命をもたらすだろうと想像できたはずだ。だからこそ、リッペルハイは報酬を得ることができ、マウリッツ公は「グラス」を贈られ、スペインは一六〇九年四月九日、オランダという若い国家と一二年停戦協定を結んだのだ。

ヴァチカンもまた、この発明が世界にもたらす影響に気づいた。停戦協定の締結直前、ロドス島の大司教は枢機卿スキピオーネ・ボルゲーゼに宛てた手紙で、マウリッツの新たな所有物のことと、それと同様の品が次の郵便で教皇に届くということを、たっぷり三段落を費やして書いている。大司教の手紙によると、「戦時に遠隔地から偵察するため、あるいは包囲したい場所や野営地または進軍中の敵軍を観察するため、あるいはそれらと似たような優位となりうる状況を得るためにこの器具を創作した」のはマウリッツだとスペインの司令官は考えたのだという。自身でも一つ試作し、見えた一五キロ先の光景に感銘を受けた大司教は、この器具が彼の上司たちにとっては「おおいに気晴らしと娯楽になる」だろうと書いている。

それから五か月足らずの一六〇九年八月下旬。自ら「フィレンツェの貴族にしてパドヴァ大学数学教授」と称したガリレオ・ガリレイは、ヴェネツィア共和国にあるサン・マルコの鐘楼に共和国議員らとともに登り、格段に改良された自身の望遠鏡を披露した。目標を果たすと、その望遠鏡を議会に寄付し、最高行政官であるドージェにパトロンになってほしいと嘆願した（これも成功した)。ほかの起業家兼発明家たちも、ほうぼうで噂が広まっているこの新しくて魅力的な器具を、それぞれ盛んに改良しては実演して見せていた。中には一人、ガリレオに先んじてヴェネツィアの議員たちに陳情していた発明家もいたようだ。だがガリレオには便宜を図ってくれるヴェネツィア人の強力なコネがあり、ことによるとガリレオは競合品をあれこれ調べるのを許されていた可能性がある。[6]

ガリレオが寄付した望遠鏡には、売り文句が並べ立てられたドージェへの手紙が付いていた。

陛下の最も卑しき僕、ガリレオ・ガリレイは(……)最新の考案品であるグラスをご覧に入れます。遠近感についての深遠なる考察から導き出されたこの品は、物体を目の前にあるかのようにお見せします。見え方がまったく違ったふうになり、遠く、たとえば一五キロメートル先の物体も、たった一・五キロ先にあるかのようにご覧になれるのです。この品は、海上・地上にかかわらず、あらゆる取引や事業に計り知れない恩恵をもたらします。海上では、通常よりもはるか遠くから敵の船体や帆を発見することが可能になります。敵方がこちらに気づくより二時間以上も早く、こちらが敵を察知できるので、その隙に船の数や種類を識別し、敵方の戦力を判断できるでしょう。そうすれば、あらかじめ追跡、戦闘、あるいは逃走の準備を整えることができるようになります。同様に地上では、高所から敵の城塞、宿舎、防御施設の内部を覗き見ることが、たとえ遠く離れていようとも可能です。あるいは敵の軍事行動を偵察し、その行動や軍備の詳細を識別できます。そうすることで大きな優位性が得られます。その他さまざまな恩恵が、必ずやすべての賢明なる方々にもたらされるでしょう。[7]

一七世紀の海洋共和国にとって、敵の船舶を監視できる能力ほど軍事的に役立つものがありうるだろうか？　事実、どんな共和国であろうと、どの世紀であろうと、敵の行動を監視する能力ほど役立つものはそうそうない。陸、海、空、宇宙、インターネット上のどこであろうとそうである。そして最終的には、望遠鏡の末裔である人工衛星が、これらすべてを可能にすることになった。

＊　＊

ハンス・リッペルハイが筒に二枚のレンズを入れ、最も近場にいた将軍のもとへ赴いたときから遡ること三世紀以上のこと。一二六七年、フランシスコ会修道士の学者ロジャー・ベーコンは、教皇クレメンス四世に長大な科学論文を送った。彼の思想のいくつかは時代の先を行っていた。

透明な物体を形づくり、我々の視力や対象物に合わせて整える。そうすることで、光線を望む方向に屈折させることができ、そうすればどの位置からでも対象物が近くまたは遠くに見えるようになる。（……）したがって小さな軍はとても大きく見え、遠くの軍は手に取るようにわかるようになり、その逆もまた可能である。そのため太陽、月、星を見た目上、目の前まで降りてこさせることも、同様に敵の頭上に出現させることも可能になるかもしれない。（……）

ことによるとベーコン自身も含め、誰一人として彼の提案を実現にこぎつけた人物はいなかった。ベーコンの構想が当時としてはあまりにも不気味だったためか、もしくはガラス職人の技術が追いついていなかったためか、あるいは教養のある紳士たちが実用的な問題にほとんど関心を持たなかったためかもしれない。だが一六世紀までには、埃をかぶっていた彼の著作は再び見直され、彼のアイデアは生き返った。

生き返らせたうちの一人は、博学なオックスフォードの数学者かつ天文学者で科学全般に通じたジョン・ディーであった。彼はベーコンの著作を少なくとも一冊は所有していた。一五七〇年にエウクレイデスの『原論』の英訳が刊行された際、そこに寄せた「非常に有用な序文」の中で、ディーはこう書いている。「敵の指揮下にある歩兵または騎士の数または合計を（……）正確に報告」したいと望む読者はみな、「展望グラスに驚くほど助けられるだろう」と。一〇年も経たずしてウィリアム・ボーンは、『発明品あるいは装置――海陸の全将軍、船長、指導者にとって非常に必要な品』と題した本の中で、正しく設置された二枚のレンズは「敵軍の展望やその他さまざまな事柄において欠かせない」と書いた。一五八九年にはジャンバッティスタ・デッラ・ポルタが、ベストセラーとなった『自然魔術』の中でこう書いている。古代の「グラス」を持っていたエジプト王は、「それを用いて一〇〇〇キロ先の敵艦隊到来を見た」と。[8]
実際のところ、地表の観測者から見た水平線までの距離はせいぜい数マイルだ。だが、当時の人々が抱いていたガラスレンズへの期待感を考えれば、このくらいの距離の誇張は大目に見てもいいだろう。リッペルハイが一六〇八年秋のハーグで、軍人、公使、調停役がずらりと並ぶ前で自身の視覚補助器具を披露すると、その道具の軍事的有用性は即座に理解された。フランスの交渉トップはいち早くフランス王室のために二個を手に入れた。翌年の春までには、この発明品について聞き及んでいたのはガリレオのみならず、オーストリア大公や教皇もそれぞれ一つずつ所有し、パリやミラノの街頭では三〇センチほどの望遠鏡が売られるようになっていた。そして、これがカトリックのスペインとプロテスタントのオランダとのあいだで和平が宣言されることにもつながった。[9]
停戦は一六二一年まで続いた。戦争の再開に伴い、スペインでは最高司令官アンブロジオ・スピノラが再び指揮をとった。一六二四年から二五年にかけて、スピノラはオランダの城塞都市ブレダを包囲、陥落させ、マウリッツ公を死に至らしめて束の間の勝利を得た。そのスピノラが城門の鍵を丁重に受け取る姿は、スペインの宮廷画家ディエゴ・ベラスケスによって立派なキャンバスに描かれている。手袋をしたスピノラの左手に握られ、そのうえまるで勝利に果たした役割を強調するかのように絵画の焦点付近に描かれているのは、六〇センチほどもある長い望遠鏡である。[10]

生まれてから一度も戦争を知らずに人生を終える人は歴史上ほとんどいない。それは一七世紀のヨーロッパ人も例外ではなかった。彼らの時代が違っていたのは、戦争がかつてないほど商業化、官僚化されたことだ。ヨーロッパの起業家、商人、支配者たちは、武器の改良と数万人規模に上る常備軍の組織化に莫大な資金と努力を投じた。ヨーロッパで最高の科学者や投資家は、商業、鉱業、海運にかかわる疑問について考えていただけでなく、直接または間接的に軍事技術にかかわる問題に取り組んでもいた。たとえば爆薬、弾道学、速度、空気抵抗、衝突、革新的な兵器、新しい時間計測の方法、測量の新手法、そしてもちろん、数々の新しい視覚補助器具である。[11] 一七世紀アイルランドの光学専門家ウィリアム・モリノーの言葉を借りれば、視覚補助器具を使うことは、事実上、武装するのと同じことだ。

実験で確かめられることだが、普通の人間の視力で見えるものは、孤の角度にしてせいぜい一分か、もう少し小さい程度である。だが、目を望遠鏡で武装すれば、角度にして一秒以下のものも見分けることができる。[12]

＊　＊

詩人や物書きも戦争熱には免疫がなかった。交戦状態が五五年間、ほぼそれに近い状況がさらに何年も続いた一七世紀のイングランドでは、軍事由来の隠喩表現を作家たちが大量に発明した。イギリス海軍が数百門の大砲と数千個の手榴弾を発注してオランダとの戦争の準備を進めていたころ、[13]詩人サミュエル・バトラーは、満月を観測する王立協会の天文学者らを風刺する詩をつくった。バトラーは彼らを、宇宙征服を渇望する者として描いている。

そして今、そびえ立つ筒、
天そのものに攻め込むための梯子が
月に向かって立てかけられた。
そして皆、準備万端
一番に旗を立てた者の栄誉を得んと
我先に襲いかかろうとしていた。[14]

こう考えたほうがいい。誕生したばかりのころの望遠鏡は、発展を目指す社会全体の象徴だったのだと。ただし発展するのは知性ではなく、財布、宝石箱、ディナーテーブル、クローゼットの大きさと中身である。商人はチャンスを探し回っていた。陸海軍は大忙しだった。よい視界を得ることは戦略的に必須になっていて、それは天上だけでなく、丘陵、森林、港湾、宮殿、海路に対してもそうだった。

発明から一世紀以内に、望遠鏡にはさまざまなモデルが登場した。鏡を使ったもの、レンズが二枚のもの、レンズが三枚のもの、スタンドに据え付けるもの、ポケットや手持ちで運べるほど小さいもの、筒が建物と同じくらい大きいもの、部品を空中に離して吊ることで筒をなくしたもの[15]。初期には双眼鏡型のものもあった。そのうちの三個はハンス・リッペルハイがオランダ政府から依頼されて製作し、正常に機能する状態で一六〇九年の二月までに納品されたものだ。

一七世紀の望遠鏡のうち後世のそれに比肩するものは一つもなく、そのうえ誰もが使い方のコツをマスターできたわけでもなかった。それでも望遠鏡とそのいとこである双眼鏡は、天文学的にも軍事的にも可能性にあふれていた。しかし、その天文学的な可能性の大きさは、徐々に、そして副次的にしか明らかにならなかった。視野が広く、まずまずの性能の天体望遠鏡は、一七世紀後半になるまでほとんど存在しなかった。このころ、ニュートンの強敵だった才能あふれるイギリス人科学者ロバート・フックが、こんなふうに考えていたのも当然だ。「目の助けになるものは、既存の裸眼を補助する品に勝るようなものが、まだこれからいくつか発明されるのではないか。月に生き物を発見したり、これまでにない惑星を見つけたりできるようなものが（傍点部は原典でも斜体になっている）」。だが天文学者は初めのうち、空の未知なる領域を見つめて自分で新しい発見をしようとはしなかった。望遠鏡を上に向けるのは、たいていはガリレオが発見したものを見るためだった。木星にある四つの大きな衛星や、ごつごつした月面、土星の「歩みを助け、片時もそばを離れない」二人の「従僕」（土星のほとんど隙間のない同心円状の環のことで、太陽系で二番目に大きい惑星本体の両側に広がっている）を見てみたかったのである[16]。

つまり、天文学上の新発見はほとんど主目的にはならなかったのだ。最初期の望遠鏡は、第一に偵察を補助するためのものだとみなされていた。つまり地上のものであり、空ではなく海に向けるためのもの、夜ではなく昼に使うものだった。望遠鏡はこの時代の蔣介石たちやベニート・ムッソリーニたち向けの商品であり、カール・セーガンたちやスティーヴン・ホーキングたち向けではなかった。なかでも最良の品は、選ばれし一握りの上級将校だけが手にすることのできる貴重品だったのだろう。

一六三〇年代および四〇年代までは、軽量で携帯可能な二枚レンズのガリレオ式望遠鏡――接眼レンズに凹レンズ、対物レンズに凸レンズを使用したもの――がほぼ市場を独占していた。というのも、目に届く像が比較的小さく不明瞭になるとはいえ、少なくとも正立像が見えるからだった。のちにヨハネス・ケプラーが言うように、代替となるケプラー式――二枚の凸レンズを使用したもの――はより大きな視野で見える代わりに、上下逆さまの倒立像になってしまう。宇宙を研究する天文学者は、急な判断を迫られるわけでもなく、宇宙に上も下もないので、倒立像だからといって重大な不都合にはならない。しかし、時間や状況の重圧下で偵察をこなさなければならない将校や提督らにとっては、使う場所が戦場、胸壁、甲板、岬のどこであろうと、直感的に使えることがきわめて重要だった。

多くの前評判が集まっていたにもかかわらず、望遠鏡の利点に無知なままの参謀もいるにはいた[17]。とはいえ地上用の望遠鏡は、登場から間もなく世界のあちこちで、軍事的にさまざまな状況、特に監視や偵察で、重要な役割を果たすようになったようである。

たとえば一六一五年、ペルーのリマ沖で、六〇〇トン級のスペイン船サンタ・アナ号がオランダ東インド会社によって沈没させられたときのこと。オランダがメキシコのアカプルコに到着するまで捕虜にされたスペイン人船長は、その後、メキシコの役人にこう報告している。いわく、オランダ人らは「持っていた筒のようなもので船を見ていた。それを使えば六リーグ以上先が見える」。これは約三二キロに相当する。一六二〇年には、イギリスの植民地であったバミューダの総督が、ワーウィック要塞の見晴らしから数時間も「展望グラス」を覗いて異国船の接近を監視したと報告している。一六二六年には、西インド会社の艦隊司令官が、ハバナに入港する前に状況を調査するにあたり、持っていた「アンテオホ・デ・ラルガ・ビスタ」を頼りにした。何十年ものあいだ、ジャワ島やニューアムステルダムから南アフリカや南米までを行き来していた多くの船の見張り番は、望遠鏡を使って、私掠船がいないかどうか水平線を見渡していた。キリスト教が禁じられた一七世紀の日本では、宣教師は植民地化を狙うヨーロッパ諸国の諜報員だとみなされていたため、外国商船が入国を許された港は二つだけだった。そのうちの一つの長崎には、海を監視するための望遠鏡が備わった遠見番所が海岸沿いに設置された。[18]

陸上では、望遠鏡を手にした司令官たちはもはや、狭い範囲の戦況を近くで確認するために戦場を走り回らずとも、数キロにわたって広がる前線をある程度統制できるようになった。一八世紀半ば、プロイセンの恐るべき王、フリードリヒ大王——詳細な地図を重視したが、「自分の目が使えるならば、絶対に他人の目は信用すべきでない」と考えていた——は、自分の都合のよいときに望遠鏡が使えるよう、見晴らし台の上に宿営を置くことを好んだ。[19] そのころ、西へ六四〇〇キロほど離れたところでは、ジョージ・ワシントンという名の教養あるヴァージニア出身者がロンドンから望遠鏡を取り寄せようとしていた。それは、公務員測量士および地図製作者としての仕事に役立てるためでもあり、フレンチ・インディアン戦争を戦ったヴァージニアの退役軍人が約束の「報奨地」を確実に受け取れるようにする活動のためでもあった。[20]

＊　＊

植民地アメリカでは、望遠鏡が欲しいと思う人ならほぼ誰でも――望遠鏡にかぎらず、科学器具ならほぼ何でもそうだったが――ロンドンやパリから取り寄せた。イギリスの光学機器製造者として名高いジョンとピーターのドロンド父子が製作した望遠鏡を、何ポンドもの大枚をはたいて購入した人の多くは、イギリスで生まれたか教育を受けた人、あるいは植民地においてイギリスと利害を同じくしていた人だった。パリから取り寄せたのは反英主義者、大陸会議の議員、大陸軍の将校、独立宣言の署名者たちだった。たとえば一七七六年のキングズカレッジ（ニューヨーク市にあるコロンビア大学の前身）では、学長、ほとんどの教員、半数の学生はイギリス支持者を自認していた一方、アイルランド生まれの司書、教員、天文学者であったロバート・ハープールは反逆側に加わった。

天文学、地理学、数学、物理学の研究は、植民地において次第に評価されるようになった。「人類、祖国、友人、家族に貢献する気持ちとその能力」とベンジャミン・フランクリンが表現したように、[21]実用の役に立つことこそが教育や科学研究の主要目的となった。一七四三年のフィラデルフィアでは、フランクリンが仲間の研究者たちとともに、「万物の本質に光を当て、物質に対する人間の力を向上させ、生活の利便性や楽しみを増やすためのあらゆる哲学的実験」を追究するという理念を掲げ、アメリカ哲学協会を設立した。四〇年後にはマサチューセッツで、同じように研究者たちが、「自由で自立した高潔な人々の興味、栄誉、尊厳、幸福を増進させる」ためにアメリカ芸術科学アカデミー（印章には戦争と知恵を司るローマ神話の女神ミネルヴァが描かれている）を設立した。フランクリンやワシントンをはじめとする建国の父たちもすぐに会員に名を連ねた。[22] そう言われてもまだ過去を慕う気持ちになれないのなら、こういう事実はどうだろう。一八〇〇年の第四回アメリカ大統領選挙は、現職のアメリカ哲学協会会長と現職のアメリカ芸術科学アカデミー会長の争いだった。

第四回の前には当然、第一回の大統領選挙がある。それより前の一七七五年、ジョージ・ワシントンは大陸軍を指揮していた。彼が真っ先に取り掛かったのは、戦場で使用する軍装備品を集めることだった。軍服やテントは重要だったが、将校が使う望遠鏡も同じく重要だった。ニューヨーク掌握に向けた軍事行動が差し迫るころ、彼はロングアイランドのイギリス軍宿営地やハドソン川のイギリス船を監視するための強力な望遠鏡を入手しようとしていた。植民地の中でそれが存在する場所といえば、キングズカレッジしか思いつかなかった。

ニューヨーカーたちは喜んで協力した。独立宣言が承認されたフィラデルフィアの第二回大陸会議から一か月後、一七七六年八月に開かれたニューヨーク協議会の記録には、このような議決文が含まれている。

ワシントン将軍閣下が高性能の望遠鏡をご所望であるがゆえに、また、高性能の望遠鏡は敵軍の配置や作戦を知るうえで大陸軍最高司令官にとってこの上なく必要であるがゆえに、ニューヨーク協議会議長および議長によって任ぜられた数名の協議会議員は、ニューヨークのカレッジが所蔵しその備品の一部である望遠鏡を、ワシントン将軍閣下ご使用のために閣下に届けること。右議決する。

二、ニューヨーク協議会は、ニューヨークのカレッジ所蔵の望遠鏡に損傷、紛失、損害があった場合、直ちに前述のカレッジ理事会に補償すること。右議決する。[23]

八月七日には、ワシントンのいるニューヨーク市の司令部に望遠鏡が届けられた。それからすぐに、ワシントンはジョージ・クリントン准将（ほどなくしてニューヨーク州知事になり、その後ジェファーソン、マディソン両大統領の下で副大統領を務めた人物）に手紙を書いている。「敵の情報収集および動向観測により、数日以内に大規模な攻撃がおこなわれると信ずるだけの最上級の根拠を手に入れた」

もちろん、情報収集を可能にする望遠鏡を所有しているだけで勝利が約束されるわけではない。八月の終わりに大陸軍はロングアイランドでイギリス軍に大敗し、残った兵は真夜中にマンハッタン島に逃れた。九月五日にワシントンはウィリアム・ヒース少将に宛てて、危険がすぐそばに迫った状況でいかに作戦を指揮するかについて助言する手紙を書いている。

いわば、すべては敵情の情報収集にかかっているのであるから、貴君およびクリントン准将には、この最も望ましい目的の完遂に向けて努力するよう切に願う。これを成し遂げるためには、あらゆる手段を尽くし、代価を惜しまぬこと。（……）

この心構えに加え、見晴らしのよい高台に監視所を（グラス［望遠鏡のこと］とともに）常時確保すること。対岸（そしてとりわけ船を隠しておける湾内）がよく見える場所がよい。特に夕刻、何か尋常ならざる動きがあったとしても、そこからなら観測できるだろう。（……）小規模の攪乱部隊をいくつか持っておくのも大賛成である。夜間に暗躍する者らがいれば、敵を常に動揺させておくことができ、そのうえ十中八九、捕虜を救い出すこともできるだろう。捕虜が帰って来れば何らかの価値ある情報が得られるかもしれない。[24]

すばらしい助言だ（ＣＩＡやさまざまな著述家はジョージ・ワシントンを一流の諜報責任者かつスパイ組織リーダーだとみなしている）。だが結果は成功ばかりではなかった。一一月半ばまでにはイギリス軍とその傭兵部隊がマンハッタン全島を掌握したため、ワシントンの軍隊はニュージャージーに撤退した。一二月半ばまでには、負けが込んだ大陸軍は、資源も兵士も時間も士気も、底を突きかけていた。それでもワシントン指揮下にいる五〇〇〇人の腹を空かせた男たちと少数の女たちは、多くが病み、裸足の者もいる中で、デラウェア川のペンシルヴェニア側に到達した。道中で彼らは、重たい木製の貨物舟を手当たり次第に奪取していた。間もなく二、三の他師団の生き残りも合流した。

風が強く、みぞれ混じりの一七七六年一二月二五日、二〇〇〇を超える兵がついにデラウェア川のニュージャージー側に戻ってきた。彼らは明け方、トレントンにいる敵に奇襲攻撃を仕掛けた。目覚ましい好転換だった。間近に迫る勝利と新しく誕生した国を讃えたエマヌエル・ロイツェの絵画『デラウェア川を渡るワシントン』には、漕ぎ舟が水平線まで届かんばかりに列をなして描かれている。一番手前の舟には、ワシントンが背筋を伸ばして決然とした表情で立っており、左脚を舳先に乗せている。棹やオールを手にした大陸軍の多民族集団は、氷の浮かぶ川に手こずっていて、空には朝の光が広がりはじめている。司令官の左腰にはサーベルが下がる。そして、右手には望遠鏡が握られている。[25]

＊　＊

一八世紀末までには、望遠鏡は戦争遂行における役割を認められていた。一流の戦術家で望遠鏡なしに敵と戦う者はいなかっただろう。標準的な型は中空の筒の両端にレンズを設置したタイプだが、筒を複数段に分けて伸縮式に改良したものは、望遠鏡の携帯性を向上させた。あるイギリスの光学機器の会社は、自社の屈折望遠鏡について、「理論に通じた最高の目利きだけではありません。海軍または陸軍での仕事柄、通常よりもその使用法に精通した方々からも称賛をいただいております」と宣伝した。[26]現代の歴史作家が過去の戦闘について描写する際には、こんな描写がちりばめられる――昔の大佐や将軍、船長、あるいは不安がる市民が、水平線上に姿を現す帆の森を望遠鏡で見て動揺したり、望遠鏡を旋回砲のように動かして風景を見渡したり、望遠鏡を覗き込んで何やらつぶやいたり、見るべきものを見たあとで望遠鏡をピシャリと短くたたんだりするのである。

最も有名なイギリスの提督、隻眼隻腕のホレーショ・ネルソンに関する嘘のような話にも、望遠鏡は重要な小道具として登場する。ナポレオンのエジプトおよびインド進出計画をくじいたばかりのネルソンは、一八〇一年のコペンハーゲン海戦に、ハイド・パーカー提督に次ぐ副司令官として加わっていた。彼らの目標は、北欧の自由貿易・自由通行同盟を解体することだった。イギリスはそれを、フランスにとって過度に有利だとみなしていたからだ。パーカーとネルソンの艦隊は、使える手はどんなものでも使って、デンマークを同盟から脱退するよう説得するために派遣されたのだった。パーカー（警告と交渉を好んだ）は艦隊をコペンハーゲンの北につけ、ネルソン（全滅と言っていいほどまでの威嚇を好んだ）の艦隊に南からの攻撃を命じた。戦闘は熾烈を極め、煙が濃く立ち込めたが、ネルソンは降参しなかった。攻撃開始から二時間後、パーカーの旗艦が砲撃中止の信号を送ったが、ネルソンは望遠鏡を見えない右目に当て、信号は見えない、とだけ告げた。用心深さにもかかわらず、パーカーは戦闘で死亡し、一方で好戦的なネルソンは勝利した。デンマークは停戦協定に署名し、英語には「turn a blind eye（黙殺する、見て見ぬふりをする）」という表現が誕生した。

ただし、持ち運び可能な地上望遠鏡は、どんなに優秀な司令官の手の中にあろうとも、それ自体では戦争に革命をもたらすことはできない。たとえばジョージ・ワシントンは望遠鏡（スパイグラス）よりもスパイを重視していた。それは、一七七九年七月一〇日に准将に宛てて書いた手紙に「夜間の一人の人間は、昼間の最良のグラスよりもきっと多くの事実を突き止めるだろう」と書いていることからもわかる。[27] 望遠鏡があれば、近くの敵軍、近くの自軍、現地の地形、現地の気象、現地の道路についての情報収集が容易になる。ある戦術を却下したり、別の戦術を採用したりする判断も容易になる。だが相変わらず、一回の戦闘に勝利するためには、気が滅入り、多面的で、ややこしく、散漫なプロセスを経なければならないことに変わりはなかった。望遠鏡を持った司令官は、隣の丘の向こうや川の対岸に敵の先遣騎馬隊が迫っているのに気づいたら、彼らを全滅させる方法を迅速に考案できるかもしれない。だが、その命令を実行するのは尉官や兵卒たちである。もし、最も破壊力のある武器は近距離から発射した場合にしか効果がなかったり、動かせる味方の騎馬隊も不足していたりするならば、望遠鏡は戦略立案の役に立つものではほぼなく、目下の戦術にもほとんど資することはない。軍事史家マーチン・ファン・クレフェルトは、軍令の構成要素を「誰が誰に対し、いつ何をどんな方法でせよと命ずるか、それはどんな情報に基づき、どんな目的と効果を狙って下されるか」と表現したが、その観点からすると、望遠鏡が担える役割は狭い範囲でしかない。事実、傑出した戦史家や技術史家の中には、登場から一、二世紀のあいだの望遠鏡には一切の軍事的価値を認めていない学者もいる。[28]

手始めに、一七世紀と一八世紀の大半で地上の戦争がどのように遂行されたかについて考えてみてほしい。良質な情報は入手困難で、高速通信などはない。きちんとした道路も数少ない。どんな種類のものであれ、地図があることはめずらしい。ましてや田舎になれば、町や道路が正しい縮尺で描かれた地図はさらに少なくなる。地勢が描かれた地図は存在しない。外国の領土の住民、風習、特徴についてのおおまかな情報は、少数の本や新聞、当てにならない国勢調査のほか、巡礼者や商人や外交官による報告が元になったが、より戦術にかかわる情報となると、兵士兼スパイの活動や、あるいは脱走兵、捕虜、小作農の供述から得られることもあった。スパイは、たとえば肉体労働者や使用人を偽装し、カブや織物を売る小作農にまぎれて敵の野営地に潜入するのだ。小作農を使える者のままにしておくために、家族を人質に取ることもあった[29]。司令官自身が監視して得た情報を除けば、ほとんどの情報が行き来する速さは、最速の馬の走りよりも速くはならない。それは司令官が下す命令も同じだ。最新情報に基づいた迅速な決断などというものは存在せず、急場しのぎの命令は、たとえ発令されたとしても、実行される見込みはない。ほとんどの命令は書面ではなく口頭で出された。とはいえ司令官は事前に王に報告書を送り、指示が返ってくるまで数週間待たねばならなかった可能性もある。

　軍隊が行軍中であろうと城塞を包囲中であろうと、司令官にとって一番大きな頭痛の種は、兵士たちの活動を維持するのに十分なパンとビールと肉を確保すること、抱える多数の傭兵に給料と住まいを提供すること、馬にしっかり餌と水をやりつづけること、そして十分な武器と弾薬を手に入れることであった。地元住民に対する略奪や実際の戦闘をおこなっているときを除けば、兵士たちの日課には、マウリッツ公による軍事革命のおかげで、教練や行進、溝掘りが加わった。ファン・クレフェルトがこの時代の状況を簡潔に表現している。「一八世紀に入ってかなり経つまで、戦闘と戦争はほとんど同じものだった（……）戦闘から離れたときの戦争は、大規模な強盗行為を伴う乱暴な形態の旅行のようなものとほとんど区別がつかなかった」[30]

携帯できる小火器は、武器としては比較的新しかった。野戦一回に対して、城塞の包囲戦は三回ないし四回の割合で起こっていた。城塞の壁には、砲架に乗った攻城砲から重い鉄の弾が発射された。[31] 数千、ときには数万の兵士が叫びながら大慌てで隊形を崩したり組み直したりし、小火器や大砲の音が鳴り響き、爆発した火薬の煙が立ち込め、攻城塔が炎上し、焼夷弾が胸壁を越えて投げ込まれるような状況では、たとえ一級品の望遠鏡があったとしても結果に与える影響はわずかだっただろう。

海では、望遠鏡はもっと役に立つことが多かった。全天候型の海上貿易は一四世紀からヨーロッパじゅうに広まったが、武力的な防御手段が船に搭載されているか、あるいは護衛船と一緒でなければ、荷物を積んだ商船や輸送船団が無傷のまま目的地に到着するのは期待できなかった。コーヒー、金、香辛料、砂糖、奴隷、タバコ、茶、織物への憧れが募り、税収も積み上がるほど、長距離の航海は増えていった。ほとんどの海戦が近接戦であり沿岸でおこなわれていた時代に、完全武装の大型軍艦が登場し、一〇〇門以上の巨大な砲から弾を発射するようになった。船舶は木製だったので、城塞よりも衝突や火炎には弱かった。危険と隣り合わせであることと、大型船による輸送船団にとって隠れ場所は余計に少ないことから、望遠鏡は地上よりも便利になりえた――指揮官が幸運にも、霧、煙、火災、集中砲火、騒動の中に突破口を見出せれば、の話だが。

＊　＊

戦闘における有効性については最初の一世紀半のうちに多くの限界をさらけ出したとはいえ、それでも望遠鏡は、ある程度の偵察を可能にし、軍事的な優位性を約束するものではあった。発明家たちはとうてい、ここで見切りをつけるつもりはなかった。

一八世紀末の高性能の望遠鏡と、読み取りやすい視覚要素に基づいた信号システム、情報量の多い記号体系、そして国土に張り巡らされた中継局を組み合わせれば、「視覚通信」ができあがる。これは目覚ましく便利な軍事上の新発明であり、一九世紀初頭には先進的な通信技術だった。一九世紀半ばに電気通信に取って代わられたことは気にしてはいけない。絶滅する前は、地域版の視覚通信（空中通信と呼ばれることもあった）がストックホルムやシドニーにも、キュラソー島やクリミア半島にも構築されていた。これを使って、株価情報でライバルを出し抜く銀行家もいた。だが本来は提督や将校のための発明だったのだ。

緊急のメッセージを遠くまで送るのに、馬に乗った運搬人や走者によるリレー方式で伝えるのは、昔からの由緒ある通信手段だった。たとえば二五〇〇年前、ダレイオス一世（アケメネス朝ペルシャの王）は、声が遠くまで届く男たちを並べて中継させた。ほかにも多様な視覚的または音響的な仕掛けを使えば、時間や空間の限界を超えてメッセージを伝えることができる。かがり火、煙、松明。旗、鏡、磨いた盾。喇叭（らっぱ）、太鼓、角笛、法螺貝。特に松明を使った暗号のように、事前に決めておいた非常にシンプルな視覚符号は、戦争時の非常事態への備えとして、同じく二五〇〇年ほど昔から最もよく使われてきた。紀元前二世紀のギリシアの歴史家ポリュビオスの『歴史』には、「誰にとっても明白なのは、とりわけ戦時には、何事においても適時に行動する能力が事業の成功を大きく左右することである。その助けになる手立てとして、火信号は最も有効である」とある。ただし、それには欠点がある。

起こりうると事前に予想しえない事柄について、あらかじめ合意を取っておくことは不可能である。これは致命的な問題である。どこにどれだけの敵が到来したかが伝わらなければ、どうして援軍の送り方について考えられるだろうか？　同盟国からどれだけの船や穀物が到着したかが伝わらなければ、喜ぶべきかその逆か、そもそも何事かを思うことができるだろうか？[32]

明らかに次に必要なステップは、重要なメッセージの要点を伝えられるような、はるかに強力で柔軟な視覚符号を開発することである、とポリュビオスは言っている。当時の偉大な思想家たちにとってはアルファベットに基づいた記号体系が自明な選択であったが、松明を使って伝えることに変わりはなかった。遠くで信号として燃やされる火を見るのに一番いい方法は何か？　当時はまだ空っぽの筒を覗くことだった。

それから二〇〇〇年後、遠くを見るための筒の中にレンズが入れられるようになってからまだ一世紀も経たないころのこと。ケンブリッジ大学トリニティ・カレッジの学寮長になる直前のジョン・ウィルキンズが『メルクリウス、または素早い秘密の伝令。遠くの友人にいかに秘密を守ったまま速く思考を伝えるかについて』と題した論文を出版した（一六四一年）。そこには、符号化のしかた、および符号化されたメッセージを巧妙に暗号化して松明信号で伝える方法が説明されている。それから半世紀未満の一六八四年、「思考を長距離で伝える方法について」と題した王立協会での講義で、才気あふれるロバート・フックが、古代式の視覚通信と最新式の望遠鏡を組み合わせ、それに架け替え可能な表示板を融合させたシステムを提案した。

フックの概説によれば、システムは多数の信号基地からなる。それぞれの基地は、典型的なイギリスの朝霧で視界が遮られるところよりも上になるように、標高が高く隔絶した場所に置かれ、望遠鏡が備え付けられる。これを使って、「任意の高く突出した場所から、五〇または六〇キロメートルの距離ではあるが、視界内にある別の任意の場所まで情報を送る。それも、送信した内容を書き留めるのに要する程度の短い時間で」。フックは「Cruptography」（cryptography つまり暗号法のこと）にさえ言及している。このシステムは、今でいう制御コードに加え、二四種類の記号を用いる。記号は軽い木材でできた大きなもので、高く立てた柱のてっぺんに、滑車を使って矢継ぎ早に掲げられる。[33]

一八世紀も終わりに近づくころ、最新の望遠鏡で得られる像の質が向上したこともあって、発明家たちがおこなう長距離通信の実験にも拍車がかかった。彼らはコミュニケーションの同調を図るのに鍋を叩いたり、両面を白黒に塗り分けた大きな平面を裏返したりした。煙や火、振り子、シャッター、風車、同期させた時計、引き戸なども試した。そんな発明家の中に、フランスの男爵の後裔で一七八九年終盤にフランス革命のせいで職を失ったシャップ五兄弟がいた。一七九二年三月二四日、聖職者で物理愛好家でもあり、兄弟のうちで最も研究熱心で粘り強かったクロード・シャップが、フランス立法議会で演説した。兄弟が開発した視覚通信「タキグラフ」の公式なデモンストレーションに政府の支援が得られるよう狙ってのことだった。[34]

私が立法議会へ参ったわけは、これからご提案差し上げる発明が、公共の役に立つと信ずるからであります。(……)私は二〇分以内に、一三キロから一六キロメートル離れたところへ、次の、あるいは同等の文言を伝えることができます。「ルキネーはモンスの町を包囲しに向かった。ベンダーは防御のために進軍している。二人の将軍が会する。明日は戦闘が始まるだろう」。同じ文言は二四分あれば前述の二倍の距離を伝わります。三三分あれば八〇キロメートルをカバーします。[35]

この提案が一連の委員会で棚上げされているあいだに、フランスでは共和制が宣言され、ルイ一六世は首をはねられ、共和国は君主制を続ける周辺国に宣戦布告した。シャップの実験設備は、国家の敵と接触するために使うのだろうと疑念を抱いた市民によって二度も破壊された。だがついに、成功のときがやってきた。一七九三年七月一二日(医師、ジャーナリスト、過激な革命家で声高なギロチン推進派だったジャン゠ポール・マラーが、バスタブの中で刺殺される前日)、クロード・シャップは、立法議会議員らが見守る中、パリ近郊の塔より二文からなるメッセージを送信した。一一分後、兄弟の一人が、二五キロメートル離れた塔でそれを受信した――つまり、望遠鏡でそれを見たのだ。時間と距離に関しては、シャップ自身のもともとの見積もりを、すでに易々と上回っていた。七月二六日（弁護士、哲学者で過激な革命家だったロベスピエールが、強大な権力を持つ公安委員会に選出される前日）、シャップは軍の階級と通信技師の称号を与えられた。八月四日、公安委員会によって、パリとフランス北部の都市リールを結ぶ二〇〇キロの通信網の建設が命じられた。プロジェクトは戦争大臣の管轄下に置かれた。

全部で一八か所の高い塔が建てられることになっていた。符号の伝え方はこうだ。柱のてっぺんに可動式の長い棒が取り付けられていて、その長い棒の両端にはそれぞれ蝶番で短い棒が付いている。これら三つの棒は、ワイヤや滑車、竿で素早く動かすことができる。三つの棒がつくる形で九八種類の信号を表すことができ、うち六種類は特別な指示のために取っておかれた。残りの九二種類の信号は、二つ一組でメッセージになる。一つ目の信号は、望遠鏡を覗く信号手にコードブックのページ数を指定するものだ。一ページにつき九二個の単語またはフレーズが並んでいる。二つ目の信号は、そのページに記載された何番目の語句を読めばいいかを示すものだ。つまりメッセージの部品が全部で八五〇〇個近くあることになる。[36]

熱狂が駆けめぐった。一七九七年版の『ブリタニカ百科事典』はこの通信のことを、平和をもたらす者として紹介した。「遠く離れた国々の首都が（通信用の）柱の連鎖で一つにつながり、現在は数か月ないし数年を要する紛争調停も数時間のうちに達成しうる」。ナポレオンも、この視覚通信を全面的に受け入れた。彼は何事も即座に済ませたがり、一度にあらゆる場所にいたい男である。郵便サービスでは、せいぜいユリウス・カエサルの時代の二倍程度の速さでしか情報は伝わらない、とナポレオンは考えた。あるフランス史家が言うように、「どんなに速くても、馬に乗った騎手や風に乗って帆走する船よりも速い通信はできなかった」[37]。それに、ナポレオンの要求水準からすると遅すぎるというだけではない。ネルソン提督のような者が郵便物を押収するせいで、手紙を送っても届く保証はどこにもなかったのだ。だが視覚通信なら、即時性も、盗み見される心配がないことも約束されていた。

できるだけ早く、そして遠くまで広めなければならなかったニュース速報の一つは、フランス革命暦八年ブリュメール一八日（一七九九年一一月九日）のクーデターだ。公式のレターヘッド付きの、流れるような筆跡で書かれた一通の至急報が現存する。「ナポレオンがパリ司令官に指名される。すべてが平穏無事だ[38]」。レターヘッドそのものも見る価値がある。ピラミッド状に積み上げられた石の上にシャップの信号棒がそびえ、下には伝令神メルクリウスがひざまずいたまま、ウェルギリウスの『アエネーイス』の一節を彫り終えようとしているという図柄だ。HIS EGO NEC METAS RERUM NEC TEMPORA PONO. これにあと数語加えると有名な引用句（神々の王ユピテルの言葉である）になり、シャップやナポレオンが目指していたものの要約になる。「そこには物事や時間に境界を設けない。終わりのない帝国を授けよう[39]」

最初の実用的な遠距離通信システム。最初の全国規模のデータネットワーク。あるいは、最初のインターネット。視覚通信はこれまでそのように呼ばれ、クロード・シャップ自身も最初の遠距離通信王と呼ばれてきた。だが一八世紀終盤には、皆がお気に入りの実験対象は電気に変わっていた。人気加熱の一端は、国際的に広く読まれたベンジャミン・フランクリンの一七五一年の論文『電気の実験と観察』が担った。そして一八三〇年代には、発明家たちはすでに電気通信の実験を始めていた。ぐずぐずしていられないとばかりに、フランスは一八四〇年代には視覚通信のシステムを電気通信のシステムに置き換えはじめた。一八五五年の九月上旬、クリミア戦争のさなか、セヴァストポリ陥落の知らせがシャップの通信網に乗ってやってきた。それから間もなく、視覚通信網は沈黙した。

＊　＊

だが、視覚通信のアイデアそのものはまだ廃(すた)れていなかった。戦場全体を把握したり、敵の接近を監視したり、敵軍から間一髪逃れたりするのには、まだ有用だった。ただしそれは、以下の条件が満たされている場合にかぎっての話だ。ローテクで携帯可能なものを使うシステムであること。信号手が受信者から見える範囲にいること。信号が戦場の煙にかき消されないこと。天候が味方すること。自分たちと同様のシステムを敵方が持たず、自分たちが送り合う符号の意味を敵方に解読されないこと。選抜条件が多すぎるように思えるかもしれないが、アメリカの南北戦争の際には、これらすべて、またはほとんどの条件を満たすような状況はいくつかあった。実際に、通信隊士官らが見張りに立って望遠鏡を覗き、そのそばに立つ信号旗手が将校の警告や要求を伝達することで、戦闘の趨勢を左右したのだ。

一八六二年の時点で、アメリカには軍の通信を担う組織が三つ存在した。一つ目は、陸軍軍医アルバート・J・マイアーが組織したもの。二つ目は、ウェストポイントの陸軍士官学校の卒業生エドワード・ポーター・アレクサンダーが組織したもの。三つ目は、戦時の臨時措置として組織された連邦陸軍電信隊であり、これはおもに民間のプロの通信士と、民間企業が所有する電信網に頼っていた。[40] 複数の組織が存在したことによる結果として発生したものは、縄張り争い、板ばさみ、不信、スパイだった。

北部出身のマイアーは時代の申し子だった。ニューヨーク州電信会社で働いた経験から、この電気を使った新技術だけでなく、符号化の基礎的な概念にも精通していた。彼はまた、一般的な電信コードを手話に応用してもいた。二進コードで一文字ずつ語をつづり、手近な表面を指で叩いて伝えるのである。彼は陸軍に入ると、再び電信コードの応用を考案した。一人の旗手が一つの旗で各文字を伝達し、遠くにいる者が望遠鏡を使ってそれを観測するという方法である。

一八五六年、マイアーは考案したシステムを、南部ミシシッピ州が地元の陸軍長官ジェファーソン・デイヴィスに売り込んだものの、このときはあまり相手にされなかった。数年後、後任の陸軍長官と、別の南部出身者であるロバート・E・リー率いる委員会は、マイアーに人員を提供して発明の試験をさせることにした。アシスタントとして駆り出された中でもっとも勤勉だったのは、三人目の南部出身者、ジョージア州生まれの陸軍少尉エドワード・ポーター・アレクサンダーだった。試験は思いのほかうまくいき、一八六〇年の春、マイアーは議会によって初のアメリカ陸軍信号士官長に任命された。

一八六〇年の末、アメリカの西方拡大に抵抗するナバホ族の鎮圧を支援するためにニューメキシコへ派遣されたマイアーは、信号旗手らとともに偵察と通信に従事した。技術革新のせいで先住民が追いやられることになったのは、これが初めてではない。

それから間もなく、南部一一州が連邦を脱退し、南北戦争が始まった。一八六一年二月、ジェファーソン・デイヴィスが、新しく誕生したアメリカ連合国（南部連合）の暫定大統領に就任した。四月、連合国軍がサムター要塞を砲撃。五月、マイアーは東部戦線への異動を命じられ、六月、連邦軍（北軍）の信号士官と信号旗手の訓練を開始した。七月、第一次ブルランの戦いでは──このころ、マイアーら第二六ペンシルヴェニア歩兵連隊の隊員二〇人は、木にからまりながら偵察気球を上げていた──マイアーのかつての助手、今や連合軍の大尉となったエドワード・アレクサンダーが、自身の望遠鏡とマイアーの符号を見事に使い、北軍の接近を味方に予告した。[41]八月、マイアーがポトマック軍の信号士官長に就任。それから一年も経たないうちに、連合国議会は本格的な通信隊の創設を決議し、さらに一年後には連邦議会でも同様の決定がおこなわれた。

マイアーの方式はシャップのものよりも単純であり、伝達も遅かった。より重要な違いは、前者は完全に移動可能であるために、戦場への伝達と戦場からの伝達の両方に使えたことである。[42]加えて、安価で柔軟なシステムでもあった。ただし、伝達に関わる全員が同じやり方を共有している必要がある。そのためには共通の教科書が必要だ。一八六四年のはじめにマイアーは、その後何度も改定されることになる教科書の初版を刊行した。内容からは当て推量の余地が極力排除された。双眼鏡を覗くときには両手で持つこと、という指示まで書かれていたのである。[43]

マイアーの信号旗手はウィグワガーと呼ばれ、丘の頂上、塔、一本だけぽつんと生えた木の上、船のマストの先など、見晴らしのよい場所に陣取る。旗竿に付けた大きな旗を持ち、垂直に揚げた姿勢が初期状態となる。旗を素早く右に振り下ろすと信号「1」、垂直から素早く左に振り下ろすと信号「2」を表し、最大で四回旗を振ったときの「1」と「2」の組み合わせで全アルファベットを表現する。旗を前に一回振り下ろすと単語の終わりという意味になり、二回では文の終わり、三回ではメッセージの終わりを意味する。[44] 旗の色には白、赤、黒が使われ、中心部と周囲は対照的な別の色で塗り分けられる。旗を振るウィグワグ信号は昼間におこなわれるものだったが、どの色の旗を使うかは、旗の動きが見やすくなるように環境によって選択される。

見張人は信号旗手の上官が務め、八キロ以内の信号を読み取るには双眼鏡を、それより遠くの信号には携帯型の望遠鏡を使った。敵から発見されないように、通信隊が使う標準の伸縮式望遠鏡には迷彩が施されていた。マイアーはその接合部が四つある望遠鏡を「輝いて敵の注目を引かないような、そして光って見張人の視界の邪魔にならないような、ブロンズ仕上げの黒色である」と表現している。[45] ときには一人の士官が信号旗手と見張人を兼ねることもあった。またときには旗がなく望遠鏡だけを持つことが大きな利点になることもあった。それは、敵に監視されずに敵を監視できるということである。敵の目から十分に隠れた信号基地では、信号旗手がまったく旗を揚げずに、見張人が望遠鏡で敵の動きを監視することがあった。なぜなら、旗を振ることで基地の場所を敵に知らせてしまうおそれがあり、そうなれば利点が失われるからだ。

マイアーは、望遠鏡の貴重さをこの上なくはっきりと表現している。

望遠鏡は決して敵の手に渡してはならない。危険の多い信号基地では、士官らは使用中でない望遠鏡を隠しておくべきである。用心のために隠蔽する際には、対物レンズまたは望遠鏡の先端部分を分離し、それ以外の本体とは別の場所に隠すべきである。望遠鏡の一部またはレンズ一枚は非常に小さな物体なので、発見される可能性はまずないだろう。もし士官が捕虜にされる危機に瀕し、望遠鏡を隠す手立てがない場合には、敵の手に渡る前に粉砕するか、使用不可能な状態にしなければならない。[46]

北軍と南軍は、双方とも同じ基本的な二進コードによる信号システムを用いていた。そのためどちらの陣営も、さらなる暗号化が施してあった場合でさえ多少は敵方のメッセージを読み解くことができた。通信隊の任務は多くの批判を浴びたにもかかわらず、得られる勲章は少なく、死の危険は不釣り合いなほど高かった。[47] それでも両軍の信号旗手や暗号技士は並外れた創意工夫と不屈の精神を見せた。また、樹木やクーポラ（円頂塔）、あるいは高所をつくりだすためにわざわざ建てられた三〇メートルの塔に登る士官たちがいなければ、違う結果になった戦闘もあっただろう。[48]

ゲティスバーグの戦いがそうだった。ペンシルヴェニア州南部が戦場となり、一八六三年七月一日から三日までのあいだに約五万人の兵士が命を落とした戦いである。六月末までに一二人の信号士官がメリーランド・ペンシルヴェニア州境付近に配置され、連合国・北ヴァージニア軍の進軍を待ち構えた。リー将軍のほぼ全戦力である北ヴァージニア軍がゲティスバーグに集結しつつあることを、北軍は六月三〇日の朝までにははっきりと把握していた。南軍の将校たちは、そこで連邦の大軍に遭遇することになろうとは予想もしていなかった。[49]

七月一日、ゲティスバーグで尖塔から円頂塔へと移動しながら偵察していたアーロン・B・ジェロームという名の北軍の信号士官は、南軍の接近を検知したと上官の将校に知らせた。人員不足のせいで、その上官が南軍阻止のために道沿いに配置できたのは二個旅団だけだった。数時間以内にジェロームは、連合国の進軍具合の詳細を伝える信号を、近隣の丘の上にいる同僚に送った。「一個師団を超える南軍が我々の右側を迂回している。隊列は一・五キロメートル以上に伸び、進軍中であり、小競り合いが発生している。騎兵隊のほかに敵方を阻止するものはいない」[50]

その日、ゲティスバーグは南軍の手に落ちた。だが、北軍の通信隊員はどうにかリトルラウンドトップに到達した。そこは今も有名な丘で、北軍が次の二日間でここを占拠しては放棄した場所だ。七月二日の昼、再びジェローム中尉は戦いのさなかにリトルラウンドトップから司令部に宛ててメッセージを送信した。「南軍は大挙して押し寄せ、我々は歯が立たない。ラウンドトップの信号基地から西へ一・五キロメートルの森は南軍兵でいっぱいだ」[51]。いくら大軍であろうと南軍は、北軍の通信隊員から発見されるのを避けなければならなかった。北軍は猛火を浴びながらも結局、リトルラウンドトップを掌握した。マイアーのかつての弟子であり、今やゲティスバーグにおける南軍の砲兵司令官を務めるエドワード・アレクサンダー准将は、のちにこのような愚痴をこぼしている。「あの日、ラウンドトップの頂上にあったあの忌々しい信号基地のせいで、我々は二時間のうちに一個師団を失い、我々の襲撃もおそらくその程度遅れることになった」[52]

七月三日、むき出しの丘の麓から浴びせられる南軍の猛火のせいで、北軍のウィグワガーは旗を振ることが不可能になった。そのため数分おきに伝令を馬に乗せ、司令部にメッセージを伝達させた。[53]ゲティスバーグ周囲の信号基地にいた通信隊員は別のやり方で自らの決意を示した。セメタリーヒル近くに配置されていた北軍の隊に、ほかの士官や兵が信号の装備を持って逃走を強いられた中で、たった一人居残った大尉がいた。砲撃の下でもくじけず、いくつかの重要なメッセージを伝える必要を感じた彼は、自ら竿を切り出してベッドシーツを取り付け、旗の代わりにした。[54]

翌朝、南軍は撤退を開始した。彼らの作戦を阻んだ要因の一つは、ウィグワガーたちの機転だった。

＊　＊

命令系統の中で、伝達は長年の弱点だったが、マイアーと通信隊はその状況を改善させた。ただし、しばらくのあいだは。将校たちは偵察兵やスパイ、特使を使うのをやめなかった。また、情報を直接得るために、自ら望遠鏡を覗くのもやめなかった。電信が急速に改良され、ほどなくして視覚通信の需要を消し去った。だが、功績は功績として正当に評価しなければならない。マイアーのシンプルな方式は、昔からの暗号化や空中通信と、急速に製造技術が向上する望遠鏡とを混ぜ合わせてできたものだ。そのおかげで、広く分散した司令官や兵士も、脆弱なほど接近したそれらも、マイアーの信号によってつながることができ、迅速な情報交換だけでなく迅速な介入も可能になった。

南北戦争が終わり、国家安全保障の基本的な考え方が、征服することから生命と財産の保護にシフトしたのに合わせ、アメリカ陸軍通信隊――まだマイアーが運営を担っていた――は全国向けの気象情報サービスを始めた。革新的だったのは、毎日の気象速報を電報で全国に送信し各地の郵便局に掲示したことや、国際天気図を毎日提供したことである。通信隊の活動は、科学者との協働が鍵になった。マイアーの後継者が通信隊に創設した科学研究部門は、アレクサンダー・グラハム・ベルや天文学者サミュエル・ラングレーといった助言者に援助を求めたり、気象学の教科書づくりを支援したりした。戦時から平時への移行に伴って通信隊のあり方や活動が大きく姿を変えたことは、組織の適応力を表す一つの研究事例だ[55]。

南北戦争後に世界の気象予報士となっただけではない。アメリカ陸軍通信隊はほかにもさまざまな物事の立ち上げに関わっており、その多くが現在では軍事作戦にとって欠かせないものになっている。戦争写真、無線電話、航空写真偵察と航空測量、通信衛星、さらには（ウィルバー・ライトの助けを借りて）軍用機もそうだ。第一次世界大戦中、戦争写真と偵察写真を撮影する責務を負った通信隊は、海外や国内で、そして地上および空中から、何万枚もの写真と、フィルムにして何十キロメートル分もの動画を撮影した[56]。二〇世紀末までに通信隊は「銃を持ったマーベル（かつてアメリカとカナダをカバーした巨大な電話会社ネットワーク「ベル・システム」の愛称。「ベル母さん」の意）」に変わった、と通信史家ジョゼフ・W・スレイドは書いている。[57] 望遠鏡と双眼鏡、偵察機、爆弾、衛星、遠距離通信——発展する通信隊の任務には、戦争と天体物理学の交差が形となって表れている。

かつて北米に存在した電話コングロマリット、マーベルについて触れよう。第一次世界大戦中、当時の親会社AT&Tは通信隊予備役将校部に技師長を派遣していた。[58] それ以来、どんな戦争にも巨大企業は欠かせないものとなった。実のところ、戦争の構想、事前準備、遂行が巨大企業を新しく誕生させたり、利益を増大させたりしてきたのだ。現在では、そういった製造業者がいなければ標準化された装備品は手に入らず、サプライヤーなしには大量備蓄はできず、特許なしには発明も起きない。世界規模で相互依存、利益、責任のネットワークができあがっている。たった一つのサプライヤーが消え、一つの製品が入手不可能になっただけで、一つの国が麻痺したり、戦争の行方が大きく変わったりしうるのである。

＊　＊

ほかのさまざまなグローバル産業の例に漏れず、精密光学産業もまた、あちこちの勤勉で独立独歩の精神を持った個人によって始まった。たとえば、ある法廷弁護士の趣味人は、イギリス・エセックス州の個人研究室にこもって一人で作業しているときに、屈折レンズを設計する際の大原則を発見した。それは、どのようにすれば像の色にじみを最小限にできるかというものだったが、彼はそれによって名声を得ようとは思わなかった。単に自分自身の楽しみのために、難しいパズルを解きたかっただけなのだ。[59]

レンズを透過する光の屈折角は、レンズの曲率で決まる。カーブによって、光がどれくらいの距離で集束するか、または発散するかが決まるのだ。ビール腹のように真ん中を膨らませると凸レンズになり、光は焦点に集まる。一方、水をすくう手のひらのように真ん中を凹ませると凹レンズになり、光は発散する。レンズの片面を平らにし、もう片面にカーブをつけたものは、平凸レンズまたは平凹レンズと呼ばれる。両面にカーブをつけたものは両凸レンズまたは両凹レンズという。

レンズ光学における色問題は、角度のついたガラスの単純な性質に由来する。三角プリズムは白色光を、構成する色ごとに分散するようにできている。プリズムから出ていく光は、色ごとに少しずつ違った出射角を持つからだ。望遠鏡に欠かせない両凸レンズは、二つのプリズムを底面で貼り合わせたものと大きく違わない。もちろん純粋に二つのプリズムをくっつけた場合に生み出されるような極端な現象は起こらないが、両凸レンズは色ごとに焦点距離が異なるため、補正レンズを組み合わせないかぎり、色収差という望ましくない現象が起こる。両凸レンズを厚くすれば望遠鏡の筒を短くできるが、像に色ズレができる問題はより深刻になる。鏡を組み合わせてできる反射望遠鏡では、この問題は起こらない。屈折角とは違い、反射角はどの色の光も同じだからだ。

色問題の解決への道のりは一七五八年に始まる。この年、二つの出来事が起こった。一つ目は、ロンドンに拠点を置く元絹織物業者で、数学に傾倒したジョン・ドロンドが、学術誌『フィロソフィカル・トランザクションズ』に論文を発表したことだ。その中で彼は、屈折率や色分散の異なる二種類のレンズ——クラウンガラスとフリントガラス——を組み合わせて、異なる屈折性質を生み出す実験について記述している。二つ目は、ジョン・ドロンドが自身の発明をアクロマティック(色消し)レンズと名付け、イギリス特許を申請したことである。「本発明は、光によって異なる屈折性およびガラス曲面によって生じる誤差を完璧に補正する」[60]

本来なら、この特許権（有効期限はたったの一四年しかない）は法廷弁護士チェスター・ムーア・ホールのものであるべきだった。だが彼は特許を求めず、ドロンドは求めたということにすぎない。次の一〇年間のうちに、ジョン・ドロンドの息子ピーターは、三枚目のレンズを追加し、まだ残っていた色収差まで消し去る完璧なサンドイッチを発明した。これにより、くっきりとした像を得るのに長さ一五メートルにもなる望遠鏡をつくらずにすむようになったのだ。すぐにイギリス海軍の水兵たちは望遠鏡のことを「ドロンド」と呼ぶようになり[61]、ドロンドによる「ドロンド」の後継品は軍人たちの標準装備になった。J・ドロンド&サンや、その後のP&J・ドロンド・インストゥルメント・メーカーズは、一八世紀の大半や一九世紀の大部分における最重要の精密光学機器サプライヤーだった。この二社がなければ、ジョージ・ワシントンもナポレオンも（それだけでなく、キャプテン・クックもフリードリヒ大王も、何人ものイギリス王もヴォルフガング・モーツァルトの父も、その他数え切れない偉人たちも）命を落としていただろう。

だがドロンドもイギリスも、有利な地歩を占めたまま挑戦を受けずにいられたわけではない。

三〇歳の科学技術者で光学者、カール・フリードリヒ・ツァイスが一八四六年にドイツの小さな町イェーナに開いた作業場は間もなく、光学産業における独占的な企業となった。また、南北戦争の開戦間際には、アメリカのアルヴァン・クラーク&サンズがマサチューセッツに店舗を開いた。天文学熱が高まった一九世紀後半、アメリカ国内のほとんどの天体観測所は、クラーク社のすばらしい手作業によってつくられた望遠鏡を一台以上導入したうえ、同社は戦争中、アメリカ海軍に高価な望遠鏡を二〇〇台近くも販売した。[62]

高純度で透明、均一な光学ガラスは、すべての精密光学機器メーカーが必要としていた。素材のガラスを、アルヴァン・クラークのような熟練の職人が研磨する。彼は仕上げのときに、不完全な柔布を使わず、素の親指を使っていたという。[63]

エジプトのファラオと同じくらい古くからある素材であるガラスは、ほとんどの場合、溶融した砂からつくられる。それをガラスにするには、結晶化しないようなやり方で冷却する。だが、光学ガラスは瓶やビーズに使われるガラスとは比べ物にならない。ファラオの作業場ではとうてい製造不可能な代物だ。窓ガラスの製造者が製作を試みた例はあったとはいえ、ファラオ以降何世紀ものあいだ、光学ガラスは片手間につくれるものではなかった。第一次世界大戦の末期にアメリカの天体物理学者ヒーバー・D・カーティスいわく、光学ガラスは「ダイヤモンドとグラファイト（黒鉛）くらい、普通のガラスとは違う物質だ[64]」（この一年後にカーティスは、ある広く知れ渡った論争に参加した。天の川銀河はこの宇宙のすべてなのかどうか、あるいは、夜空に見える渦巻星雲は天の川銀河の外にある別の銀河であり、宇宙の大きさは従来の想像よりもはるかに大きいと考えるべきなのかどうかを巡る議論だった）。

高品質の光学ガラスをつくるには、大量の燃料と、精密な制御ができる溶鉱炉が必要になる。赤熱して溶けたガラスはよくかき混ぜられなければならず、るつぼの中で汚染されてもいけない。不純物を取り除くために、適切な融剤（フラックス）も必要だ。冷却中は、泡や裂け目、ひずみ、曇りができるのを避けなければならない。もし光のスペクトルの位置によって異なる屈折効果を持たせたいのなら、鉛、バリウム、ホウ素、ナトリウム、銀、ウラン、水銀、ヒ素などの物質を添加する。そして何よりも、光学ガラスは完全に透明、均一でなければならない[65]。

まともな大きさの精密光学ガラスは、一九世紀に入ってしばらく経つまでは入手困難であり、光学機器製造者は高い代償を払ってそれを手に入れた[66]。ドロンドは優れた天体望遠鏡の完成を約束するレンズの設計を思いついたとはいえ、その約束は往々にして果たされないものであった。設計はレシピでしかない。実際にアボカドがなければグアカモーレ（潰したアボカドにトマト、玉ねぎ、香辛料などを加えたメキシコ料理のソース）はつくれない。

何十年ものあいだ、ヨーロッパで光学ガラスに期待された要求を満たしていたのは、イングランド、バーミンガムのチャンス・ブラザーズと、パリのパラ・マントワの二社だけだった。一八八〇年代の初めごろ、スポットライトがドイツのイェーナに向けられた。そこでは、大学で鍛えられた二人の科学者とカール・ツァイスによる伝説的な産業コラボレーションが結成されたのだ。二人のうちの年長者は物理学者エルンスト・アッベである。彼は参画以前に、光学に対して数学的に大きな貢献をしていた。たとえば、望遠鏡または顕微鏡の分解能には装置の大きさと光の波長による限界があることを明らかにしている。また彼はすでに、先進的な顕微鏡の製造でツァイスと協力したことがあった。もう一人の科学者は若き博士号持ちの化学者オットー・ショットである。彼の学位論文のテーマはガラスの製造についてだった。もはや職人の試行錯誤でどうにかなる時代は終わった。見習いといえども学術的な背景が必要で、ツァイス本人も可能なときには大学の講義を聴講していた。

三人は、カール・ツァイスのすでに堂々たる光学機器製造所をさらに発展させたうえ、「ショット協同ガラス工業研究所」も立ち上げた。一八八八年のツァイスの死から間もなく、アッベはカール・ツァイス財団を創設。現在、カール・ツァイス社とショット社はその傘下にある。カール・ツァイス社は、ニューヨーク市のヘイデン・プラネタリウムの床下からせり上がってくる最高の投影機ツァイス・マークⅨの製造者だ。[67] ツァイスやショットの会社が成し遂げた初期の成果には、低膨張ホウケイ酸ガラス（一般的にパイレックスと呼ばれる）、アポクロマティックレンズ（アクロマティックレンズを大きく進歩させたもの。全波長の光が同一面上に焦点を結ぶ）、大量生産されたプリズム双眼鏡などがある。第一次世界大戦の直前には、ツァイス社はほとんどの「光学軍用品」つまり双眼鏡、距離測定器、パノラマ式の照準器、潜水艦の潜望鏡といった、一人で監視や観測をおこなうための装置のサプライヤーとして贔屓にされるようになっていた。[68] ツァイス社は一方で非軍事的な精密機器も製造していた。新世代の大型屈折望遠鏡は天文学者に、カメラは写真家に、顕微鏡はあらゆる人々に求められた。一九一四年六月にはイェーナで操業するツァイス社の多数の部門が合わせて五〇〇〇人以上を雇用した[69]（ところで、一九四五年六月にはアメリカの占領軍が、ドイツの東側に位置するイェーナから南西部のオーバーコッヘンにツァイス社の科学者と経営者七七人を移転させ、そこで同社の子会社を立ち上げさせている。一九五三年には冷戦時代らしい政治介入があった。東ドイツ政府が東西の子会社同士の連携を断ったのだ。一九九一年、ドイツ統一から間もなくしてツァイス社も再統合された[70]。

ツァイス、アッベ、ショットの三人は数々の進歩をもたらしたものの、光学ガラスの大きさという点ではまだ課題が残っていた。反射望遠鏡の鏡に使われるカーブした金属表面は、完璧な形に仕上げるのが難しかった。だから、屈折望遠鏡に使えるような、より大きなガラスレンズを求めていた一九世紀の人々にとっては、アルヴァンの存在は天恵だった。だがガラスレンズにも固有の問題があった。まず、職人の手作業では大量生産が難しいこと。それに、精密光学ガラスの慢性的な不足状況が望遠鏡の光学性能の向上を妨げることだ。そして何よりも、大きくて重みのあるガラスレンズを望遠鏡の中に設置するには、レンズの周囲だけを使って固定しなければならないため、そのことが重大な技術的課題になっていた。

天体物理学者にとっては幸運なことに、よりよい解決策の種はすでにできていた。一八三五年にドイツの化学者ユストゥス・フォン・リービッヒが開発した、ガラスに銀をめっきして鏡をつくる方法である。磨いたガラスの片面に銀の薄膜を吹き付けてつくった鏡は、美しい像を映すので、中産階級家庭の調度品として広く普及した。二〇年後、ジャン・ベルナール・レオン・フーコー（「フーコーの振り子」でおなじみ）はパリ天文台の光学者との共同研究で、新たな工程を追加してこのテクニックを改善させた。局所的に再研磨することで形状の誤差を取り除くのである。これによってフーコーはかつてない大きさの反射望遠鏡を製作することが可能になり、ついには口径八〇センチの望遠鏡が一八六四年、マルセイユ天文台に導入されるに至った。[71]

現在、世界最大級の望遠鏡はどれも反射型であり、それらはいずれも、磨いたガラス表面に金属薄膜を真空蒸着させてつくった鏡を用いている。現存する最大の屈折望遠鏡の場合、レンズの直径は一メートルほどだが、最大の反射望遠鏡に使われている鏡は直径一〇メートルを超え、現在建設中の反射望遠鏡の中には四〇メートル近くになるものもある。鏡の大きさを制限するものはないと言ってよい。鏡は後ろから支えることができるからだ。結果的に一九世紀の終わりごろからは、天体物理学者の好みは反射望遠鏡のほうに向かったのである。

＊　＊

一方、軍は別の答えに行き着いた。精密な光学ガラスが手に入りにくいことに関しては、一九世紀のほぼ全体を通して、指揮官も砲兵も天文学者に比べるとまったくと言っていいほど気に病まなかった。一・五キロ以上離れた標的を実質的に狙えるライフルは市場に出回っていなかった。[72] 射撃手は銃身に装着された着弾標定鏡を頼らなかった。南北戦争では、大砲は大雑把に敵が見える方向に至近距離から放つものだった。北軍も南軍も、相手との距離をアルコール水準器と測鉛線を使いながらもっぱら目視で推測し、弾幕を浴びせることで敵を圧倒しようとした。「射撃手は急いで照準を合わせると銃を連射し、どこかの急所に当たることを信じるのだ」。陸軍中佐F・E・ライトは一九二一年、アメリカ陸軍武器廠のために作成された歴史概説の中でそう書いている。

一九一四年までには、光学軍用品を装備した射撃手は、地図上で位置を算定した四五キロ先にいる見えない敵を攻撃することができるようになっていた。視覚補助器具はすでに不可欠だった。それを持たない射撃手は、「敵の前ではほとんど無力だ。正しく狙いを定めることはできず（……）ほとんど当てずっぽうに撃つことになる」と中佐は言う。光学ガラスの製造業者は「とりわけ重要な産業」になった。[73] 一九一九年に書かれたヒーバー・カーティスの主張も、同様に力がこもっている。「我々に求められていることが平和から現代的な科学戦争を遂行できる国家へと変わりゆく中で、光学ガラスも、単なる天文台や実験室にとっての必需品から、高性能爆薬と同じくらい欠かせない要素へと変化した」。あるいは経済史家スティーヴン・サンブルックの言葉を借りれば、「ガラスなくして砲撃なし」であった。[74]

それならば、と思うかもしれない。産業基盤があって戦争が習い性となっている西洋の国民国家は、第一次世界大戦開戦までに、どの国も独自の光学ガラスや光学軍用品を製造するために資金を提供して工場を建て、原材料や燃料、最終製品を備蓄し、スキルを持った労働力を確保し、光学機器を陸海軍に安定的に供給することを保証させる契約を結んでいたのだろう、と。だが実際はそうではなかった。

とりわけ大きな失敗は、英米が光学ガラスの大部分をたった一つの工場に大きく依存していたことである。まさにその工場であるショット協同ガラス工業研究所は、間もなく敵国になるドイツの領土にすっぽり収まっていた。[75] ショット社の光学ガラスの輸入量はイギリスが第一位、アメリカが第二位だった。[76] そのうえ、ショット社の製造工程の詳細は企業秘密だった。戦争が多発する中、有識者からの警告があったにもかかわらず、[77] 西洋の大国は――それらの王や議会は過去四世紀ものあいだ、年間予算の三〇パーセントや五〇パーセント、ときには七〇パーセントを軍事費に費やしていた[78]――戦時中でも地元での生産を確保するための十分な関心と資金を振り向けなかった。

危機の到来は避けようがなかった。

突然、各国は大慌てで切迫した需要を満たさなければならなくなった。光学製品だけではない。写真現像液、医薬品、合成染料、高性能弾薬もそうだ。それらの大部分は、今まではドイツから関税なしで輸入していたものである。輸入停止は唯一の問題ではなかった。爆弾、大量の真空管、伝書鳩、アンモニア、パイロット服、かつてない数量の航空機エンジン、航空機本体――大規模な軍隊とともに、戦争に必要なこれらの品を製造する新しい産業、新しい素材、新しい業務を、ほぼ一からつくりださなければならなくなったのだ。一九〇三年から一九一六年までのあいだにアメリカで製造された航空機はたったの一〇〇〇機、しかもどれ一つとして戦闘用ではない。ところが一九一七年五月下旬、アメリカ政府は一か月に二〇〇〇機の航空機と四〇〇〇台のエンジンを生産し、一年で五〇〇〇人のパイロットと五万人の整備士を用意するよう要求された。[79] 光学ガラスや光学軍用品を即座に用意すべしとの要求も似たような水準に達した。これを解決するには、実業家、科学者、外交官、特許弁護士、軍幹部、調達将校、工場労働者が徹底的に協力し合うしかなかった。

イギリスに関して言えば、戦前の軍需は国内にある繁栄した製造業者数社でまかなうことができていた。イギリス海軍は一八九〇年代から国内の精密光学機器メーカーのパトロンになり、一〇年以内に陸軍がその役割を引き継いだ。一八八八年に工学教授と物理学教授の気楽な共同研究から始まったバー&ストラウドは、一八九七年の時点で世界唯一の測距儀の製造業者となった。同社はすぐに測距儀をドイツ以外の主要ヨーロッパ諸国や日本に供給するようになった。一九〇三年から一九一四年までのあいだに同社は海外契約から七五万ポンド、イギリス海軍および陸軍省との契約から四五万ポンドを稼ぎ出した。[80]

だが戦争が始まると、現行のガラス供給のルートは再編成または断念せざるをえなくなった。それぞれ違った製品に特化して光学軍用品を製造していた三つのイギリス企業が、フランスから供給されるガラスにほぼ完全に依存するようになっていたからだ。元は窓ガラスメーカーだったバーミンガムのチャンス・ブラザーズは、一九〇九年にさまざまな種類の光学ガラスを製造する秘密を研究しはじめ、一九一四年の八月には月あたりの生産量が四五〇キロほどになった。十分とは程遠い量だ。陸軍省は、一年以内に月七七〇〇キロの生産を求めてきたのだから。そのうえ、原材料を輸入に頼っていたイギリスのガラスメーカーは身動きが取れなくなった。その輸入先の一つは、そう、ドイツである。

一九一五年の半ば、チャンス・ブラザーズと軍需省光学軍用品ガラス製品部(最初の部長は光学、具体的には測距儀を専攻する物理学講師にして元特許審査官という、現代の科学・軍事・産業の同盟関係を体現したような人物だった）は官民パートナーシップを結ぶことで最終合意した。[81]政府は資金提供の見返りに科学的な成果を手に入れられ、チャンス社は十分な設備と人材を維持しながら規定の要求を達成できる仕組みだ。戦後にチャンス社は軍に対する独占的サプライヤーになるが、設備は一般の民生品を製造するのに使いつづけることができた。まさにウィン・ウィンの関係だ。終戦までに同社は、七〇種類の光学ガラスを毎月一〇トン生産できるようになっていた。[82]

＊

＊

ドイツの戦前から戦後への道のりはより劇的だった。第一次世界大戦前のドイツは、上質のガラスや光学機器だけでなく、鉄、化学品、電気製品を送り出す恐るべき輸出国であった。綿織物と石炭のイギリスを、一八九〇年代からドイツが輸出額で急激に追い上げはじめると、イギリス人のあいだにはドイツに打ちのめされる恐怖が広がった。バー＆ストラウドが世界唯一の測距儀工場を立ち上げた一八九七年、イギリスは一四億ドルで世界最大の輸出国だった。すぐ下に一二億ドルで第二位のアメリカがいて、ドイツは引き離されて八億六五〇〇万ドルの第三位だった。だが一九一三年には、イギリスの輸出額が二倍に伸びていた一方、ドイツは三倍以上になっていた。[83]

戦争とドイツ封鎖、それに続く敗北、停戦、ヴェルサイユ条約は、頂点に向かうドイツの足を決定的に止めたはずだ。一九一九年に調印されたこの条約の下、「武器、軍用品、その他一切の軍需物資の製造、準備、備蓄、設計」に関わる企業が閉鎖されることになった。ドイツの「あらゆる種類の武器、軍用品、軍需物資」の輸出入は「厳格に禁止」された。許される一定数量を除き、すべてのドイツの武器、軍用品、軍需物資は、「目標を定める装置」やさまざまな銃の「構成部品」(どちらも得意分野の光学製品だ)を含め、速やかに「連盟および連合国政府に引き渡し、破壊または使用不可能にすること」とされた。[84]

ところで、「軍需物資」とは何だろうか? 条約に基づき武装解除の調査・監視を担う連合国間軍事管理委員会のメンバーたちは、この疑問を抱き、夜を徹して一日中「軍需物資」をリストアップした。[85] 同委員会の武器小委員会副委員長を務めたイギリスの准将は立腹し、のちにこう書いている。

モノが定義を拒むのだ。野外炊事用具は軍需物資か? 移動野戦病院はどうか? 貨物自動車は? これらはいずれも民生利用が可能だ。いつ「鋤を鋤と呼ぶ」(ありのままを言うという意味のことわざ)べきで、いつそれを「塹壕を掘る道具」と呼ぶべきなのか? 戦争用の爆薬と「民間用」の爆薬は、どうしたら見分けがつくのか? 石切場を吹き飛ばすダイナマイトは、平時の石切職人だけでなく戦時の工兵にも有用である。(……)

我々が挙げる軍需物資の範疇は膨らみに膨らみ、印刷物にして大量のページを埋めるに至った。種や亜種が何百項目も連なった。潜望鏡から測距儀まで、「光学」軍需物資のリストだけで五二品目が並ぶ。「信号物資」にも同じくらいの数がある。どちらの場合も、双眼鏡や望遠鏡、無線装置など罪ありとして挙げられた項目の多くは、性質が間違いなく曖昧であり、戦時にも平時にも等しく利用可能なものである。[86]

J・H・モーガン准将をはじめとする監視人たちは、どの工場を閉鎖するべきかを決める作業にも苛立ちを覚えた。戦争によってフランスの産業は生産能力が大打撃を被ったが、ドイツの場合は大部分が無傷だった。七五〇〇か所以上の工業、電気、化学工場が軍需物資の生産を担っていたが、終戦によってほとんどが民生品用に「再転換」されたとドイツは主張した。条約により、ドイツには規定された一定量の武器の生産が認められなければならない。また、賠償金を支払う能力まで抑えつけてはならないという雰囲気もある。それで結局、監視人たちはこう決断した。「再転換（……）が可能な工場や作業場はすべて残す。結果としてドイツには、これまで薬莢を削っていた旋盤がすべて残されることになった」――モーガン准将は言及していないが、ツァイス社を含む、これまで潜望鏡のレンズを磨いていた研磨機も、おそらくすべて残されることになったのだろう。そのうえ、准将らは「やがて時が経つと、ドイツ政府による公式な引き渡しの際にはまったく姿を現さなかった膨大な武器の備蓄が、ドイツ全土に隠されていた」ことを発見した。[87]

つまり、中断は一時的だったと言っていいだろう。一九一三年の時点でツァイス社はドイツ有数の大企業であり、資産総額はショット社の三倍あった。この双子の会社はどちらも間違いなくトップ一〇〇社に数えられた。当時、ツァイス社は単なるドイツ企業ではなく国際的なコングロマリットだった。製品を輸出するだけでなく、海外に販売代理店のネットワークがあり、海外生産のためのライセンスを供与し（たとえばドイツ系移民がニューヨーク州北部で創業したボシュロム）、海外工場を持っていた（たとえばロンドン近郊の工場は非常に利益を上げていた）。ショット社のビジネスモデルはよりシンプルだったが、それでも第一次世界大戦前は生産したガラス製品の半分以上、光学ガラスの約四分の一を輸出していた。戦争の結果、二社の国際的なスタイルには歯止めがかけられた。たとえばツァイス社のロンドン工場は一九一八年にたったの一万ポンドで売却され、ショット社のイギリス向けの輸出の割合は戦前の五—六パーセントから一九二〇—二一年にはわずか一パーセントにまで落ち込んだ。だが一九二〇年代半ばには、条約による制限や関税引き上げにもかかわらず、ツァイス、ショットの両社はイギリス企業との取引を再開しはじめた[88]。

より重要なのは、両社がイェーナで研究開発に力を注いだことによって、すぐに光学技術の限界が押し上げられ、民生用、軍事用ともに注目の成果が上がったことだ[89]。一九二五年、ミュンヘンに世界初のプラネタリウムが開設。備え付けられた世界初の投影機を設計・製造したのはツァイス社である。一九三〇年にシカゴで開設されたアメリカ初のプラネタリウムも、投影機はツァイス社のものであった。そして一九三三年、ストックホルムからローマやモスクワまで、各地のプラネタリウムのドーム天井にツァイス社の投影機が夜空を映し、それに観客が魅了されていたころ、再び重武装したドイツが、軍縮への不満をあらわにして国際連盟から脱退した。国際連盟は、ヴェルサイユ条約によって発足した、高尚で先進的な国際機関であった。

戦時中の光学ガラス生産は、アメリカではどんな様子だったのだろうか？ 第一次世界大戦に参戦する前、アメリカは年間約五〇万ドルをかけて光学ガラスを輸入していた。[90] 主要国内メーカーのボシュロム（ツァイス社が二五パーセントの株を取得していた）は、毎月一トンの光学ガラスを生産するのがやっとだった。だが参戦に際し、連合国に一日一トンの光学ガラスを供給することがアメリカには求められた。市民は軍に双眼鏡を貸し出し、メーカーはギアを上げて増産した。[91] ここでもやはり官民パートナーシップによる構造変化が起こったが、イギリスとは違い、自発的な協力をベースにして少しずつばらばらにできあがったものではなかった。アメリカの解決法は、注意深く的を絞ったトップダウンのやり方だった。

一九一七年の晩春までに、アメリカ国防会議は、カーネギー研究所地球物理学研究室でケイ酸塩を研究する科学者たち（無水ケイ酸あるいはシリカは砂の主要成分であり、ガラスの主要成分だ）を国内各地のガラス工場に派遣した。アメリカ陸軍武器科は任務に当たる科学者F・E・ライトを陸軍中佐にした。のちにライトが言うように、結果として陸軍は「最終審裁判所」として働き、戦時下では「便利なてこ」になった。つまり、陸軍が場を取り仕切り、科学者たちが従い、工場が可能なかぎり生産速度を上げ、他の政府機関が援助（と強制）をするのである。厳格な管理とタイトな納期を考慮して、重要な製品に絞って大量生産する方針が取られた。多品種、技術革新、最高品質を追い求めるのではなく、ほとんどの装置に十分使える六種類のガラスだけに集中したのである。アメリカにおける光学ガラスの生産量は、一九一七年九月には五トン以上になり、一二月は二〇トンを超えた。一九一八年、光学軍用品に用いる「満足のいく」ガラスのアメリカにおける総生産量は三〇〇〇トン近くに達し、その三分の二はボシュロムによる生産だった。[92]

＊　＊

第一次世界大戦はそれ以降の戦争と違い、当初、空は戦略的に重要な戦場ではなかった。宇宙が監視と偵察の場になるのは何十年も先のことだ。無線通信も航空機もまだ未発達だった。天体物理学と軍の親密な同盟関係が築かれるのは、次の世界大戦の直前まで待たなければならない。

天文学の子として現代西洋で生まれた天体物理学は、まだ誕生から一世紀半も経っていない。産婆を務めたのは一九世紀にあった二つの技術革新である。二つのうち、よく知られているほうは写真（英語の photography は文字どおりには「光で描くこと」という意味）であり、像を結ぶという光の性質に対する膨大な研究から生じた。あまり知られていないほうは分光法——構成する色に光を分解することで、発生源についての情報が山のように得られる——であり、プリズムで分光した太陽光のスペクトルの研究や、あらゆる物質は特有の組み合わせの色を放射しているという発見から発展した。望遠鏡を使って空のあらゆる光を集める天文学者は、写真と分光法が組み合わさることで、その光を記録し分析する能力を手に入れたのだ。

一八三〇年代から四〇年代に写真が登場したことにより、発見を具体的に描写する際の基本ルールと証拠の概念が大きく変わった。天文学者は長年、観察したことを説得力のあるしかたで記録する方法を求めていた。一七世紀や一八世紀の科学者は、自分が目にしたものについて話したり、書いたり、アナグラムをつくったり、絵に描いたりした。聴衆は彼らの言葉と誠実さを信用するほかなかった。誰もができる一番の方法は絵に描くことだったが、これには問題が内在する。光を記録するのに人間の手に握られた鉛筆を使うかぎり、記録には間違いが紛れ込むおそれがある。芸術スキルは人によってまちまちであり、特に眠気と疲れ眼に襲われた人間となると、記録者としては信頼が置けない。ガリレオは時折、記号を使うことで問題を回避した。一六一〇年二月に急いで出版された『星界の報告』では、木星とその衛星の動きが、大きな円といくつかの点でシンプルに描かれている。また、恒星は六頂点の（小さな、または中くらいの）アスタリスクか、クッキー型のような六頂点の星形の真ん中に点を打ったもので表されている。[93]

一九世紀半ばになるとついに、バイアスが紛れ込まないと推定される記録装置が救世主としてやってきた。カメラである。多種多様な写真技術の一つを使うことで、地上および天上の世界を、目、手、脳、人間の個性の干渉を最小限に抑えて記録することができるようになった。癖や画力不足は不問に付される。銀めっきしてよく磨いた銅板にヨウ素蒸気と水銀蒸気をさらしたものか、あるいはゼラチンの混合物をコーティングしたガラス板を使えばよい。

写真を発明した一人であるルイ・ジャック・マンデ・ダゲールや多くの初期の評論家が一番に気にかけていたのは芸術、とりわけ絵画だった。この奇跡のような機械仕掛けの発明品によって、絵画芸術の発展が促されるのか、それとも無に帰すのかという問題である。ある書き手はダゲールの写真撮影法「ダゲレオタイプ」のことを「製造業にとっての力織機や蒸気機関、農業に

とっての ドリルや蒸気鋤と同じくらい芸術にとって価値がある」と称賛した。[94] 一方、写真の登場は絵画の死の前触れだと主張する者もいた。実際はどうだったかといえば、写真は、現実を写実的に描写しなければならないという義務感から芸術家を解放し、ゴーギャン、ファン・ゴッホ、ピカソといった近代画家の誕生に大きく道を開いた。ジュリア・マーガレット・キャメロンといった芸術写真家が登場したのも言うまでもない。科学者は写真のことを、観察者の感覚による影響を取り除きながらデータを集める道具として採用した。それに対して芸術家は、主観的な印象や内なるビジョン、あるいはそれらの中間的なエッセンスを伝えるためのよい方法として写真を取り入れたのである。

写真の先駆者や支持者の中には、何人かの著名な科学者がいた。一八三四―三五年にネガ感光紙を発明したウィリアム・ヘンリー・フォックス・タルボットは、数学で王立協会のロイヤルメダルを受賞したほか、王立天文学会員でもあった。[95] 別のイギリス人学者、ジョン・フレデリック・ウィリアム・ハーシェルは、王立天文学会の会長を務め、一八三九年に「フォトグラフィー」という言葉を編み出した。彼はほかにも、一八六〇年に「スナップショット」という言葉も考案し、「ポジティヴ」や「ネガティヴ」に写真関連の意味を与え、写真の定着液(感光乳剤がこれ以上光に反応しないようにする)にチオ硫酸ナトリウム――一般に「ハイポ」と称される――が使えることを発見し、フォックス・タルボットと知り合いになり、ダゲールと文通した。そして何よりも、写真という新技術の研究にとても早くから心血を注いだ。そのため、彼は事実上の写真発明家の一人として数えられている。

写真が正式にこの世に誕生してからの数か月間、ジョン・ハーシェルよりも影響力があったのは、フランスの天文学者で物理学者のフランソワ・アラゴだった。彼はパリ天文台長やフランス科学アカデミー終身会長のほか、一八四八年の革命後には臨時政府の植民地相や戦争相を務めた。彼はまた、広報能力にも長けていた。一八三九年の一月七日、アラゴはダゲールの代弁者となり、ダゲレオタイプの発明をアカデミーで発表したのである。科学や芸術、商業、国家遺産その他にとって、ぞくぞくする瞬間だった。「ダゲール氏は、光学画像が完全な痕跡となって残る特別な表面を発明しました。この表面には、物体のあらゆる特徴が、最も小さな細部まで、驚くべき正確さと繊細さで視覚的に再現されます[96]」

アラゴはまた、この新技術が「きっと物理学者や天文学者に、きわめて価値のある調査手法をもたらすでしょう」と断言した。アラゴは当時有名だった二人の物理学者とともに自ら、塩化銀でコーティングしたスクリーンに月の光を当て、月の画像を撮影しようとしたことがあったが、そのときは失敗していた。今や、複数人のアカデミー会員の求めに応じてダゲールは「とてもありふれたレンズによってつくられた月の像を、一枚の特別な表面に投影することで、そこに明らかな白い痕跡を」残すことに成功し、「地球の衛星から注ぐ光の力を借りて、知覚可能な化学反応の痕跡を初めてつくりだした人物」となった[97]。現代の目から見れば、それは大した画像ではない。だが一九世紀半ばの人々にとって、それは衝撃だった。少しでも化学か物理の素養がある人は居ても立ってもいられずに、自分でもダゲレオタイプを撮影してみようと試みはじめた。

フランスがダゲールの発明を世界に公開する代わりに、ダゲールに補償として終身年金を支給するかどうかを検討する委員会を代表して、七月上旬、アラゴは下院に対し、ダゲレオタイプはその応用可能性の幅広さにおいて望遠鏡や顕微鏡に匹敵すると報告した。

我々はためらいなく、こう言うことができます。M・ダゲール氏が発明した試薬は、人間の精神を最も高めるような、科学の一分野の進歩を加速させるでしょう。これにより物理学者は、絶対的な光の強度の定量に取り掛かることができるようになります。相対的な反応の強さによって、さまざまな光を比較できるのです。もし必要ならば、この写真板を使って、まばゆい太陽の光や、それより三〇万倍弱い月の光、あるいは星の光の跡を記録することができます。[98]

八月一九日までにはダゲールへの年金支給は決定事項となり、アラゴは撮影手順の詳細を公表した。これで、ダゲレオタイプを撮ろうとやる気満々の人々は誰でも、ただ手順にある指示に従えばよくなった。[99]

天体を写した最初の印象的なダゲレオタイプは一八四〇年の初めごろに遡る。それは直径三センチほどの月の写真で、ニューヨーク市内のビルの屋上で二〇分間露光して撮影された。撮影者は物理学者で化学者のジョン・ウィリアム・ドレイパーである。一八四五年には、二人のフランス人物理学者レオン・フーコーとアルマン・イッポリート・ルイ・フィゾーが、銀めっきしたプレートをたった一六分の一秒だけ露光することで、立派な太陽の写真を撮影した。一八五〇年には、プロ写真家ジョン・アダムズ・ウィップルとハーヴァード大学天文台初代台長ウィリアム・クランチ・ボンドという二人のボストン市民が、プレートを一〇〇秒間露光して、夜空で六番目に明るい星ベガをダゲレオタイプ撮影した。その翌年、また別のプロ写真家であるヨハン・ユリウス・フリードリヒ・ベルコウスキーが、プロイセン、ケーニヒスベルク王立天文台の台長と共同で、八四秒間露光することによって皆既日食を撮影した。天体写真は着々と進歩していた。

それと同時に、発明の才のある個々人が、写真撮影をもっとユーザーフレンドリーにしようと懸命に取り組んでいた。一回で使い捨てになるダゲレオタイプのポジはわずか数年で過去の遺物になり、ネガになる感光乳剤を塗布したガラス板に置き換えられた。複製可能性の時代の到来である。一八八〇年、イーストマン乾板・フィルム会社がニューヨーク州ロチェスターで創業すると、手工業の時代が終わり、機械化が始まった。一八八〇年代の終わりごろには、天文学者にとって写真は欠かせないものになっていた。[100]

＊　＊

写真と比べると、分光法は――天体物理学の誕生を助けたもう一人の助産師である――謎めいた発明に思えるかもしれない。分光法が生まれたときには、大衆受けする宣伝文句も付かず、興奮気味の新聞記事も出なかった。

望遠鏡が標準的な装備品になるとすぐに、多くの人々は膨大な時間を費やしておぼろげにちらつく星の光を探し、その位置を記録し、明るさや色を見積もるようになったため、恒星や星雲、彗星のカタログが膨れ上がっていった。こなすべき作業量は無限にあった。だが、その星が何でできているのか、あるいはその星の寿命や動きがどうなっているのかについては、どの星図にも多くは記されていなかった。それを知るには、その星の化学や物理を知らなければならない。そこで役に立つのが分光法だ。

あらゆる元素、あらゆる分子は、それぞれ特有のしかたで光を吸収したり発したりしている。カルシウムやナトリウムといった各原子、メタンやアンモニアといった各分子それぞれで異なっており、宇宙のどこに存在するかは関係がない。そのわけはこうだ。カルシウム原子が持つ各電子や、メタン分子の原子同士をつなぐ各電子対結合はそれぞれ振動しており、その振動のしかたは、別のどのカルシウム原子やメタン分子でも変わらない。したがって、どのカルシウム原子の電子振動も、どのメタン分子の結合振動も、それぞれ同じ量のエネルギーを吸収したり放射したりする。そのエネルギーは、宇宙の中では特定の波長の光として観測される。すべての電子の振動を足し合わせると、原子や分子の電磁スペクトルが手に入る。いわばその原子や分子に固有の虹である。分光法とは、天体物理学者がその虹を捉え、解釈する方法なのだ。

分光法前史は一六六六年、アイザック・ニュートンとともに始まる。彼は、太陽の「白色」可視光の中には赤、橙、黄、緑、青、藍、紫の七色からなる連続的なスペクトルが秘められていることを、プリズムを使って示した。その後の二〇〇年ほど、研究者たちは彼の後を追う形となった。一七五二年、トーマス・メルヴィルというスコットランド人が海塩（ナトリウムだと思えばよい）の塊を燃やし、炎の光をスリットに、続いてプリズムに通したところ、明るく際立つ黄色い線が見えた。二世紀半後にあたる現代の街灯には、ナトリウム蒸気を封入した黄色がかった色のナトリウム灯が使われている。[101] 一七八五年、フィラデルフィアに住むデイヴィッド・リッテンハウスは、プリズム以外を使ってスペクトルを得る方法を考案した。それは、まっすぐ引き伸ばした髪の毛を密に平行に張り、スリットが並ぶようにしたスクリーンである。これに光線を通すと、構成する波長に光が分かれるのだ。一八〇二年、ウィリアム・ハイド・ウォラストンというイギリス人は、太陽光のスペクトルの中に、ニュートンが見出した七つの色だけでなく、色のあいだに七本の暗線または隙間が存在することを発見した。今や、可視光には多くの情報が隠されていることが明白になった。これは前年および前々年の発見を補強した。赤外線と紫外線が見つかっていたのである。それらは、人間の目には見えない光が存在することを示していた。

一二年後のことである。ドイツにヨゼフ・フォン・フラウンホーファーという物理学者がいた。一流のガラスメーカーでもあった彼は、資金が続くかぎり、世界一ゆがみが少ない望遠鏡レンズをつくることに身を捧げていた。その彼が、太陽光のスペクトルを研究する中で大きなブレイクスルーを成し遂げたのだ。彼はレンズの前にプリズムを置き、その二つを透過させて太陽光を見ることにした。一八一四年に彼がスペクトルの中に見たものとは、一八〇二年にウォラストンが見たものよりも数百本も多い暗線だった。違う種類のガラスを使って次の二、三年間も実験を続けたところ、暗線はスペクトルの中の常に同じ位置に現れることがわかった。現在では、これら「フラウンホーファー線」は太陽のスペクトルの中に数万本存在することが知られている。暗い部分ができるのは、太陽の最も外側にある低温層で特定の波長が吸収されるためである。対照的に、実験室で燃やした炎のスペクトルに明るい線が現れるのは、その特定部分の波長が吸収されたのではなく放射されたからである。

　フラウンホーファーがおこなったのは、根気強く太陽のスペクトルの構造を分析したことだけではない。彼は、ナトリウムの炎のスペクトルにある二本の明るく黄色い線の位置が、太陽のスペクトルにある二本の目立つ暗線と一致していることにも気がついた。さらに、太陽のスペクトルと惑星に反射した太陽光のスペクトルは一致する一方で、太陽を含む恒星はそれぞれ異なる特有のスペクトルを持つということも発見した。ある人々からすれば、彼こそが最初の分光器をつくった人物だということになる。[102]

　光は熱い議論の的であり、最先端の研究対象だった。一九世紀の大半を通して、光の基本的な性質は掴みどころのないままだった。かつてニュートンが議論したように、光は粒子でできているのか、それとも波なのか？　光は、いたるところに遍在して柔軟で目に見えない媒質の中を伝播するのか？　光の進む速さはどのくらいか？　電気との関連はあるのか？　磁気との関係は？一九世紀半ばは、まだ分光学は専門分野として確立していなかった。だが、そのときはすぐに訪れた。二人のハイデルベルク大学教授、物理学者のグスタフ・キルヒホフと化学者のロベルト・ブンゼン（ちなみに、ブンゼンはブンセンバーナーを改良したが、発明はしていない）による共同研究のおかげである。一八五〇年代の終盤、彼らは次のことに専念しはじめた。

我々を眠らせない共通の仕事（……）。化学試薬を使って硫酸、塩素等を同定するのと同じくらい精度よく、太陽や恒星の組成を同定する手法を発見した。この方法を使えば、地球上の物質も太陽のそれと同じくらい容易に同定することができる。[103]

一八五九年、ブンゼンとキルヒホフは、ナトリウム蒸気ランプの光のスペクトルと太陽光のスペクトルを重ね合わせる方法を考案した。これにより、フラウンホーファーが気づいた二本の暗線と二本の明るく黄色いナトリウム線の関係が立証された。この研究で、化学者の実験台と宇宙の彼方にある物質とが永遠に結びついた。それから数年間かけて、彼らはさまざまな物質をブンゼンバーナーで燃やし、その光を自ら設計した分光器に通した。それにより、既知の元素を秩序立ったパターンに配置したうえ、いくつかの新しい元素を発見し、学生や他の研究者たちがさらに多くを発見できるように道を開いた。

ブンゼンとキルヒホフが一八六〇年から自らの発見を出版しはじめたころ、おそらくある人物はまだ新しい墓の下で、あまりの悔しさにのたうち回ったに違いない。その人物とは、フランスの哲学者オーギュスト・コントである。彼は一八三五年に出た、全六巻におよぶ『実証哲学講義』の第二巻の中で、星からは一切の化学情報も、限定的なもの以外の物理情報も得ることは不可能である、と間抜けな宣言をしてしまったのだ。

我々は星の形や距離、大きさ、動きを測定できることを知っている。一方、その星の化学組成や鉱物学的構造、ましてやその表面に生息するかもしれない組織立った存在の性質などは、いかなる手法をもってしても知ることはできないだろう。（……）星の真の平均温度などというものは、必然的に我々には秘されているのだ。そのような信念を私は貫く。[104]

＊　＊

もしコントが正しければ、天体物理学は存在しなかっただろう。しかしコントが大著の第二巻を出版してからほどなくして、地球の近隣の星に関する分光学的な新事実が続々と明らかになる。スペクトルは単に検出されるだけでなく写真として撮影されるようになった。ただし、どの波長であれ、感光乳剤にきちんと線が現れるだけの十分な量の光子を捕まえることが課題だった。遠くの天体が持つ、今まで見ることも想像することもできなかった特徴を、天体写真は明らかにした。ヘリウムは、地球で発見されるより三〇年も前に太陽のスペクトルから発見され、ギリシア神話の太陽神ヘリオスにちなんで名付けられたのだ。一八八七年――二人のボストン市民がベガのダゲレオタイプを一〇〇秒かけて撮影してから四〇年後――二人のフランス人兄弟、ポール＝ピエール・アンリとマテュー＝プロスペール・アンリは、ベガより一万倍も暗い星をわずか二〇秒で撮影した。[105]

フランス科学アカデミーが開催した一八八七年四月の天体写真会議には、一九か国から科学者が参加し、写真と天文学の正式な結婚を祝う出来事となった。[106] パリでの一一日間の開催期間中、各国代表は二方向の国際的な取り組みを進めることで合意した。一つは、標準的な道具と標準的な方法論を用いること。もう一つは、写真によって星の配置を明らかにするだけでなく、二〇〇万個の恒星をきちんとカタログ化することである。平均的な裸眼視力で見える星がせいぜい六〇〇〇個であることを考えると、これは相当な目標だ。選ばれた道具は、アンリ兄弟が開発したうちの一つであった。ちょうど翌年、アメリカの天文学者にして物理学者、航空機の先駆者だったサミュエル・P・ラングレーが『新しい天文学』というタイトルの本を出版した――ただし、誰もがその新しさを称賛したわけではない。ある一九世紀の頑固な天体物理学者は、「古い天文学には、我々は航海術、潮汐の計算、日々の時刻の調整といった技術に関して借りがある。新しい天文学はそれとは違い、日々の生活における物質的な助けを与えてくれるものではない」と書いている。[107]

新しい天文学には、新しい学術誌と新しい組織が必要だった。一八九五年に『アストロフィジカル・ジャーナル、分光学および天体物理学の国際学術誌（The Astrophysical Journal, an International Review of Spectroscopy and Astronomical Physics）』が創刊号を発行した。四年後、さまざまな分野の宇宙研究者が集まってアメリカ天文学天体物理学会が結成された。のちにどちらも名前を短縮し、『アストロフィジカル・ジャーナル』およびアメリカ天文学会として今も健在だ。

＊　＊

現代の天体物理学者が個人で自由に使える望遠鏡は、ガリレオが初めて天体観測に使ったものよりも七万倍もの光を集められる。それに、ビッグバンから一〇億年以内に遡る水素のスペクトルを検出できる分光器も、思いのままに扱えるのだ。補助的な道具や方法論も豊富にある。補償光学、デジタル検出器、スーパーコンピューター、系外惑星を検出するために明るい主星の光を遮る仕掛け、ノイズから信号を選り分ける手法。だが、どれほどの革新が起ころうと、どれほど技術が複雑になろうと、二一世紀の天体物理学者が抱える根本課題はガリレオの時代と変わらない。それは、極端に暗く遠い物体から来る光を最大限集めること、そして、その光から可能なかぎりの情報を引き出すことだ。現代の天体物理学者――そして、現代の軍人――が過去と大きく違うのは、その光をどう使うかという点である。

宇宙の中身や振る舞いについてのほぼすべての知識は、光の分析から導き出される。現在の私たちが観測する天体や宇宙の出来事は、ほとんどがはるか昔に発生したものだ。その光が減衰しながら地球に届くまでには最大一三〇億年の遅れが生じる。現在の私たちが観測可能な宇宙の大きさは九〇〇〇万×一億×一億キロメートル近くもあるうえ、実際の宇宙はそれよりもはるかに大きいので、天体物理学者は常に距離の問題を抱えることになる。私たちが関心を寄せる天体は永遠に観測の目が届かないところにあるか、良くても地球からはかろうじて見える程度だ。それらは研究室で育てられるものではなく、途方もないエネルギーを放ち、ごまかしがきかない。それに、たいていは夜にならないと見ることができない。そこへは簡単に訪れることもできず、太陽系外となると、私たちはまだ触れることさえできていない（そのおかげで、汚染することもないわけだが）。どんなに宇宙に恋い焦がれようと、はるか遠くから抱きしめるしかない。星の動きを知りたいとき、私たちが調べるのは星そのものではなく、星の画像でも、その画像に記録された光から得られるスペクトルでもない。私たちが調べるのは、そのスペクトルのパターンに見られる遷移（ずれ）なのだ。なんとも遠く入り組んだ道のりである。

だから天体物理学者は、間接的な証拠から答えを導き出すために水平思考を身につける。一般に科学者は問題解決スキルに長けている、というのは本当だ。物理学者なら、より高性能な真空チャンバーやより大きな粒子加速器をつくることができる。化学者なら、材料を精製したり、温度条件を変えたり、新しい触媒を試したりすることができる。生物学者なら、研究室で培養した微生物を使って実験できる。内科医なら、患者に質問できる。動物行動学者なら、お気入りの動物の群れを何時間でも観察できる。地質学者なら、渓谷をじっくり観察したりサンプルの岩を掘ったりできる。だが天体物理学者は別のやり方を取らざるをえない。宇宙と私たちは奇妙なほど一方的な関係で、こちらからは何も働きかけることができないのだということを、私たちは常に思い知らされる。

とはいえ研究室では、私たちは幾分積極的になる。軍と相互に有利な関係を築いているからだ。私たちの宇宙理解における大きな成果の多くは政府が軍事組織に投資したことの副産物であり、破壊兵器における技術革新の多くは天体物理学の進歩の副産物だ。

集団として、天体物理学者は問題解決のために軍に接近したりはしない。いつか軍の役に立つだろうからあれをやるだとか、軍がこれをやってくれたら将来の自分にとって役に立つなどと考える天体物理学者はほぼ見つからないだろう。両者のつながりはもっと根本的で、天体物理学という学問分野の本質やそこで使われる道具の持つ能力に深く根ざしているのだ。私たちの縄張りである宇宙は新しい戦略高地であり、新しい司令部、新しい軍事力増強装置、新しい統制の所在である。とはいえ、実際にはそれほど新しくはない。宇宙は、そこへ到達するための競争が始まった瞬間から政治化、軍事化されてきたのだから。

宇宙研究と軍事の再帰的な相互関係を、宇宙科学者や宇宙政策評論家が見逃したことはなかった。一九八七年から一九九五年までスミソニアン国立航空宇宙博物館館長を務めたマーチン・ハーウィットは[108]、一九八一年の著書『宇宙の発見（Cosmic Discovery）』の中で、天文学史上の五大ターニングポイント――望遠鏡、宇宙線天文学の誕生、電波天文学の誕生、X線天文学の誕生、そして当時発見されたばかりの、遠方で起こる数々のガンマ線バースト――を紹介している。このうち、軍の関与について言及がないのは、電波天文学の黎明期を説明した部分だけである。ハーウィットはさらに、新しい現象の発見にはしばしば、本来は軍事用にデザインされた設備が関わっていると指摘する。イギリスの政治学者マイケル・J・シーハンは二〇〇七年の著書『宇宙の国際政治（The International Politics of Space）』で似たような立場を表明している。「宇宙は常に軍事化されてきた。宇宙進出に向けた初期の取り組みの中心には軍事的関心があり、それは現在でも変わらない[109]」

原子爆弾の開発については数多くの著作がある。物理学と戦争の関係性は明白だ。支配者や将軍が敵を脅迫または壊滅したいと望む。破壊にはエネルギーが要る。物質、運動、エネルギーの専門家といえば物理学者だ——。原爆を発明したのは物理学者である。だが標的を破壊するには、その位置を正確に特定し、動きを追跡しなければならない。そこで天体物理学者の出番が来る。天体物理学者は戦争の主役でも共謀者でもなく、幇助者である。私たちは爆弾を設計しない。私たちは爆弾を製造しない。私たちは爆弾が与えるダメージを計算しない。私たちが計算するのは、この銀河の中にある恒星がどのように自ら熱核爆発して崩壊するかだ——だがその計算は、熱核爆弾の設計者にとって役に立つことがある。

私たちは幅広く応用がきく。弾道や軌道について詳しいので、宇宙船と宇宙兵器のどちらであろうと打ち上げには重要な役割を果たす。画像解析の理論と技術に長けており、特に検出限界には強い——ターゲットの選択や、わかりにくい証拠の解釈には欠かせない技術一式である。光の反射率や吸収率に詳しく、ステルス素材産業全体の土台を築いた。小惑星とスパイ衛星は、吸収波長と反射波長を調べれば区別がつく。光を調べれば天体を構成する分子を特定でき、万が一エイリアンが侵入してきたとしても検出できる。自然発生する衝突、爆発、磁気嵐、衝撃波、ソニックブームのマルチスペクトル画像にはどのような特徴があるかをわかっており、人為的な危険や災害によるそれと区別することができる。

だが、仕事を軍の要請によっておこなうのであれ科学のためにおこなうのであれ、天体物理学者が使う道具は一緒だ。使う技術も同じである。

数十光年、あるいは数百光年や数千光年離れた星からピン先のように鋭い光が誰にも邪魔されずに高速で飛んできて、地球の下層大気に到達し、旅を終える。一瞬ののち、望遠鏡を覗く人は、ぼやけて小刻みに震える粒を見る。一方、裸眼で夜空を見上げる人には、遠くの宝石が美しくまたたいているように見える。一七〇四年、アイザック・ニュートンは当時すでに、このまたたきが将来の天文学者にとっての困りごとになることを予見していた。

やがて望遠鏡製作の理論がすっかり実践に変わろうとも、望遠鏡の性能が発揮できなくなる限界が存在するだろう。なぜなら、我々は空気を通して星を見ており、その空気は絶え間なく震えているからだ。その震えは（……）恒星のまたたきを見ればわかる。[110]

これに続けてニュートンは、望遠鏡を山の頂上に置けばよいのではないかと提案する。これは正しい。だが、いくら最適な場所だとしても、大気が協力的になることはない。ニューメキシコ州にある空軍研究所の光学史家ロバート・W・ドゥフナーは、大気を通して星を見ることを、シャワールームのすりガラスになぞらえる。形は見えるが、詳細は見えないということだ。[111]

星がまたたくとき、何が起きているのだろうか？　大気は、温度や密度がさまざまに異なる空気、つまり光学特性がさまざまに異なる空気が継ぎ布になったパッチワークだ。光学特性が異なる継ぎ布に光が入ると、光はわずかに曲がって方向を変える。これは、池の水面から石が突き出て雑然と並んだところを、さざ波が通過するのに似ている。きれいな波紋は、岸に到着する前に石に乱されるのだ。常に揺らぐ大気の影響で、星の像はふらふらと位置を変えるだけでなく、瞬間瞬間で明るさも変わる。そのため、低速度撮影（タイムラプス）写真では汚れた丸いしみとして記録され、目にはまたたいて見える。完全な乱気流になると、継ぎ布が小さく、数が多くなるため、星は猛烈な勢いでまたたくことになる。

必要なのは、大気の継ぎ布によって乱された星の光を補正する方法だ。これは、さざ波が石だらけのところを通過したあとから元のきれいな波紋を再現するのに等しい。そのためには、またたく光を一秒間に数百回記録する必要がある。各回につき十分な量の光がなければ、刻々と変化する大気の揺らぎを追跡し、補正することはできない。補正をしやすくするために、比較の基準となる「ガイド星」が必要だ。ガイド星とは、目的の天体の近くにあって、同じ大気の継ぎ布に同時に影響される光のことである。だが、そのように便利な星は少なく、互いに遠く離れているので、いつでも目的の天体の近くに見つかるわけではない。解決策は？　人工の星をつくりだせばよい。気流の乱れが最小限となるはるか上空の大気には、蒸発した隕石の残したナトリウム原子が常に豊富にある。そこに強力なレーザーを照射するのだ。レーザーを受けたナトリウム原子は発光し、こちらに光を返してくる。こうしてできる明るい点を、望みの場所につくればよい。

一九九〇年代に入るまでは、またたく夜空でスターフィールドや銀河の高解像度画像を撮影しようとする場合、自明な二つの選択肢があった。プランA——望遠鏡のドームを閉じ、さっさと寝ること。プランB——資金を数十億ドルばかり集め、新しい望遠鏡を組み立て、邪魔な大気よりも上空の軌道に打ち上げ、そこから宇宙を観測すること。一九九〇年、プランBはハッブル宇宙望遠鏡を生み出した。地上の望遠鏡と比べた解像度の飛躍は、裸眼からガリレオの望遠鏡への飛躍に匹敵するくらい圧倒的だった。

だが今やまたたき問題には、より自明でない対策法がある。補償光学の分野へようこそ。この新手法では、地球大気によって生じるまたたきを補正するのに、レーザーガイド星と可変鏡が用いられる。可変鏡の裏には、鏡を押し引きして変形させるためのピストンが縦横に並んでいて、継ぎ布から継ぎ布へ、瞬間から瞬間へと移り変わる大気の揺らぎの影響を打ち消すように、絶えず鏡の形を補正する。どの補償光学システムにも、分節されていない第二の鏡が付いていて、大気が大きく揺らいだときに画像が大きく揺らぐのを監視し、補正するために用いられる。補償光学システムにはほかにも、ビームスプリッター、干渉計、モニタリングカメラ、そしてもちろん専門のソフトウェアが含まれる。このからくり全体は高価で複雑だが、すばらしく効果的だ。宇宙望遠鏡に匹敵するほど鮮明な画像を、地上の望遠鏡から撮影することを可能にする。[112]

補償光学は、文民の天体物理学者が実現させたのだろうか？　そうではない。だが、何の試みもなかったわけではない。一九五〇年代以降、天体物理学者はコンセプトや見込みある解決法を展開させてはいた。だが彼らの焦点がまだ可能性の段階に留まっていたころ、アメリカ国防総省は密かに成果を上げていた——一九六〇年代から一九八〇年代にかけておこなわれた極秘の研究によって。資金提供や研究の実施を担った組織は、国防高等研究計画局（DARPA）、ニューメキシコ州カートランド空軍基地内の空軍研究所およびフィリップス研究所、空軍マウイ光学研究所、マサチューセッツ州ハンスコム空軍基地近くのアイテック・オプティカル・システムズ、ニューヨーク州の空軍ローム航空開発センター、マサチューセッツ工科大学リンカーン研究所、スクリップス海洋研究所の視覚研究所、そして戦略防衛構想である。ジェイソンズと呼ばれた国家安全保障に関する最高機密の科学顧問団からも追加の専門的知見がもたらされた。一九六〇年に発足したジェイソンズは、マッカーサー・フェロー（天才助成金）受給者やノーベル賞受賞者、卓越した物理学者らがメンバーに名を連ね、戦争を遂行する方法、終わらせる方法、防ぐ方法に関する最先端のアイデアを軍に提供するのが目的だった。夏に開かれる会議には、発足後最初期の段階から、宇宙を専門とするメンバーが常に数人参加していた。[113]

　補償光学を考え出したのは一人のジェイソンズメンバーだった。そしてその研究の詳細は一九九一年五月二七日まで一般公開されなかった。その日の午後、アメリカ天文学会第一七八回大会で、カートランド空軍基地内スターファイア光学実験場の技術責任者ロバート・フゲートは、満員の聴衆にこう語りかけた。「皆さん、私はこれから、レーザーガイド星を用いた補償光学の成功をお知らせします！」おおぐま座五三番星（ξ星）の連星を写した二枚の写真が彼の主張を証明した。このうち一枚では、大気の揺らぎの影響で、連星がぼやけて一つの光のしみになっている。もう一枚には、補償光学のおかげで、二つの輝く星が別々に写っている。その瞬間をもって、フゲートは補償光学の機密を解除した。宇宙科学者たちは今や、それを自分たちの次の研究に使うことができるようになった。[114]

国防総省が視界を明瞭化することに興味を持ったのは、より正確な情報を得たいという何世紀にもわたる軍事的願望があったことからも当然だ。また、レーザー標識への関心は、新型の武器を手に入れたいという同様に長きにわたる願望とかみ合っている。機密が解除される前、二〇年におよぶ革新的な補償光学の研究が進むあいだ、アメリカの政策は冷戦思考に支配されていた。情報機関は、新しく打ち上げられた敵国の人工衛星や次なる敵国のミサイル、宇宙状況認識に邪魔な宇宙ごみの鮮明な画像を追い求めた。一方で軍人たちは、強力なレーザーをミサイルや人工衛星に向け、それらを破壊する方法を求めていた。

一九七〇年代初頭、画像を鮮明化する唯一の方法は、短時間露光したフィルムを事後的にデジタル処理することだけであり、仕上がりは非常にできが悪かった。波面測定の際に写真やスキャナー、大型汎用計算機に頼るのは、結果がわかるまでに一日やそれ以上の遅れが出ることを意味した。軍は即座に情報が得られるよりよい技術を求めており、そのために投資することは厭わなかった。大型望遠鏡用の補償光学システムは、一九八二年、マウイ島ハレアカラ山にある空軍の衛星追跡施設に搭載されたものが最初だ。当時、レーザー研究の最前線では、軍がすでにレーザー出力の制御と最大化において相当の進歩を遂げていた。一九七五年に空軍は、従来研究からの積み重ねとして、古くなったボーイングＫＣ―１３５Ａを空中発射レーザー研究所につくり変え、一九八三年には複数の空対空ミサイルや地上発着型ドローンの撃墜に成功している。レーザーの使用は空中配備型の対ミサイル防衛に有望だった。ロナルド・レーガン大統領による一九八三年の戦略防衛構想——スター・ウォーズ計画——の公表によって、それはますます有望になった。[115]

機密解除に伴い、軍人と宇宙科学者とのあいだで目標やタスクの違いに焦点が当たった。イギリス生まれの電気工学者で、一九七二年に補償光学を使った画像補正システムの開発に初めて成功したジョン・W・ハーディーは、一九九八年の著書『天体望遠鏡のための補償光学（Adaptive Optics for Astronomical Telescopes）』でこの「大きな相違」について述べている。

軍事応用のための装置は最悪の条件下でも期待どおりに動作し、一定水準の機能を果たさなければならない。そのためには通常、最先端で金のかかる計画を前に進める必要がある。一方、天文学者は通常、よい（観測）条件下で仕事し、小さな技術向上をうまく活用して観測結果からより多くの情報を引き出すことができる。（……）

防衛関係者は、常に仮想敵の先を行くために絶え間なく技術の限界を押し広げなければならない。通常、新技術の価値が科学の現場に認められ、応用されるにはしばらくかかる。[116]

この場合の「しばらく」は一〇年以内だった。一九九〇年代の終わりごろまでには、宇宙科学者はすでにこの新技術の恩恵を受けていたのだ。そして現在は地球上に置かれた巨大可視光望遠鏡のほぼすべてでこの補正システムが使われている。アイデアが共鳴しあって研究が進むケースとは違い、補償光学の進歩は軍人から天体物理学者へのバトンパスだった。

＊　＊

敵の動きを監視する能力は、軍事的な成功には常に不可欠なものでありつづけてきた。そうだとすれば、二一世紀の宇宙開発大国にとって、私たちの地球全体だけでなくその周囲の宇宙をすべて監視できる能力ほど有益なものはあるだろうか？　防衛力を高めるのは監視と偵察であること、そして監視と偵察は戦略高地を獲得することによって高められることは、有史以前から明らかだった。一旦獲得すれば、次はそれを維持、支配することになる。

一九五八年、当時はまだ上院議員だったリンドン・B・ジョンソンは宇宙を「究極の陣地」と呼んだ。

> どんな究極の武器よりも重要なものがある。それは究極の陣地だ――宇宙のどこかに位置し、地球を全面的に支配する陣地である。それは（……）遠い未来のことである。だが我々がこれまで想像していたほど遠い未来ではない。獲得するのが誰であれ、その目的が暴力的な独裁であれ自由への貢献であれ、その究極の陣地を獲得した者が地球の支配、全面的な支配を獲得することになる。[117]

人類の絶え間ない不穏な歴史を考えると、一つの国家が地球の全面的な支配を獲得するとの見通しは、誰もが納得するものではなさそうだ。ソ連のユーリイ・ガガーリンが人類で初めて地球周回軌道を回ってから六週間後の一九六一年五月、ケネディ大統領は有名な上下両院合同議会での演説で、「宇宙の支配が究極的に何を意味するのか、確かなことは誰にも予測できない」と述べた。[118] 確かなことは、そのような支配は完全に慈悲深いものにはならないだろうということだ。もしある国家の過去の振る舞いが、その国の将来の振る舞いを何らかの形で占うのならば。

慈悲深いものであろうとなかろうと、少なくとも部分的な支配を達成するための監視は、必須の作戦規定だ。アメリカ軍はさまざまな形式の監視による成果を「状況認識」という言葉で言い表している。この認識は情報収集（インテリジェンス）、監視（サーヴェイランス）、偵察（リコネサンス）によって得られる――合わせてＩＳＲといい、敵情を知るための昔ながらの取り組みを現代風に縮約した言い方である。ＩＳＲと連携するのがＣ３Ｉ――指揮（コマンド）、管理（コントロール）、通信（コミュニケーション）、情報収集である。略称が何であれ、もし事実が素早く手に入らなければ、支配者も軍人も国を守るための賢明な判断が下せないのは明らかだ。

そこで人工衛星の出番だ。なぜなら、この瞬間も年中無休で地球を周回する何百もの航行衛星、遠隔探査衛星（地球観測衛星ともいう）、気象衛星よりも厳然たる事実を提供してくれるものはほかにないからだ。[119]

たとえばアメリカのＧＰＳ（全地球測位システム）である。二四基のＧＰＳ衛星が、一般的な低軌道衛星よりも五〇倍も高い高度約二万二〇〇〇キロメートルを周回している。感謝祭のディナーのために人里離れた新築のいとこの家まで行かなければならないとき、GPSを使えばたどり着ける。地質学者がインド西部の活断層帯を図面化するのにも使える。保全生態学者は、カナダ、アルバータ州に生息するハイイログマにGPSタグを付け、行動を追跡する。行きずりのセックスをしたければ、現在地の近くで相手になってくれそうな人を探すのにも使える。GPSは誰もが気軽に使える便利な道具だ。まさかこれをつくったのがアメリカ国防総省で、運用しているのは空軍宇宙軍団だとは、普通の人は思いもよらないだろう。GPSは民間人でも利用できるが、航行データは軍事関係に供されるものよりも精度が劣る。他国からでも利用できるが、状況変化にかかわらず未来永劫アクセス可能だという絶対の保証はない。

ほかにも国防支援計画、防衛気象衛星計画、防衛衛星通信システム、ミサイル防衛警戒システム、宇宙配備赤外線システム、軍事戦略戦術中継システム、銀河放射・背景放射プログラムも人工衛星を持っている（いた）。さまざまな機密衛星や機密解除された衛星のISR能力に、私たちの多くの防衛関係機関が頼っているのだ。ソ連が初の人工衛星スプートニク一号を軌道に投入し、アメリカにショックを与えたのが一九五七年一〇月四日。その直後に軍事衛星の運用が始まってから約半世紀になる。人工衛星の黎明期に早くも、ISRは相当量の行動計画を生み出した。一九六〇年八月に始まったアメリカのコロナ計画と一九六二年四月に始まったソ連のゼニット計画は、数十万枚の写真を撮影した冷戦期の偵察衛星計画だった——だがどちらも民生用・科学目的であるかのように装われ、一般向けには別の名前で呼ばれた。[120]

現在の地球観測衛星に搭載された高高度のカメラはさまざまな目的に活用できる。道路計画やハリケーンの観測。砂漠やジャングルに埋もれた古代遺跡の場所の特定。火災や洪水、地滑り、地震で孤立した村に向かう災害救助のルート決定。ほとんどの地球観測衛星は高度約三二〇キロから約三万五四〇〇キロのあいだのどこかを周回している。減少する森林や縮小する氷河を監視するのと同じ（または同じような）カメラを使って敵対国を監視することもできる。

実際、ほとんどの人工衛星は「デュアルユース」だ。アメリカ海軍大学のジョーン・ジョンソン＝フリーズが指摘するように、もしデュアルユースという言葉が民生・軍事両用と防衛・攻撃両用の両方を指すのならば「宇宙関連技術の少なくとも九五パーセントはデュアルユースである」[121]

たとえばインドは技術実験衛星、通称ＴＥＳを運用している。この衛星は二〇〇一年の終わりごろから高度約五六〇キロの軌道を周回しており、搭載されているカメラは地球表面を一メートルの解像度で撮影できるほどの性能を持つ。ＴＥＳは偵察衛星なのか、と聞かれたインド宇宙研究機関（ＩＳＲＯ）の議長はこのように答えた。「我々の安全保障上の関心にも合致する民生用だ。（……）あらゆる地球観測衛星は地球を見下ろしている。それを地球観測衛星と呼ぶか偵察衛星と呼ぶかは解釈の問題だ」。高解像度の遠隔探査衛星が一基あるのは良いことだが、二基あればなおさら良い。二〇〇九年の春、ＩＳＲＯはＲＩＳＡＴ―２を打ち上げた。これはイスラエル製の全天候型・二四時間態勢のレーダー観測衛星で、農作物の生育状況と国境のどちらの監視にも適している。『タイムズ・オブ・インディア』紙によると、この衛星の利用目的について問われたＩＳＲＯ高官はこう回答した。「おもに防衛と監視が目的だ。同時に、災害マネジメントの分野、あるいはサイクロンや洪水への対処のほか、農業関連の活動にも応用できる」。同紙の編集部は高官の自然災害への言及にも惑わされることなく、記事に「インド、四月二〇日にスパイ衛星打ち上げへ」という題を付けた。[122]

ガリレオがドージェに倍率九倍の望遠鏡を献上してから、これまでに数え切れないほどの変化があった。ガリレオはその道具がどんなふうに姿を変えるかを予見できなかっただろう。望遠鏡のいとこたちが地球の周りを回るなどとは考えもしなかっただろう。だが情報を早く手に入れることの価値はよくわかっていたので、ＥＵが新しく構築した全地球航法衛星システムに自分の名前が付けられていると知ったら喜ぶかもしれない。全地球航法衛星システムの「ガリレオ」はＧＰＳ（やロシアの同様のシステムＧＬＯＮＡＳＳ）と相互運用可能である一方、ガリレオがＧＰＳの代替となることで、全員にとって必要不可欠な情報をアメリカ軍が支配している状況を回避することを可能にする。ガリレオを運用する機関いわく、「ガリレオの運用開始によってユーザーは信頼できる新しい選択肢を手に入れた。他の同様の計画とは異なり、ガリレオはシビリアンコントロールの下に置かれつづける」

コントロールするとはいえ、民生利用にかぎるというわけではない。二〇一六年、ＥＵの宇宙開発能力の安全保障面に関する報告書を書いた人物がこう言っている。ガリレオと、ＥＵの地球観測衛星システムであるコペルニクスは、航空輸送の調整や大気における変化の追跡などのきわめて重要な役割を果たしているが、「これらの衛星は共通安全保障防衛政策の一翼を担うこともできる、と恐れずに言うべきである[123]」

宇宙に浮かぶこれらの目は、地球人からの脅威に絶え間なくさらされていることとは別に、自然現象の攻撃も受けやすい。宇宙天気である。一九世紀の電信技師をはじめ当時の地球に住む誰もが知らなかったことだが、太陽は巨大な磁気プラズマの塊であり、ときどきフレアと呼ばれる炎を噴きあげ、大量の荷電粒子を惑星間空間に放出する。一八五九年、過去五〇〇年間で最大量のプラズマが地球に到達したとき、生まれたばかりの電信システムが、奇妙なことに世界じゅうで停止した。この大放出はあまりにも規模が大きかったため、キャリントン・イベントという名前が付いた。この現象を最初に観測したイギリスの太陽天文学者リチャード・キャリントンにちなんだ呼び名である。数百機もの軍事衛星や通信衛星が地球を周回し、電力を大量消費する文明を支えるためにいたるところに送電網が張りめぐらされている現代、私たちはかつてないほど、このような大放出の影響を受けやすくなっている。対策として、電力会社は主要な開閉所の設備を強化して耐性を高めている。また、ヨーロッパ宇宙機関、カナダ天然資源省、アメリカ海洋大気局には宇宙天気予報を専門におこなうチームがある。これらのチームが出す予報のおかげで、太陽嵐の際はあらかじめ人工衛星をセーフモードに切り替えることにより、荷電粒子の猛攻撃から電子回路を保護することができるようになっている[124]。

＊　＊

今や有名な一九六一年の退任演説でドワイト・D・アイゼンハワー大統領は、戦時中の工業生産——たとえば、第一次世界大戦中の光学ガラスの大増産——の歴史を引き合いに出した。その昔、剣は鋤の刃の生産者が普段の仕事の時間を割いてつくるものだったのに対し、このごろは兵器をフルタイムで生産することが一般的になった、と。小説家ジョン・ドス・パソスは、J・P・モルガンの富への辛辣なあてつけという印象的なやり方で、軍・金融複合体についての警告をすでに発していた。「戦争とパニックが証券取引所に降り注ぐ。機関銃と放火、倒産、戦時公債（……）モルガンの会社にとってはいい天気」[125]。アイゼンハワーがアメリカ市民に警告したのは軍産複合体についてだ。政治、科学、防衛、産業の各集団による必要上の協力関係には弱点があるという。彼は、そのような警告を発した初めての人物ではないが、最も注目を集める人物であったのは間違いない。その彼が、「意図されたものであろうとなかろうと、その不当な影響力」や「連邦政府による雇用やプロジェクト割り当て、あるいは金の力によって、アメリカの学者たちが支配される見通し」について言及したのだ。バランスを取るために、アメリカの兵器は「強力で即応的」でなければならないとも宣言している。だが、「防衛のための巨大な軍産機構が、我々の平和的な手段と目的に適切にかみ合う」ことを確実にするためには、アメリカの一般市民がいつでも十分な見識を持ち合わせていなければならない。実際にはそうなっていないのではないか、というのが彼の不安だった[126]。

この軍産機構に、戦略高地のさらに高みを目指す競争を足し合わせ、ドス・パソスが引き合いに出した急上昇する粗利益も加えると、軍・宇宙・産業複合体のできあがりだ。つまり、航空宇宙産業である。米AMC制作のテレビドラマシリーズ『マッドメン』に登場する、マディソン・アヴェニューの広告会社に勤めるクリエイティヴ・ディレクター、ドン・ドレイパーほど、この状況をうまく言い表したコメンテーターは少ないだろう。ドラマの中で彼は、一九六二年の終わりごろの風潮だったと思われる見解を口にする。

どの科学者も、エンジニアも、将軍も、考えていることは人間を月に送る方法かモスクワを吹き飛ばす方法だ――どちらにせよ高くつくが。我々はその金の使い道を助言することができる、と彼らに説明してやらなければならない。（……）（議員）は得意先だ。彼らは選挙区に航空宇宙産業を誘致したがっている。その契約を地元に引っ張るお手伝いができます、と教えてやるんだ。[127]

ロジャー・ベーコンが教皇に、「透明な物体」の助けを借りれば遠方から敵軍を監視できる、と伝えてから七世紀半が経った。ベーコンが慎重に形づくりしかるべく組み立てた、光を屈折させる物体は、今や暗視ゴーグルから宇宙望遠鏡まで、数々の驚くべき検出装置に取って代わられた。見ることは「状況認識」に変わった。そして、目に見える範囲をはるかに超えて、実にさまざまな波長の光を見ることができるようになった。今や距離はスタディオンではなく光年で測られる。しかし、かつては全軍総がかりで巻き起こした混乱や破壊を、今は少数の武装した熱狂者がそれを上回る規模でもたらすことができる時代だ。しかも戦力というものは将来、格納庫に誘導ミサイルが何基あるかではなく、研究所にサイバーセキュリティの研究者が何人いるかで決まるかもしれない。変わらない要素は、お金だ。それに、敵が存在することと、敵をつくりだすことだ。

第二部

究極の高地

第五章

見えず、気づかれず、語られないもの

五感を超える挑戦

不可視性は、天体物理学者と軍人の双方を魅了する。いずれも監視活動に従事するからだ。天体物理学者は知識の追求のために望遠鏡を駆使し、はるか遠くにある、まだ見ぬ宇宙空間を探査している。国家の防衛や力による支配を追求する軍人たちは、敵の隠された部分を探りながら、自分自身の姿については秘匿性を追求し、危険を避けながら支配権を確立しようとする。知識、防衛、支配を追求するだけでなく、不可視性の別の側面である秘密の追求、特に情報の秘密の追求もおこなわれている。[1]

人類の歴史の大部分を通じて、人間は五感によって世界を理解した。私たちは視覚、嗅覚、味覚、触覚、聴覚で百科事典級の膨大な情報を得たのだ。目に見えず、音が聞こえず、手で触れることもできない、往々にして感じ取ることもできない物体や現象が世界には膨大に存在するかもしれない、と考える理由は特になかった。最終的に、望遠鏡と顕微鏡が目に見えないものへの扉を開き、驚くべき啓示をもたらした。地球上の水には、「一滴のなかに、途方もない数と種類の小さな動物が数千も含まれる」ことや、月面の裂溝、太陽の黒点、土星の輪などである。[2]
たとえそうであっても、顕微鏡と望遠鏡は、登場してからの数世紀間、電磁スペクトル中の可視光と呼ばれる狭い帯域内でのみ人間の視覚を深化させたのであり、以前よりもよく見えるとはいえ、今まで見慣れているのと同じ種類の光を見せているだけだ。そう、私たちは今、以前よりも暗いもの、小さいもの、遠いものを探知できる。だが私たちは、実際の宇宙は目や耳や肌で感じるものとはまったく異なる探知手段を必要とすることをまだ把握していなかった。

偉大な科学者をそうでない科学者と区別するのは、正しい答えを導き出す能力ではない。まずは、正しい質問をする能力であり、常識にとらわれたり従ったりしてしまわないことだ。実際に、存在すら知らなかった物事に当たり前のことなどなにもない。たとえば、イギリスの偉大な物理学者、アイザック・ニュートンは、光と色の基本について疑問を投げかけた。色は、虹のなかの雨滴や、シャンデリアのクリスタルの装飾などが持つ本質的な特性であると誰もが考えていた。普通の光、つまり白色の光がさまざまな色で構成されているなどと、いったい誰が考えただろう?

だが、ニュートンは賢明にも、こうした前提なしで思考した。ガラスのプリズムに太陽光を通して可視スペクトルを生じさせ、次に、手順を逆にしてスペクトルをプリズムに通して白色光を生じさせることにより、ニュートンは白色光が複数の色の光で構成されていることを説得力のある形で実証した。複数の色スペクトルの各色は隣り合う色調とグラデーションをなしているが、宇宙の秩序と神秘性を帯びた重要な数である「七」を研究し唱導したニュートンは、[3]今日の普遍的な定義である六色ではなく、青と紫の間に藍色を含める形で七色があると宣言した。

名著『光学――あるいは、反射、屈折、光の伝播と色について』の出版に先立つこと数十年、一六七二年夏には、ニュートンは王立協会に対して、実験による方法でしか解明できない光と色に関する疑問のリストを添えて手紙を送っている。彼が最初期に抱いた二つの疑問は、「特定の屈折度を有する光線は、何らかの方法で分離されたとき、常に決まった色彩を発現するのだろうか？」および「さまざまな色の光線をしかるべき割合で混合することによって、完全に太陽光と似た、なおかつ同じ特性をすべて備える光線をつくりだせるのか？」だった。[4] のちにプリズムの実験によって両方の答えが「イエス」だと判明することになる。

ニュートンはまた、人間の目には見えない、他の隣接する光の帯が存在するかもしれないと、一度でも、たとえ一瞬でも疑問に思ったことがあるだろうか？　彼は可視スペクトルの一方の端にある赤と、他方の端にある紫が、両方とも暗闇に消えていくことに気づいていた。[5] ニュートンは「すでに解明されているもの以外にも光に特有な性質」がある可能性を提起していた。[6] おそらく最も重要なことは、ニュートンにとって、隠れた特性があるという概念は違和感のないものだったことだろう。だが『光学』からは、彼がそれを追求したという確かな証拠が読み取れない。いずれにしても、その暗黙の疑問に対する答えを思いつく者が現れるまでに一世紀を要した。

＊　＊

結果的に、答えは複数あった。その一つは、一八〇〇年初頭にイギリスの天文学者、ウィリアム・ハーシェル（その二〇年前に天王星を発見していた）が、日光と色と熱の関係を研究していたときに見つかった。

ニュートンがたびたびそうしたように、ハーシェルは太陽光をプリズムに通すことから始めたが、一歩進んだアプローチをとった。各色の温度が異なるかどうかを判断するために、プリズムがつくりだした虹のさまざまな領域に温度計を配置したのだ。そして、きちんと設計された実験をおこなう優秀な科学者なら誰もがそうするように、色の範囲の外側（スペクトルの赤側の外）に、太陽光の熱に影響されない周辺温度を測定するための基準温度計を置いた。ハーシェルは、確かに異なった色域で異なった温度が記録されることを発見したが、それはこの実験から得られた結果としては二番目に興味深いものになった。暗闇に置かれた基準温度計は、虹のなかに置かれた温度計のどれよりも高い温度を記録したのだ。目に見えない光線によって温度が上昇したとしか考えられなかった。

ハーシェルは、赤の「下方」の光、赤色スペクトルのすぐ「下」の帯域を発見した。その発見は、地質学者が東サハラ砂漠の砂の下に巨大なヌビア砂岩帯水層を発見したのと同じくらい重要な、天文学上の業績だった。注目すべきはハーシェルの説明だ。

いくつかの実験から、スペクトルの他方の端は赤色域のせいぜい半分の熱量しかなく、また他の実験によれば赤色域も、スペクトルのそのさらに外側で最大の熱量を発している部分の温度を下回っている。この場合、放射熱は、すべてではなくても少なくともその一部は、もしもこうした表現が許されるならば、不可視光によるものだ。すなわち、太陽が発する光のなかには、視覚でとらえられないほどの勢いを持つものが含まれるということである。[7]

翌一八〇一年、ドイツの科学者で電気化学が専門のヨハン・ヴィルヘルム・リッターが、ハーシェルが手をつけなかった問題に取り組んだ。両極性という概念そのものに哲学的な興味を抱いていたリッターは、可視スペクトルの反対側にも赤外線と同様の見えない光があるに違いないと考えた。その存在を証明するための手段としてリッターは、温度計ではなく、異なる色の光にさらされると異なる速度で分解し黒化することが知られている物質の塩化銀を用いた。リッターの実験は、ハーシェルがおこなったものと同じくシンプルで巧妙だった。可視光のそれぞれの色と、紫色の外側の光が当たっていない部分に少量の塩化銀を置き、結果を待った。予想どおり、光が当たっていない部分の塩化銀は、紫色のところに置いたものよりも黒化した。紫を超える紫の光は何だろう？　紫外線だ。

視覚に依存せずに探知することは、今や科学的現実となった。

それでも、空を観察するやり方が一夜で変わることはなかった。電磁スペクトル中のわずかな可視領域外の波長を検出することができる最初の望遠鏡がつくられたのは、それから一三〇年後であり、ドイツの物理学者、ハインリヒ・ヘルツが、違う種類の光の間で唯一本当に異なっているのはそれぞれが持つエネルギーの量であることを示してから、ずいぶん経ってからのことだった。そしてそのことにより、電波、マイクロ波、赤外線、可視光の赤橙黄緑青藍紫（ROYGBIV）の七色、紫外線、X線、ガンマ線のすべてが統合されることになった。言い換えれば、ヘルツは電磁スペクトルという、それぞれが固有の波長、周波数、エネルギーを持つ振動波の調和のとれた組み合わせが存在することを解明したのだ。天体物理学者にとって、それはすべてのエネルギー、すべての放射、すべての光だ。

* *

光はときどき、粒子のように振る舞うことがあり、それを私たちは「光子」と呼んでいる。ときには――実際には私たちの日常生活のほとんどの場合――光は波のように振る舞う。光が波と粒子のどちらとして概念化されるべきかは、古くから意見が分かれていた。デモクリトスはアリストテレスと、ニュートンはホイヘンスと論争し、そして量子物理学では、光が波であり粒子でもあるとする。それゆえ、難解な概念ではあるが、私たちは「波動と粒子の二重性」という定義を採用している。残念ながら「ウェービクル」（量子力学で粒子と波の二重性をもつ物質。波粒子）という言葉は定着しなかった。

当面、光（電磁放射）は粒子の波で構成されていると考えてほしい。「波長」という言葉は明らかに波にも当てはまる。それは、波頭から波頭、または谷から谷の長さを単純に測定したものだ。ガンマ線の波長は原子の直径よりも短く、電波帯域の反対の端では、波長は地球の直径よりも長くなることがある。[8] 波長が短ければ短いほどエネルギーが大きくなり、大まかに言って、私たちの知っている生命に対する危険性が高まる。そして、電磁スペクトルを利用する動機が高貴なものか邪悪なものかにかかわらず、波長が短いほど、光線によって伝えることができる情報の密度が高くなる。

普通の人間には、技術的補助手段を使わなければ、波長約四〇〇ナノメートルの紫の光から、波長が二倍にもならない約七〇〇ナノメートルの赤い光まで、電磁スペクトル全体のごくわずかな部分しか見えない。これまでに測定された電磁スペクトルの帯域が一〇の一二乗倍以上の波長におよぶことを考えると、わずか二の一乗倍にもならない範囲しか見ることができない人間の視野は、まったく不自由なものだ。私たちにとって決定的に重要なことは、太陽のエネルギー出力のピークが可視スペクトルのちょうど真ん中にあることだ。人間は昼間の生き物なので、目の検知能力がスペクトルの同じところでピークに達することは、進化論的に理にかなっている。

赤外線と紫外線は私たちには見えないが、だからといってその二つが感知できないわけではない。人間は目ではなく肌によってそれらを体感する。私たちは太陽の赤外線光を肌への熱としてリアルタイムに感知するが、紫外線に過度にさらされて肌が黒くなり、おそらくは日焼けというかたちでダメージを受けたあとで初めて紫外線の存在を認識する。

地球自体も赤外線を放射している。生命体であるかそうでないかにかかわらず、分子が活動しているものはすべて同様だ。言い換えれば、絶対零度を超える温度を持つ、あらゆるものが赤外線を放出している。内部の深い場所から星が形成されるガス状の銀河の雲は、赤外線を放射する。ペットの子猫やカナリアや観葉植物は、生死にかかわらずすべて赤外線を放射する。ヘビのいくつかの種は、夜間、急速に温度が下がる環境下で伝わってくる、おいしそうな温血動物の獲物が発する赤外線を拾うために、頭の上に小さな穴を持っている。そして、ホテル業界や世界じゅうの観光客にとって残念なことに、トコジラミの触覚には赤外線センサーが付いていて、近くにいる温かい血液の主を察知する。紫外線に関しては、ブヨ、蛾、蚊、蝶などの飛翔昆虫や、鳥、コウモリ、ネズミ、猫にはそれがよく見える。

物体が赤外線を放射するからといって、赤外線探知機によってそれが容易に見られるわけではない。目標物をその周囲、あるいは観察者の周囲の競合する熱源から区別する必要があるからだ。周囲よりも暖かいものはすべて、より明るく表示される。だが、目標がほぼ同じ温度の場合は、赤外線の「ノイズ」で埋没してしまう。空を観察する者たちは、観測装置を液体窒素（七七ケルビン＝摂氏マイナス一九六度）で強く冷却することによって、あるいは最も冷たくする場合には液体ヘリウム（四ケルビン＝摂氏マイナス二六九度）を用いることによって、選択した赤外線目標物を探知する能力を向上させている。こうした方法は、探知機自体の熱によるノイズを抑制し、天体がデータ内でよりはっきりと輝くことを可能にする。想像がつくと思うが、軍のパイロットのニーズはこれとは正反対だ。熱線追尾ミサイルの標的となった場合、飛行機やヘリコプターは通常、渦を巻いて広がるホットフレア（おとりの熱源）などの赤外線による対抗手段を発動する。これは、赤外線ノイズを弾頭が「見る」ように仕向けることによって、エンジンの排気熱と区別できなくするものだ。

赤外線と紫外線は、人間には見ることができない、あらゆる光エネルギーの一例にすぎない。

電磁スペクトルの長波長・低エネルギー側には、電波（一八八〇年代に実験によって実証された）[9]、およびマイクロ波（一九六四年から六五年にかけて電波の短波長側の一部として命名されたため、小型という意味の「マイクロ」が使われている）があり、短波長・高エネルギー側には、一八九五年発見のX線、一九〇〇年発見のガンマ線がある。さまざまな周波数帯に名前がつけられてはいるが、電磁スペクトルは連続体だ。文明はこの連続体に沿って幾重にも重なっている。何百ものAM、FM、XM局が放送する電波が、今この瞬間も私たちの体を通過し、スマートフォンの電話機能は携帯電話基地局とマイクロ波で通信していて、スマートフォンの地図機能は頭上のGPS衛星ともマイクロ波で情報をやり取りしている。この本の読者はおそらく、近くの照明器具から可視光を浴びていて、それが白熱灯なら赤外線も降り注いでいる。一方、宇宙全体では、太古から途切れることなく宇宙を満たしつづけている大量のマイクロ波放射が、ビッグバンの遺産である「宇宙マイクロ波背景放射」を形成している。

ほとんどの天文現象は、複数の波長の光を同時に放射する。たとえば、巨大な恒星の爆発――超新星――は、（局所的には稀だが）宇宙全体ではめずらしくない非常に高エネルギーの現象であり、可視光とともに驚異的な量のX線を放出する。ときにこの爆発は、ガンマ線や紫外線の噴出を伴う。それが私たちの銀河系で起こるとき、一五七二年と一六〇四年に天の川で発生した超新星爆発のように、望遠鏡なしでも数週間見えつづけるほどたくさんの光を放射することがある。爆発性ガスが冷え、衝撃波がなくなり、可視光が消えてから長い時間が過ぎると、超新星の残骸は赤外線と電波を放射する。

＊　＊

可視性は、裏を返せば探知につながる。獲物を追う場合も、逆に敵を避ける場合も、征服と生存の両方にとっては探知が鍵だ。追われる立場でも、あるいは追う側であっても、相手が見えないよりも見えていた方が有利であることは間違いない。いずれにしても、特に自分が獲物になりそうな場合には、攻撃者が見えるだけでなく、こちらは相手に見えないままでいることを望むだろう。

「擬態（カモフラージュ）」（語源はフランス語。もともとの意味は、煙や呼吸を奪う地下での爆発から、変装、悪計にまでおよぶ）[10]、つまり自らの姿を見えなくする技術は、大きいものから小さなものまで、生き物の行動としてめずらしいものではない。イカやタコの万華鏡のような変化、小枝に似た昆虫ナナフシ、また、気候変動によって氷が解ける前にはホッキョクグマの雪のような毛皮が北極の白い雪景色に紛れていたことを思い浮かべてほしい。擬態は、自分が食べられないようにするためにも、狙った獲物に忍び寄るためにも使われる。

また、アメリカ人アーティストのアボット・セイヤーは、二〇世紀前半に視覚面から擬態を二つのまったく異なる種類に区別した。「同化」型擬態と、「幻惑」型擬態である。自然は、各地に見られるナナフシと絶滅危惧種のホッキョクグマに「同化」の選択肢を与えた。森の生き物は、緑や斑点のある茶色の体を持って周囲に溶け込むものもいれば、派手な縞模様や斑点で見るものの目をくらましたり、けばけばしい模様で体の輪郭を曖昧にして移動中に目で追うことを難しくしたりするものもいる。いずれも、目的は姿を消すことである。

侵略者や戦闘部隊も、擬態やステルス技術――不可視性に最も類似した方策――を愛し、何千年も前からできるかぎり姿を消そうとしてきた。紀元前五世紀、軍略家の孫子は次のように唱えた。

あらゆる戦争の要諦は、敵をあざむくことである。たとえば、攻撃できるのにできないふりをして、武力を使うのに使わないように見せかける。近くにいるのに遠くにいるように思わせ、遠いのに近いように信じさせる。[11]

それから一〇世紀後、ローマ帝国の著名な裁判官であり軍事思想書を著したフラウィウス・ウェゲティウス・レナトゥスは、巨大な軍艦に随伴する偵察船が用いる、奇襲攻撃、敵の船団の拿捕、接近する敵の監視を目的とした伝統的な偽装法について述べている。

明るい場所でも姿を見えにくくするため、偵察船の帆は海の色に似たヴェネツィアンブルーに染められ、索具は船体と同じ色のワックスで着色される。また、船員や海兵隊員もヴェネツィアンブルーの服を着用し、夜間だけでなく昼間の偵察中にも姿を見えにくくする。[12]

海の色は絶えず変化するが、最適な条件下では、遠くから見れば船の青い色が水の色に紛れる。近距離でのみ、船のヴェネツィアンブルーと、海のさまざまな青や茶色、緑、灰色との違いがはっきりとわかる。だが、そこで違いに気づいても、偵察船への攻撃には間に合わない。距離で時間を稼いで有利になれることは、一六〇九年にヴェネツィア総督の支援を求めるガリレオがまさに指摘した点である。海上でのその他の偽装案は、ヴェネツィアンブルーの塗装よりも独創的だった。二〇世紀前半に考案されたが実際には用いられず終わった方法の一つは、雲に似せるため、船に白いカバーを掛けるというものだった。[13]

また、枝や葉を使って部隊や車両を森林に紛れさせる方法は、二〇世紀のヴェトナムのゲリラ戦でも、中世のスコットランドの戦争でも用いられた伝統的な擬態だ（シェイクスピア『マクベス』の悲痛な予言「恐れるな、バーナムの森がダンシネンに来るまでは」を思い出してほしい）。だが、「カモフラージュ」という言葉が正式に英語に加わったのは、第一次大戦が始まり、広げたキャンバス地にアーティストたちが色を塗って道路に見せたり、監視所を木の幹のように塗装したりするようになってからである。その後、間もなくして、大西洋の両側で、軍艦全体に迷彩模様を描く――「阻害模様」あるいはおしゃれに「ラズル・ダズル（攪乱戦術）」と呼ぶこともある――手法が採用された。決定的な要因となったのは、一九一七年の最初の九か月間で、ドイツのUボートが一〇〇〇隻近くのイギリス船を沈没させたことだろう。それを受けて、海軍士官でもあったイギリス人海景画家は次のような提案をした。「潜水艦からも見えないように船を塗装することは不可能であるため、それと正反対の手法が解決策となる。つまり、船影が崩れて見えるような模様に船体を塗り、潜水艦士官にとって船の進行方向をわかりにくくさせるのだ」[14]

敵を混乱させるほうが、姿を消そうとするよりも効果的に思えたのだ。そうして画家たちは軍事目標の達成を助ける存在となり、軍はキュビスム、未来派、渦巻派などの前衛芸術運動が持つ要素分解的、科学的視覚戦略を採用した。キュビスムを生み出したピカソとブラックは、自らの芸術的発明が船や兵器に適用されるのを見て喜び、ピカソはパリの大通りを歩いていたある夜に、ジグザグ柄の描かれた重砲を載せた車列が前線に向かうのを目にして「あれは私たちの発明だ！」と声を上げたという。第一次世界大戦中に海軍次官を務めたフランクリン・D・ルーズヴェルトは、迷彩模様の実験艦を見て、「こんな模様に塗られたものの行く先を予測できるわけがない！」と叫んだと言われている。そうして標準化された迷彩柄だが、最終的には期待された効果を上げることはなかった。そのような模様があってもなくても、攻撃の頻度は変わらなかった。だが、数多くの反証があるにもかかわらず、迷彩柄の有効性に対する信仰は第二次世界大戦中もそれ以降も続いた。[15]

＊　＊

敵の視界から姿を消す方法は、昔から戦争で用いられてきた。最も単純なものは、夜の闇を利用する方法だ。もう一つは、敵の視覚を奪うことである。巨大な焚き火を起こせば、敵軍は炎の他に何も見えなくなり、精度の高い攻撃が不可能になる。過去数十年、レーザーと煙幕のいずれもが、敵の視界をさえぎるために使われてきた。白リン弾を投げれば簡単に煙幕を張ることができ、近くの敵を火だるまにすると同時に、こちらの動きと赤外線放射を隠せる。宇宙でも同じように視界をさえぎられることがある。恒星の光が、その惑星に反射する、はるかに弱い光を飲み込んでしまうときだ。これは数十年前まで大きな問題だったが、宇宙科学者たちが望遠鏡に特別な遮光円盤を使用し、望遠鏡の本来の目的とは逆に星の光をさえぎることができるようになると解決した。

姿を消すためのまったく異なるアプローチは、透明であることだ。透明な窓ガラスがそのいい例だ。ハエ、蛾、鳥、窓を知らない宇宙からの訪問者は、目には見えないが自分自身と景色を隔てる不可解な何かに進行を阻まれ、困惑することになる。

だが、ガラスの壁などに閉じ込められず自由に動きながら、姿も消したいとしよう。現在では、光をまったく反射しない泡や繊維、粉で自分の身を包むことができる。そうすれば、敵に光を当てられても姿は見えないが、背後の景色をさえぎってしまうため、人間の形に景色が欠けることによって、賢い敵なら標的がそこにいると気づくだろう。当たった光の反射方向を変えるうろこや鏡で身を包み、そのほとんどを光源に戻さないようにすることもできる。機体に当たったレーダー波をさまざまな方向に反射させるステルス航空機の設計原理も、これと似ている。また、最近開発された、小さな発光性ビーズで織られた布をまとえば、背後の景色を自分の前面に映し出すことができる。見る者にとっては自分がまるでそこに存在しないように見え、『スター・トレック』の「遮蔽装置」を着用するのと同じ効果がある。可能な擬態法はそのほかにもある。

巨大な超高層ビルを設計する建築家なら、周囲の景色を投影するＬＥＤでビルを覆って、景観を保つこともできるだろう。通りを隔てた建物の出入り口を監視するスパイなら、自分と戸口のあいだにレンズや鏡をうまく並べて魔術師のように姿を消したいと思うかもしれない。[16]

一時的な擬態によって姿を消すことは、直感的で機転に頼った戦術であり、それに頼ることには限界がある。一方、ステルス技術によって姿を消す戦術は科学的であり、反射と屈折の物理法則と、私たちが知覚できない数多くの光エネルギー形態に関する何世紀にもわたる発見に基づいている。

一九世紀末には、人間の網膜が認識できる狭い帯域の光を通してのみ、宇宙が私たちにその姿を見せている、などと考えることは不可能になった。複数の帯域の光が発見されたことによって、可視光を中心にして防衛戦略を立てたり、可視光による観測結果だけで宇宙の成り立ちを説明したりすることはもはや考えられなくなった。それはまるで、一オクターヴ内の音符だけで交響曲を作曲するようなものだ。天体の存在と位置を特定することと、その構成要素、質量、針路、歴史を究明する複雑なプロセスとの違いを明らかにするため、「天文学」とは異なる新しい用語、「天体物理学」が必要になった。光は百科事典の役割を果たすことになる。そして、暗すぎて人間の目に見えないものの発見こそ、天体物理学の分野で最も長く取り組まれる課題となった。

こうしたすべてに新しいテクノロジーと技法が必要だった。天体物理学者はあらゆる波長をとらえられる探知機を研究し、軍はそれらの波長を利用できる攻撃システムとそれを避けるための防衛システムの開発を目指した。電波帯域の研究は両者にとって有益に思えた。核兵器を得る以前の軍にとってほとんど不可欠のものとなり、宇宙科学者にとっては新たな情報を得るための新しい手段となった。両者は協力して第二次世界大戦の行く先を方向づけたのだ。

＊　＊

電波の存在は一八八〇年代半ばには明らかにされていたが、それから数十年にわたって物理学者や数学者が競合する仮説を提示し、それに実験から得られた証拠が積み重なり、ようやく科学者やエンジニアがそれを扱い、制御し、利用できるようになった。最初の課題は、電波の振る舞いを理解することだった。電波のなかには地球の球面の周りをさえぎられずに伝播するものがある理由、大気圏上層部の電離圏が宇宙を飛ぶ電波に与える影響、電波雑音（空電とも呼ばれる）の原因、アンテナにとって最良の形状と最適な素材、伝播の方向による影響の有無、太陽など近くの天体が電波を反射あるいは放出するか、などだ。

一九一九年までには、伝播に関する最大の疑問に答えが出た。電波は地球の曲面によって回折するのではなく、電離圏に反射して伝播するということがわかったのである。電離圏とは、厚さが約一〇〇〇キロメートルにもおよぶ複数の層からなる地球大気の上層領域であり、そこには原子や分子が太陽の高エネルギー光を受けて電子を失い、生成された荷電粒子であるイオンが大量に漂っている。伝播に関する残りの疑問も、一九三七年までにほぼ解決した。さまざまな研究者が異なるアプローチから生み出した個別の結論が組み合わさって、最終的な答えにたどり着いた。それらの多様な取り組みが、気象学と数学理論を期せずして進歩させた。ある科学史研究家が述べるように、「彼らは自分たちが知りたいことを研究したが、予想外の発見がもたらされた」。彼によると、アメリカ海軍は技術的な問題の解決策を探っていたところ、純粋な科学研究に貢献することになった。[17]

一九三〇年代後半におこなわれた学術的および実用的な研究は、電波信号の送受信に関するものが多かった。送受信の仕組みを理解して使いこなせなければ、探知とその回避に関する技術に取り組むことさえできないからだ。しかし、一九三〇年代には電波研究の分野で他にも非常に重要な出来事が起こった。あるプロジェクトが、科学に思いがけない貢献をもたらしたのだ。実際、それによって天体物理学にまったく新しい分野が生まれた。

私たちが電話として知っているものは、もともとは電波の中継装置として開発された。現在、私たちの携帯電話はマイクロ波を中継している。かつての電話通信業界では、AT&Tとアメリカ電話電信会社が政府公認の巨大な独占企業であり、そのモットーは「一つのシステム、一つの方針で、普遍的なサービスを」だった。同社の国内初の長距離電話は、一八八五年にニューヨーク―フィラデルフィア間でおこなわれた。双方向無線（無線電話とも呼ぶ）を用いた大西洋横断通話サービスは一九二七年に始まったが、その年に電話をかけることができる場所はロンドンのみだった。太平洋を横断する国際通話は、一九三四年に東京とのあいだで始まった。通話料以外の長距離電話サービスに伴う大きな問題の一つは、AT&T自身が述べたように、「現在利用可能な無線技術による電話サービスは理想からかけ離れたものであり、声が聞こえなくなったり途切れたりするうえ、容量が非常に少ない」ことだった。[18] さらに、それに関連した二重の問題として、電波スペクトルのうち低周波で長波長の領域では、利用可能なチャンネルがほとんどなく、はるかに多くの情報を伝えられる高周波で短波長の領域は、まだ科学的にも技術的にも研究が進んでいなかった。その領域を完全に利用できるようになったことで、一九七〇年代からメトロポリタン・オペラのFMステレオ生放送が可能になった。

だが、それはまだ先のことだ。

＊　＊

一九二八年、その三年前に設立されたAT&Tの研究開発施設であるベル電話研究所に就職したカール・ジャンスキーという若い物理学者が、地上の電波源を研究し、地上波通信における音のかすれや途切れを引き起こす、ノイズや空電の解明を目指した。彼は新型の回転式アンテナを製作して、波長が一四・六メートル（周波数二〇・五メガヘルツ）の電波を受信するよう調整したのち、その受信機が拾う信号のパターンを数年かけて研究し、結果を慎重に分析した。一九三二年、ジャンスキーは予備調査結果を公表した。

ジャンスキーの論調は控えめかつ慎重で、主張は限定的であり、事実を注意深く正確に記述していた。一九三二年に発表した「短波による空電の到来方向と強度」に関する論文のなかで、彼は三つの識別可能な空電の種類を述べている。一つは近隣の雷雨によるもの、もう一つは遠方の雷雨によるもの、そしてもう一つは正体不明の「太陽との関連が疑われる、発生源不明の定常的なヒス型の空電」だった。第三の種類の空電だけを一年かけて調べたジャンスキーは、一九三三年の論文で、その起源は太陽をはるか遠く超えたところにあると記した。それは「太陽から、太陽自体もその一部である星と星雲で構成されている巨大な銀河の中心に向かってまっすぐに引いた線が天球と交わる点にきわめて近い、宇宙のなかのどこか決まった場所」にあるに違いない、と彼は結論づけた。[19] つまり、天の川銀河のほぼ中心だ。[20]

二三時間五六分ごとに、地球は星々に対して一回転を完了する。二三時間五六分ごとに、天の川の中心は地球から見て同じ角度と高度で天空に戻る。二三時間五六分ごとに、ジャンスキーのいう宇宙空間における定点は、空電を発しながらメリーゴーラウンドのように通り過ぎた。こうして、この宇宙の定点は天の川の中心であるという必然的な結論が導かれた。もし発生源が私たちの太陽だったら、空電の間隔は二四時間だったはずで、それより四分短いことはありえなかった。

こうして電波天文学が誕生したが、電波天文学者としてのジャンスキーのキャリアはここで終わってしまった。追跡調査として三〇メートルのパラボラアンテナを建設するという彼の提案を採用せず、ベル研究所——実務上の疑問に対する答えが出たため、基礎研究に資金を供給しようとしなかった——は、ジャンスキーに新しい仕事を与えた。

幸いなことに、イリノイ州の若い電気通信技師、グロート・レーバー——ちょうど大恐慌が悪化するなかでタイミング悪く就職活動を始めたため、当時は職についていなかった——は、自宅の裏庭に自作の電波望遠鏡を建設することを決めた。一九三八年、レーバーはジャンスキーの発見を裏付け、その後五年間かけて全天の電波源の分布を示す低分解能の地図を独力で完成した。半世紀後、レーバーは「電波天文学の始まりと題する演劇」という読みやすい記事を発表した。この記事でレーバーは次のように書いている。

ジャンスキーはタイミングがよいことに、太陽活動極小期のなかでも活動が最も不活発な時期に観測していた。電離圏には二〇・五メガヘルツの電波が通過できる穴が天頂から地平線まで昼夜を問わず開いていたのだ。それより数年でも前か後に観測していたなら、特に日中は、電離圏からの影響で観測結果に混乱が生じていただろう。ジャンスキーは、適切な場所とタイミングで、適切な人間が適切なことをおこなう好例だ。[21]

＊　＊

すべての光の帯域には、それ専用の検出装置が必要だ。一台であらゆる帯域の光を集めることができる望遠鏡は存在しない。波長がきわめて短いX線を集光する場合は、光線が歪まないよう、反射板を非常に滑らかにする必要がある。しかし、電波を集める場合には、鶏小屋用の金網を磨いて手で曲げたものでも反射板として用いることができる。なぜなら、網の凹凸は検出しようとしている電波の波長よりも小さいからだ。反射板の表面の滑らかさは、測定したい波長の大きさと釣り合っている必要がある。そして、分解能を忘れてはならない。ある程度詳細な情報まできちんととらえたいなら、望遠鏡の直径は検出したい光の波長よりはるかに大きくなければならない。

ジャンスキーとレーバーによって製作された探知機は、最初の効果的な電波望遠鏡であり、見えない光をめぐる最初期の成功物語だ。ガラス製の反射板は、電波が通過してしまうので問題外だった。反射板は金属製でなければならない。

ジャンスキーが製作した直径三〇メートルの装置は、近代的な企業農場の散水装置に似ていなくもなかった。アンテナは長方形の大型金属フレームを交差させた木の支持材であり、スクラップになったT型フォードの前輪と車軸の上に組み付けたものだった。小型のモーターが接続されていて、アンテナ全体がターンテーブルの上で回転し、二〇分で一周した。近くの小屋には、電波の信号強度を記録するように改造された自動温度記録計を備えた受信機が置かれていた。[22]

一方、レーバーの望遠鏡は、その後に代々続く電波望遠鏡の原型となった、入射する電波を集め、受信機に送るのに反射板を用いる——卵の殻を半分にして傾けたような形のパラボラ型——直径九メートルの単一のアンテナだった。つまり、反射板は鏡のように機能するアンテナなのである。レーバーが成し遂げたのは電波を検出することであって、彼の装置は優れた分解能を出すのに十分な大きさではなかった。だが、一九四〇年代初頭の時点では、目に見えない宇宙の現象を検出するだけでも大きな前進だった。

予想されたとおり、パラボラアンテナはすぐに大きく、より良くなった。一九五七年の夏、世界初の大型電波望遠鏡となった、口径七六メートルの堅牢な鋼製の単一主鏡を可動式にした「マークI」が、イギリス北西部のジョドレルバンク天文台で初めて使われ、今も現役で活躍中だ。最近の電波望遠鏡は、大型というにとどまらず、巨大なものになっている。プエルトリコ中北部の海岸に近い、大きな天然のすり鉢状のくぼ地に建てられたアレシボ天文台のパラボラアンテナは、直径三〇五メートルの固定式だ。一九六三年に完成したこの壮観な建造物——二〇一七年九月、五段階分類で最も強い「カテゴリー五」の大型ハリケーン「マリア」でダメージを受けたものの、大きな被害は免れた[23]——は、一九六九年までアメリカ国防総省の監督下にあった。

アレシボ天文台の初期の資金源は、高等研究計画局が推進した弾道ミサイル迎撃に関する「ディフェンダー計画」だった。戦略防衛構想の先駆けとなったディフェンダー計画は、大陸間弾道ミサイルの迎撃が敵のデコイ（レーダー探知を混乱させるためのおとり）によって妨害されてしまうというアメリカの懸念を解消するためのものだった。アレシボ電波望遠鏡は、地球の電離圏を通過する弾道ミサイルのレーダー上の特徴がデコイの特徴と明確に異なっていて、この危険な兵器を識別して撃墜することができると明らかにしようとしていた。ついでながら、この望遠鏡は天体物理学の観測もできた。

アレシボの湾曲した反射面の形状は、伝統的な放物面ではなく、球面の一部だ。反射面自体は固定のため、反射面上方の高い場所に配置された革新的な可動式検出器によって、望遠鏡を天空のさまざまな領域に「向ける」ことができる。球面形状の主鏡が持つ光学特性のおかげで、この仕組みが可能になっている。また、アレシボの巨大なサイズは、深宇宙の物体から放出される非常に微弱な電波信号も、電離圏のような地球大気の電波混雑層からのそうした信号も、同様に検出することを可能にしている。さらに、望遠鏡は電波信号を検出するだけではなく、送信することもできる。望遠鏡をレーダーにして宇宙に送信された電波は、それを反射する物体に当たると地球に跳ね返り、その形状を記録したり、惑星、小惑星、彗星の軌道を追跡したりできる。

一九七四年、アレシボ望遠鏡は宇宙人に向けて電波メッセージを送った初の望遠鏡となった。電波を送った先は天の川銀河のなかにある、知的生命体が住む惑星が存在する可能性のある大規模な星団だ。ほかにも、ラッセル・A・ハルスとジョゼフ・H・テイラーの一九九三年度ノーベル物理学賞受賞理由である、アインシュタインの一般相対性理論の検証に役立った一九七四年の連星パルサーの発見に貢献するなど、天文台は多数の功績を挙げている。

約五〇年にわたって、アレシボは単体のものとしては世界最大の電波望遠鏡の称号を保持していた。二〇一六年、その栄誉はもっと壮大な構造物のものになった。中国南西部の人里離れた山岳地帯にある石灰岩の巨大な窪地に設置された「五〇〇メートル球面電波望遠鏡(ＦＡＳＴ)」だ。ＦＡＳＴの主鏡はあまりにも巨大なため、中国科学院国家天文台の主任科学者が述べたとおり、「ワインで満たしたなら、世界の七〇億人の人々が全員ほぼ五本ずつそのボトルの分け前にあずかることができる」。アレシボと同じく、その形状は球面を切り取ったものだが、それは技術上の些細な点にすぎない。その巨大さゆえに、ＦＡＳＴはアレシボよりはるかに高い感度での観測が可能だ。[24] 直径五〇〇メートルの開口部を持つＦＡＳＴは、直径三〇五メートルのアレシボ望遠鏡の三倍近い領域から集光できる。群を抜いて世界一の大きさだ。アレシボの検出感度をわずかに下回るものが宇宙にあっても、ＦＡＳＴがその方角を向いていれば、宇宙雑音の喧騒の中から信号をたやすく抽出できる。そのため、電波を介して宇宙人と会話する最初の人間が中国の天体物理学者となる可能性は十分にある。なんといっても、宇宙空間へのアクセスはどの国にも平等に開かれているのだ。

だが、遠くのかすかな物体よりも細部を鮮明に知りたいと考える観察者は、何キロにもわたって並べられた、もっと小ぶりな望遠鏡を利用する。それぞれの望遠鏡を空の同じ場所に向け、それらが得た信号を巧みに組み合わせることで、その望遠鏡の配列（アレイ）（干渉計と呼ばれる）は、列の長さに等しい、ありえないほど大きな直径を持つ単一の望遠鏡と同等の解像度による観察を可能にする。「スーパーサイズにする」は、ファストフード業界がスローガンにするはるか前から、自ら巨大化する電波干渉計の暗黙のモットーでもあるのだ。世界各地に点在する干渉計の例を挙げると、「超長基線電波干渉計」（ハワイからヴァージン諸島まで八〇〇〇キロの範囲に配置された、口径二五メートルのパラボラアンテナ一〇基からなる電波望遠鏡）、「巨大メートル波電波望遠鏡」（インドのムンバイ東方の乾燥した平原地帯に二六キロにわたって設置された、口径四五メートルのメッシュ製軽量パラボラアンテナ三〇基からなる電波干渉計）、「アタカマ大型ミリ波サブミリ波干渉計」（チリのアンデス山脈の最も乾燥した地域で標高四八〇〇メートル以上の場所に設置された、口径一二メートルと七メートルのパラボラアンテナ六六基からなる望遠鏡）などがある。

だが、遠くない将来、荒地に広がる数多くの固定「開口アレイ」アンテナ群——上空から見ると、縁に深い切れ込みの入った巨大なコインのようなものもあれば、ミニチュアのエッフェル塔のようなものもある——で増強された、何千基ものパラボラアンテナからなる「スクエア・キロメートル・アレイ（ＳＫＡ）」が稼働すれば、これらの巨大な干渉計も大きく見劣りすることだろう。アフリカ南部とオーストラリア西部にらせん状に設置されたＳＫＡの機構本部は、ジョドレルバンクに置かれる予定だ。

どれほど性能の優れた探知機にも、限界や欠点はある。超低周波の電波は波長が数千キロメートルにおよぶものもあるが、電波望遠鏡の個々のアンテナの直径は最大でも数百メートルしかなく、干渉計アレイはそのなかで最大のアンテナ径よりも長い波長の光を検出できない。したがって、超低周波（ＵＬＦ）と極低周波（ＥＬＦ）の電波は、天体物理学者が理解し愛用する種類の電波望遠鏡には検出されずに地球を通過していく。さらに、地上の通信塔やその他の近代文明の障害物によって、さまざまな検出可能な帯域の電波が劣化する。電波を遠くまで伝えたり逆に妨げたりする、電離圏を構成する複数の領域の不規則な乱れも問題となり、その影響は時刻や周波数によって変わる。

＊　＊

電離圏は、軍と宇宙科学者による現代のさまざまな研究に大きく関係してきた。世界初の弾道ミサイルである第三帝国のV2ロケットは、無傷で電離圏を通過して標的に着弾しなければならなかった。同様に、「電波探知・測距機」の頭字語であるレーダーの歴史における電離圏とその研究者の役割も、軍にとっては重要だった。[25]

ご存知のとおり、探知とは、何かの存在を判断あるいは確認することである。測距とは、その距離と方角を計算することだ。レーダーの考え方はとてもシンプルだ。小惑星、月、爆撃機、潜水艦など、遠くの物体に向けて電波を送り、研究電波がはね返ってくるかどうかを確認する。はね返ってくれば、それまでにかかった時間、電波の強さ、周波数と波形から、物体の形や物体までの距離、どの方向にどれほどの速度で動いているかなどがわかる。今日では、小惑星が宇宙におけるレーダー研究の主要な対象物であり、岩の大きさと形を把握し、得られた正確な軌道の情報から地球に飛来するものがないことを確認するために使われている。

セルビア系アメリカ人のエネルギッシュな発明家ニコラ・テスラは、一九〇〇年には早くもレーダーの基本的な考え方を提起し、一九〇五年出願のアメリカ特許の一つに正式に組み入れた。テスラほど有名ではない発明家のクリスティアン・ヒュルスマイヤーは、同じドイツ人のハインリヒ・ヘルツの研究成果を発展させ、一九〇三年から一九〇四年にかけて同様のドイツ特許を申請した。[26]無線通信の黎明期からその分野を代表する電気技師であり起業家であったグリエルモ・マルコーニは、一九二二年にニューヨークでエンジニア向けにおこなった演説でこのアイデアについて論じている。

テストをしていくなかで、遠く離れた金属物体による電波の反射と屈折の影響に気づきました。

発散性の電波を船から任意の方向に放射または照射し、他の蒸気船など金属製の物体に反射して戻ってくる電波を受信する装置をつくることは、可能だと思われます。それにより、相手の船が無線機器を装備していない場合でも、霧や悪天候下でただちに他船の存在や進行方向を把握し警告を発することができるのです。[27]

「警告を発する」とは、軍事的可能性に満ちた言葉だ。第二次世界大戦の開戦からまだ数か月しか経っていない時期に、レーダーはすでに世界の多くの場所でそうした目的のために配備されていた。東西ヨーロッパ、北米、日本。南アフリカでも、アリューシャン列島でも使われた。歴史家のアンドリュー・ブトリカは、次のように述べている。「第二次世界大戦は初めての電子戦争であり、レーダーはそのなかで主要な役割を果たした。開発されたきっかけは科学研究だが、レーダーは第二次世界大戦において攻撃にも防衛にも重要かつ不可欠な戦争の道具として実戦投入され、その地位を確立した」[28]

物理学者のルイス・ブラウンは、著書『第二次世界大戦のレーダー史（A Radar History of World War II）』の序文の冒頭ページで、「科学と戦争は、まぎれもなく人間を獣と区別する二つの著しく異なった特徴だ」と示唆している。だが、相違があっても結婚は妨げられないものだ。戦争は科学と同じくらい人間に特有のものだ。人間以外で戦争と呼べるほど組織だった闘争をするのはアリだけである。さらに、科学と戦争は文明の黎明期からずっと不可分の相棒として、どちらも望んでおらず、解消することもできないパートナーの関係に閉じ込められてきた。[29]

連合国側と枢軸国側のどちらも、その相互依存の関係から軍用レーダーを生み出した。「発明者と軍のあいだのそのように密接な協力によって設計された武器は、それまでなかった」とブラウンは書いている。[30] だが、この協力関係は自然発生したわけでも順調だったわけでもなかった。装置が制式採用されるまで、レーダーの研究者や支援者は何度も政治的および制度的な障害に直面したうえ、レーダーそのものも、当初はもっと初歩的な競合技術である音響位置測定や赤外線探知を推す陣営のために脇に追いやられることがあった。陸軍と海軍の縄張り争いと、重要な意思決定をする立場にある者たちの科学的知識のばらつきも状況を複雑にしていた。[31]

＊　＊

二〇世紀初めの三分の一が経過するまでに、北半球の科学者たちはやがて、レーダーだけでなく、テレビの実用化も可能にする部品や材料を開発していた。そのなかで最も重要なものは、ブラウン管（石英ガラスが決め手となった）と高周波ケーブル用の絶縁体（ポリエチレンが決め手となった）だった。こうした研究開発の多くは、デュポン、ゼネラル・エレクトリック、IGファルベンインドゥストリーのような大企業でおこなわれ、当初は軍からの要請ではなく、民間のラジオブームがその推進役となった。一九三〇年代、イギリス、フランス、ドイツ、日本、ソ連、アメリカでは、軍の研究所、エレクトロニクス企業、大学、民間研究機関の「戦友たち」が、効果的な電波探知技術をこぞって研究していた。アドルフ・ヒトラーが総統になってドイツが再軍備を進めたとき、レーダー波は文字どおり空中を飛んでいた。[32]

レーダー研究の方向性と進み方は国によってかなり異なっていた。たとえば、イギリスは当初防衛用途に焦点を当てていたが、[33]ドイツは攻撃目的に注力していた。イギリス政府は科学者や兵器の新たな用法を積極的に模索していたが、ドイツ政府は技術者たちから当局者にアプローチして兵器の実演をさせるやり方をとっていた。イギリスは組織的な軍事能力の開発に多くのエネルギーを注いだが、ドイツは先進的なレーダー技術の開発と機密保持を重視していた。事実、機密保持があまりに厳格だったため、ドイツ海軍（クリークスマリーネ）は当初、その技術をドイツ空軍（ルフトヴァッフェ）と共有するどころか、見せることにすら反対し、海軍の艦船にレーダー士官を乗船させたり操作マニュアルを装備したりすることに抵抗したほどだ。[34]

開戦時、ドイツはすでに三種類の主要な先進的レーダー技術を持っていたが、実際の運用に供されているものは少なかった。ドイツ海軍が艦船搭載用と沿岸防衛用に開発した海上探知レーダー「ゼータクト」は正確な測距性能を追求したものだったが、ドイツ空軍の「フライヤ」はゼータクトよりも遠くの目標を検出することができる長波長の陸上用移動式対空警戒レーダーであり、非常に正確な照準用レーダーである「ヴュルツブルク」は対空砲にとってきわめて有用だった。第二次世界大戦が激化するにつれ、製造業者は大小さまざまなバリエーションを考え出した。[35]

イギリスは一九三〇年代初頭の軍事演習の結果から、ドイツが大量に生産しつつある近代的な総金属製爆撃機による空襲に対して自国が無防備であると判断していた。イギリス政府内にはレーダーの戦略的有用性にいち早く気づいた関係者がいて、軍用レーダーの研究と実戦配備に向けて資源と人員の大量投入を決断した。この開発は議会にも報道機関にも秘密のまま進められた。一九三五年七月の時点で、イギリスのレーダーは六五キロ先の飛行機を探知でき、一九三六年三月までにその距離は一二〇キロまで伸びていた。一九三七年末の時点で三つの早期警戒レーダー基地が運用され、一九三九年九月までに、「チェーンホーム」と呼ばれる、二〇のレーダー基地による航空機監視網がイギリスの海岸線に沿って設置された。それから一年後の一九四〇年九月一五日、「バトル・オブ・ブリテン」がピークを迎えたころ、チェーンホームの操作員たちは多数のドイツ軍機を撃墜することに貢献し、ドイツ空軍は日中の大規模な出撃を中止して夜間の奇襲攻撃に切り替えざるをえなくなり、昼間は特定の目標に限定した攻撃をときおりおこなうだけとなった。ドイツはイギリス侵攻計画をあきらめざるをえなくなった。

開戦時はドイツとアメリカの方が優れた装備を持っていたものの、イギリスは事前に自国への脅威を検討したうえで迅速に構築可能な防衛システムを選定し、レーダーを通じた国土安全保障という指針に沿って軍隊を部分的に再編成した。そして、他のレーダー保有国の人員をすべて合計したよりも多数のレーダー操作員を——女性も数百人いた——動員し訓練した。迅速で簡潔なコミュニケーションが重要だった。ブラウンが書いているとおり、イギリスは「レーダーによって得られた情報は即座に分析され行動に移されない限り価値がないことをきちんと理解していた[36]」

だがもちろん、機材も重要だった。チェーンホームによる貢献の技術面の根底にあるのは、一九二〇年代半ばにアメリカの科学者によって開発された、数ミリ秒のパルス波を送信し、それが戻ってくるまでの時間を計測することによって電離圏内の反射層の高さを測定する技術だ。一九三五年初頭から終戦まで「防空のための科学的調査委員会」の命を受けて活動したイギリスの「電波研究委員会」は、祖国防衛のためにこの技術を採用した[37]。チェーンホームにとって解決しなければならない課題には、友軍機と敵機の識別、低空で沿岸部に近接して飛ぶ航空機の検出、飛来する航空機の正確な高度測定値の提供、および敵機の正確な機数を割り出すことなどがあった。チェーンホーム単独でこれをおこなうことはできなかった。無線方向探知機器、優れた無線電話、そして民間人のレーダー操作員など、多くのものが必要だったのだ[38]。

それでも、波長一・五メートルのレーダー波を用い、戦闘機のパイロットに無線電話で簡潔かつ明瞭な暗号文で情報を伝えるレーダー地上設備は、ドイツの工場を破壊したり、Uボートを爆撃したり、夜の闇に紛れてロンドンに向かうドイツの爆撃機を撃墜したりするための十分な情報を友軍のパイロットに提供できなかった。地上からの情報以外に、パイロットにとっては一種のサーチライトのように機能し、暗闇や霧のなかでも標的を検出することができる、強力かつ軽量な高周波装置を搭乗機が備えている必要があった。この新しい装置には、地上基地からの対空監視用として非常に有用であることが証明されている低周波数レーダーは使えなかった。なぜなら、上空から照射した場合、地表から反射される電波エネルギーが敵機からの微弱な反響電波をかき消してしまうからだ。さらに、装置は小型軽量でなければならなかった。この問題を解決したのが、いわゆる共鳴空洞マグネトロンを使ったマイクロ波レーダーだ。一九四〇年九月の最高機密任務でアメリカに持ち込まれたイギリス製マイクロ波レーダーについて、フランクリン・D・ルーズヴェルト大統領は「これまでアメリカに輸入された最も重要な貨物」と呼び、イギリステレコミュニケーション研究所所長のA・P・ロウは「戦争の転換点」と呼んだ。

結局、こうした主張は半分真実であるにすぎなかった。一九三〇年代には、マイクロ波レーダーに関する詳細な研究がおこなわれていただけでなく、他の種類のマグネトロンもすでに存在していた。空洞マグネトロンは一九二〇年代にロシア人が特許を取得したが、ドイツでもすでに存在を知られていた。一九三〇年代末までには日本でも利用されていた。単にイギリスにおいてこの装置が知られておらず、ドイツでは自国での開発を後回しにして、より長い波長のレーダーの開発に集中するよう命じられていたということだ[39]。

そのため、イギリスの科学者たちはこの発明について知らないまま独自に考案し、アメリカがすぐにその改良を目指すことになった。実際には機密保持が不要だった輸送任務がおこなわれてから一年も経たない一九四一年の春、ボストンで新しく設立されたマサチューセッツ工科大学放射線研究所は、共鳴空洞マグネトロンの波長三センチメートル版を開発した。それからほどなくして、ケンブリッジに本社を置くレイセオン社が、米英両国が戦争で使うマグネトロンの大半を製造するようになった。[40] 実際、今や生活に欠かせない電子レンジの起源をたどると、レイセオンの技術者だったパーシー・スペンサーに行き着く。スペンサーは、近くで作動していたマグネトロンから放出されたマイクロ波で、ポケットのなかのチョコレートバーが溶けたことを発見したのだった。

そのころ、アメリカ海軍と陸軍の通信部隊は、より長い波長のレーダー開発に取り組んでいて、一九四一年一二月七日には陸軍航空機警戒システムの新型移動式レーダー装置が、真珠湾に接近する日本の機影を攻撃の一時間近く前に探知した。だが警報は無視され、レーダー反射波の発生源は、ちょうどその日にカリフォルニアから到着予定だった友軍の爆撃機B—17だと誤解された。[41]

また、レーダーを用いた戦争では、情報の欠如が戦いの展開に影響を与えた。戦争の一方の陣営が、敵側が効果的なレーダーを持っていることを知らない時期もあったようだ。その顕著な例として、一九四三年夏、アメリカ海軍に包囲されたアリューシャン列島のキスカ島から日本軍が迅速に撤退したことが挙げられる。濃霧のなかでの撤退を可能にしたのは、新型マイクロ波レーダーを使って日本軍の提督が決然と実行したからだったが、アメリカはその装置の存在を知らなかった。[42]

運用の失敗や性能面の限界もあったとはいえ、さまざまな形で用いられたレーダーは、連合国と枢軸国いずれの作戦においても大きな役割を果たした。連合国側では、爆弾が戦争を終わらせたという見方が一般的だが、それを可能にしたのはレーダーである。レーダーの使用により、暗闇のなかで敵の爆撃機を見つけて撃墜し、航空機による「無差別爆撃」が可能になり、対空砲の射撃精度を最大限に高め、航空機は下界の地表や海面の様子を把握でき、そして当然ながら、霧や暗闇のなかでの飛行が容易になった。だが、開戦からしばらくは、無差別爆撃で正確に敵を狙うことはできなかった。したがって、工場などドイツの産業施設を正確に選んで破壊することはとうてい不可能だった。そうなると代替策としては、より広い範囲を爆撃するしかない。ルイス・ブラウンは、技術的制約によって行動が制限されることについて次のように書いている。「具体的に言えば、このことは攻撃目標が都市のサイズでなければならないということだ」。こうして、ドイツに対する空爆では当初計画されたように合成石油の精製所を破壊するだけでなく、所在地の都市を丸ごと壊滅させることとなった。[43]

記者たちがレーダーについて詳細に報道することを許可されるようになるとすぐに、連合国の戦況報告にときおり誇張が混じるようになった。いわく、「おそらくこの戦争における最もすばらしい、強固に守られてきた秘密」「今日の戦争は、現代の電気仕掛けのジーニー（『千夜一夜物語』に登場する魔神）なしでは、多かれ少なかれ無力だろう」「原子爆弾が考案されるまで戦争の最も強力な『秘密兵器』だったレーダーの偉大なドラマ」などだ。[44] 一九四六年初頭、イギリスのレーダーの先駆者であるロバート・ワトソン＝ワットは、「この秘密兵器によってUボートを撃退でき、私たちの生命線の寸断を防ぐことができた」と語った。[45] ウィンストン・チャーチルは、もっと微妙な表現で評価していた。「イギリスの功績は、装置の新規性というよりも、むしろ運用上の効率性だった」。[46] 偉大なドラマなのか単に功績なのかはともかく、レーダーは見えないものを見えるようにすることで戦争を変えた。数十年後、ルイス・ブラウンは「第二次世界大戦におけるレーダーの導入はまったく新しいものの見方をもたらし、戦闘が工業化したことを象徴するいかなる発明よりも戦争の基盤を根本から変革した」と主張している。[47]

レーダーはまた、天体物理学者が人類の絶滅につながる可能性がある危険な小惑星を追跡する手段を提供している。これはレーダー技術を究極の防衛目的に応用することであり、戦争ではなく生存のための手段として用いることだ。

＊　＊

戦争の終結によって、ジャーナリスト、政治家、軍人、市民がこぞって、実戦で証明された電波の軍事的利点を称賛した。彼らはまた、それを可能にした科学者やエンジニアも称えた。多くの科学者がレーダーを使った電離圏の研究に着手したり、以前の研究を再開したりし、軍の計画立案者たちは、新種の長距離兵器による脅威に対して、レーダーを用いた、より優れた対抗策を検討しはじめた。今や、科学者、軍関係者、産業界による、大規模で複雑な協力関係が構築される段階に入ったのだ。

戦時中、そして戦後すぐ、科学者と軍のあいだには広範な知識の共有とやり取りがなされていた。[48] 当初、レーダー研究者たちは軍に基本的な技術を提供したが、軍は大企業や大学と協力することも多く、提供された技術を軍事的に有益な形で応用するための大規模な科学技術計画を推進した。戦後、レーダー天文学者たちはこの技術をさらに発展させ、産業界は軍での役割を終えた多くの科学者を受け入れた。かつての敵は味方になり、またその逆もあった。「鉄のカーテン」が降り、冷戦期におけるさまざまなプロジェクトが急増した。電波帯域の研究は戦後すぐ盛んになり、天文学者たちは不要になった戦時のレーダー設備をただ同然で払い下げを受けたり、廃棄される予定のものをそのまままもらい受けたりして天文台に装備した。ジョドレルバンク天文台もまさにそのようにして整備されたのだ。

一九四六年の初め、ニュージャージー州にあるアメリカ陸軍通信部隊施設のレーダー天文学者たちは、電波を月面から反射させることに成功した。それから一か月もたたないうちに、ハンガリーの物理学者たちもそれに成功した。イギリスの研究者たちは、地球の大気圏に落下してくる流星の目撃情報と、流星が大気中で燃え尽きる際に彼らの機器が記録するレーダー反射波とのあいだに相関関係を発見した。落下経路と速度の綿密な分析を通して、イギリスとカナダの研究者たちは、探知可能な流星が太陽系起源のものであり、系外から飛来したものではないと断定した。複数の国の研究グループは金星からのレーダー反射波受信に成功した。[49] 戦前は敵同士だった国の研究者たちも、通常の科学的慣行である共同研究を再開した。顕著な例（実現するのは後になってからだが）は、ジョドレルバンク天文台所長のバーナード・ラヴェルと、一九四三年五月に撃墜されたイギリスの爆撃機二機に搭載された無差別爆撃用レーダーについて調査・報告した人物であるドイツ人電波天文学者の協力だ。[50]

電離圏の研究は、昔も今も軍の優先開発目標の一つである、二地点間を結ぶ安全な長距離通信の進歩に貢献した。アメリカではアメリカ規格局（現在はアメリカ国立標準技術研究所［NIST］と呼ばれている）の無線伝播中央研究部門や、空軍ケンブリッジ研究所、陸軍通信部隊、海軍研究局などの軍関係機関から大きな資金提供と研究委託がおこなわれている。ITT（アメリカ国際電信電話会社）、RCA（ラジオ・コーポレーション・オブ・アメリカ社）、アイオワ州シーダーラピッズのコリンズ・ラジオ社など、大小さまざまな規模の企業もこれに参画していた。こうしたなか、スタンフォード大学、海軍研究所、ジョドレルバンク天文台などさまざまな機関に所属する天文学者たちが、月面に電波を反射させるアイデアを含め、地球と月のあいだの無線通信の可能性を探っていた。一九五一年には複数の研究グループが、コストのかからない自然の無給電中継装置として月を経由させる長距離無線音声通話を、スプートニクの打ち上げに先駆けて成功させた。[51]

＊　＊

そのあいだ、さまざまな科学者、軍幹部、未来学者、政治指導者、大学を拠点に研究開発をおこなう軍事産業――アーサー・C・クラーク、ヨーゼフ・スターリンから「ランド計画」に至るまで——が、ロケットについて真剣に検討を続けていた。

電離圏を貫通させることができるこの発明が、宇宙に通じる道となるとともに地球規模の破壊をもたらす手段にもなることは、既知の事実であった。ロバート・ゴダードによる最初の液体燃料ロケット打ち上げから五年後の一九三一年秋、アメリカ惑星間宇宙学会の初代会長で、高校を中退した経験ののちマサチューセッツ工科大学で工学を専攻し卒業したデイヴィッド・ラッサーは、確信を持ってニューヨークのアメリカ自然史博物館の聴衆にこう宣言した。「私の考えでは、ロケットが完成すると、これまでの戦いでは見たこともないような脅威を将来の戦争にもたらし、冷静で淡々とした科学的な方法で国家を破壊する可能性があります[52]」

普段は偽装されていることが多く、発射されると超音速のすさまじい勢いで飛び、追跡もままならず音も聞こえずに標的を襲うドイツのV2ロケットは、技術が恐怖をもたらすことをこの上ないくらい証明したため、米ソ両国は第二次世界大戦が終わる前から、開発に関わった少数のドイツ人ロケット技術者とV2ロケットの部品を確保しようと躍起になった。[53]どちらの国もV2の破壊力を大きく増大させた、通常の爆薬ではなく核弾頭を備えた長射程の高速ミサイルの開発を目指していた。だがそれと同時に、V2を地球の大気圏を超えて宇宙に発射することの価値も両国は理解していた。V2ロケットの生みの親であるヴェルナー・フォン・ブラウンでさえ、一九四四年にV2が初めてロンドンを直撃したとき「ロケットは完璧に動作したが、間違った惑星に着地した」と語ったのは有名な話だ。[54]

アメリカは、ドイツが戦争中に達成しようとしたことを受け継ぎ、一九四六年にニューメキシコ州ホワイト・サンズのミサイル試射場でテストする予定にしていた、国内で初めて組み立てられた二五発のＶ２への搭載に適した科学機器を考案するよう、天体物理学者と電離圏科学者たちに依頼した。[55] この取り組みの指揮を任されたＶ２ロケット委員会のメンバーには、海軍研究所、陸軍通信部隊、応用物理学研究所、航空宇宙諮問委員会(ＮＡＣＡ、戦時中のＮＡＳＡの前身)、ゼネラル・エレクトリック、プリンストン大学、ハーヴァード大学、ミシガン大学が名を連ねていた。搭載機器には分光写真器、環境放射線から遮蔽されたガイガーカウンター、新しいタイプの写真乳剤、温度センサー、遠隔測定システム、そしてロケットの排気を通してその信号を伝播するマイクロ波帯の無線送信機があった。当初、Ｖ２委員会の初期の会議において、軍のオブザーバーは彼らが必要とする種類のデータを明確にする必要があると考えていたが、すぐに彼らが望むものと科学者たちが得ようとしているデータがほぼ完全に一致していることを理解した。両者が目指すものは通じ合っていたのだ。

『陸軍装備』誌の一九四六年秋の論説は、このロケット開発努力について知識を求める旅という前向きな言葉で描いている。「研究目的を達成するため、爆薬を詰めたＶ２の『弾頭』は、上層大気の探査とロケットの性能評価のための科学機器を搭載した『平和の箱』に交換される」[56]。だが、陸軍省が資金を供給しているかぎり、その実態をよく見れば科学目的に見せかけた戦争の準備だということがわかるはずだ。

＊　＊

だが、ここで電波の不可視性と、軍事における不変の目標であるステルス技術の話に戻ろう。地球は、宇宙のなかでも有数の電波発信源だ。私たちは自分たちの存在を大々的に放送している。地球の方向に電波望遠鏡を向けて天体観測をしている宇宙人がいるとしたら、私たちのしていることはステルスとは正反対だ。地球型惑星というのは、私たちの最もよく知る例であるこの地球も含め、おびただしい量の電波を自然に放射することはない。だが、私たちの活動を顧みれば、電波を生み出すものが数多くあることに気がつくだろう。携帯電話、車のリモコンドアロック、スピード違反切符を切られる候補を探すレーダーガン、テレビ放送、あなたの家のＷｉＦｉ、隣近所のＷｉＦｉ、宇宙探査機と交信するＮＡＳＡの深宇宙通信情報網ディープスペースネットワーク、そしてもちろんラジオ局も。私たちの惑星は、烈火のごとく電波を放射している。宇宙人にとっては、私たちが豊富に技術を持っていることの何よりの証拠だ。

だが、より近くから監視される可能性があるとなると、地球人はもっと慎重になる。私たちは防御策に関心を払う。新たな脅威があれば、いつでも新たな対抗策を見つけ出そうとする。レーダー王のロバート・ワトソン＝ワットは、お互いにいつまでも続く対策の連続を「発射体と装甲との長年の競争における、対抗手段に対抗する手段に対抗する手段……の決して終わらない連鎖」と表現した。[57]

レーダーに対抗する一つの便利な手段が、第二次世界大戦中に開発された。それをアメリカでは「チャフ」、イギリスでは「ウィンドウ」、ドイツでは「デュッペル」と呼んだ。海軍長官の説明によると、「さまざまな長さに細切りにしたアルミ箔を独特の方法でパッケージにしたものであり、戦闘機から大量にばら撒いたとき、煙幕が敵の視界の方向に作用するのと事実上同じ効果を敵のレーダー方向に及ぼす[58]」

チャフは一種のデコイ（おとり）だった。そして今もそうだ。レーダーを搭載した戦闘機や誘導ミサイルにとっては、チャフがあたかも標的のように見える。一九四〇年代当時、チャフの一番の魅力は、自分に向けて放たれたレーダーを反射する性質があることだった。つまり、レーダーにとらえられた航空機がエコーを跳ね返すのに似せているのだ。チャフに必要な条件は複雑ではない。反射率が高く、固まりになりにくく、レーダーの波長に合った長さであればよい。ふわふわ漂う細切れのアルミ箔が空中に散布されると、敵の追尾レーダーは混乱状態に陥り、標的とチャフの見分けがつかなくなる。もし敵のレーダー追尾システムが使う波長がわからなければ、さまざまな長さのチャフを一度に散布し、そのうちのどれかがうまく機能するのを期待すればいい。もし波長がわかっているのなら、適切な長さのチャフだけ散布すればよく、そうすれば反射率も高まり、標的になりすます確率を最大化できる。敵のレーダービームの幅が広ければ、その分多くのチャフに引っかかる可能性がある。

チャフを有望な対抗策として連合国側で初めて公式に提案した人物は、ウェールズ人の物理学者、ジョアン・カランである。彼女は、イギリス・テレコミュニケーション研究所で唯一の女性科学者だった。無線技術を扱うドイツの会社テレフンケンも、二年前の一九四〇年に独自の型を試験していた。今になって振り返れば、コンセプト自体は自明なことのように思える。しかし、かえってすぐに自国側の脆弱性を増してしまう事態を恐れた意思決定者たちは、共鳴空洞マグネトロンの場合と同じく、はじめのころは使用許可を出すことに抵抗した。今回の懸念は、一度チャフが使われれば敵側はそれを容易に観測し、すぐに仕組みを理解して簡単にコピーをつくりかねないという点だった。それでもチャフは結局、一九四三年には配備され、終戦間際にはアメリカで生産されるアルミ箔の四分の三がチャフ製造向けになっていた。[59]

第二次世界大戦でレーダー対策に用いられたものは、チャフだけではなかった。電波妨害(ジャミング)、ブラインディング、難読化(たとえば航行レーダーのパルス繰り返し数を変更する)、ノイズ発生、Uボートの吸排気管をゴムで覆う。スプーフィング(なりすまし)は、たとえば不相応なほど強いエコーを返すように機器を操作し、こちらから多数の飛行機が向かっているかのように敵方のオペレーターに思い込ませるやり方だ。誰かが思いついた対策は、何であれ、よりよい別の方法に取って代わられるか、あるいは敵があまりに熟知して慣れてしまうか、一時的にその存在を忘れてしまうかするまでは、さらなる対抗策を生み出すゲームの格好のターゲットになった。探索レーダー受信機という電子機器もある。これを指向性アンテナに取り付けると、より遠くから敵のレーダー基地の位置を、レーダーそのものを使うよりも効果的に特定できた。[60]

そうしているうちに、「レーダー対策」への対策が登場する。その一つは、ドイツ側による発明で、爆撃機とチャフの動きの違いに基づいたものだ。高速で飛行する爆撃機に反射した電波は、ドップラー効果の影響で波長が変化する。一方、ほぼ重さのないチャフはただ風に流されるだけだ。ドイツ軍はこれを利用して、少なくともときどきは、敵機をチャフから区別したうえで対空砲を放つことができた。[61]

＊　＊

天体物理学者にとって、チャフが対抗策として興味深いのは、アルベドを利用しているという点だ。アルベドは反射率ともいい、さまざまな波長の電磁波を使って天体を研究する際にほぼ不可欠な特性だ。ふつう、光の検出に専念する生物学者や地質学者、化学者、物理学者はいない。だが、天体物理学者は違う。軍も現在進行形でアルベドを気にかけている。アルベドを最小化することは、革新的なステルス技術、ひいては国家安全保障にとって最上級の目標だからだ。ただし、軍ではアルベドではなくレーダー断面積という物理量で考えている。

アルベドとは、物体に当たった光のうち、平均してどれだけの光が反射されるかを示す割合である。反射されなかった光は物体に吸収される。アルベドの値が小さいほど、その物体を検出するのは難しくなる。それでいうと、月はひどく暗い天体であり、アルベドは〇・一二しかない。自動車のタイヤの側面とほぼ同じだ。つまり、月の明るい部分と暗い部分をすべて計算に入れると、月は当たった光の一二パーセントを反射し、残りはすべて吸収するということだ。私たちの隣にある、雲に覆われた惑星である金星のアルベドは、〇・七五。そのおかげで、薄明かりの空で美しく明るく輝き、よくＵＦＯと勘違いされる。土星の衛星エンケラドスは、大部分が新鮮で汚れのない氷で覆われており、アルベドは驚きの〇・九九である。検出器が明るく感じたからといって、その物体が必ずしも近くにあるとは限らない。遠いけれども表面が光をよく反射する場合もあれば、近くにあるが表面の反射率は控えめな場合もある。要するに、アルベドにはきわめて重要な情報が含まれているものの、アルベドだけではターゲットについての部分的な情報しか得られない。

ステルス業界全体は、物体のアルベドを可能なかぎりゼロに近づけようとしている。飛行機のレーダー断面積をアシナガバチほどの大きさにできれば、敵のレーダーからはその機影が消え、コヒーレントな電波を反射して敵に返すことがなくなる。うまくいけば、敵は電波が吸収されたのか、それとも何にも邪魔されずに宇宙を進み続けているのかが識別できない。さらに、航空機に電波検出器を搭載すれば、自機がレーダーに「塗られた」ときにそのことがわかる。つまり敵に発見されたことを知ることができるのだ。敵が地対空ミサイルを撃ってくるかもしれない場合でも、回避策をとることができる。

だが、よりよい別のやり方がある。航空機の表面全体を切り子のような多面体にするのだ。特定の角度の表面を組み合わせることで電波は四方八方に散乱するが、電波が来た方向には跳ね返さないので、レーダーからは機体がほとんど見えなくなる。空軍が「意外性を取り戻した」と言ったとおりだ。そうやって設計されたのがF―117Aステルス戦闘機である。大雑把に言えば、三角形のような形をした「低視認性」の一人乗り戦闘機で、ステルス性をさらに高めるため、レーダー吸収性を持つ黒い素材で覆われている。外見は巨大な折り鶴のようにも、空飛ぶ戦車のようにも見える。航空力学の面ではすばらしくできがよいわけではないが、少なくともしばらくのあいだは――意外性はいずれ陳腐化するので――アメリカ空軍が攻撃の場所と時間に関する主導権を握ることを可能にした。[62]

ネヴァダ州の乾燥塩湖のそばにある、伝説に彩られたかつての秘密基地、エリア51。そこで一九七〇年代から一九八〇年代初期にかけて開発されたF―117Aは、一九九〇―九一年の砂漠の嵐作戦と二〇〇三年のイラクの自由作戦において、イラクで数百回の接近攻撃や空爆に関わった。同機の科学上の生みの親は、ソ連の理論物理学者かつエンジニアが一九六二年に書いた一本の研究論文だった。それは、「複雑な形状の金属胴体による電磁波の回折」を計算するための数学的な基礎、より具体的には「急な不連続性のある表面または鋭い縁を持つ反射体（短冊、円盤、有限円筒、円錐等）」について書かれたものだ。この論文は一九七一年にアメリカ空軍向けに翻訳され、間もなくロッキード航空機内の秘密主義的な精鋭チーム、スカンク・ワークスのレーダー専門家らによって詳細に検討された。スカンク・ワークスはそれ以前にもU―2偵察機を開発していたチームだ。[63]

このころの科学者はすでに、特定の表面特性があれば機体が簡単にはレーダーに捕捉されなくなることを理解していた。だが、電波の回折を扱う実用可能な物理理論をつくるには、必要な数学理論が存在していなかった。そこに貢献したのがピョートル・ウフィムツェフ、一九六二年の論文の著者である。書かれてから最初の一〇年間は冷戦のなかで埋もれていたが、この論文はやがて「ステルス技術におけるロゼッタストーン的なブレイクスルー」となり、ロッキードのF―117Aステルス戦闘機を誕生させた。それだけでなく、機体を多面体ではなく連続的な曲面にした、ノースロップ・グラマンのB―2ステルス爆撃機も生み出したのだ。両者の違いは、単純に開発当時の計算力の違いによるものだ。コンピューターは、一九七〇年代と比べると、一九八〇年代のほうが一〇〇倍強力だった。[64]もしもバットマンがステルス爆撃機を操縦するなら、バットプレーンにはB―2を選ぶだろう。

＊
＊

軍人たちは半世紀以上にわたって、ほとんどの探知が可視光の届かない状況または可視光領域外でおこなわれているという事実を活用してきた。一方、天体物理学の研究は長年、あらゆる波長の光を用いて現象を探知することに捧げられてきた――課題を達成するために、科学技術上の進歩があるたびに何でも使ってみるのは楽しみなことである。二〇一五年の九月から、観測に使える道具のなかに重力波が加わった。国際共同研究チームがアメリカの重力波望遠鏡ＬＩＧＯ（レーザー干渉計重力波天文台）を用いて発見した重力波は、時空を伝わるさざ波であり、光ではなく重力の風変わりな振る舞いによって発生する。広い宇宙を渡ってきた重力波は、発見されたとはいえ、地球に到達したときにはかなり弱くなっている。そういうものを利用する重力天体物理学が革新的な軍略を生み出すまでには、数百年や数千年かかってもおかしくはない。

近ごろは、天体物理学上の発見の多くが、スペクトルでいう可視光の外側の部分をとらえる検出器によってもたらされる。それも、低エネルギー側は波長数百キロメートルの極超長波から、高エネルギー側は波長一〇〇〇兆分の一センチメートルほどのガンマ線まで幅広い。たとえば、地球から七万六〇〇〇光年離れていて、肉眼で見える最も暗い星よりも数百万倍弱い光しか地球には届かない巨大な星の川を見てみたいだろうか？　それならＮＡＳＡの赤外線宇宙望遠鏡、スピッツァー宇宙望遠鏡を使えばいい。地球そのものよりはるかに古い、七六億光年離れた銀河が急にガンマ線を大放出するのを見るには？　アリゾナ州にある超高エネルギー放射線画像化望遠鏡群システム（ＶＥＲＩＴＡＳ）で観測し、ＮＡＳＡのフェルミガンマ線宇宙望遠鏡で確かめればよい。地球から一〇〇億光年近く離れていて、太陽の四〇〇兆倍の質量がある銀河なら？　ヨーロッパ宇宙機構のＸＭＭニュートンや、ＮＡＳＡのチャンドラといったＸ線観測衛星のデータを使って質量を決定しよう。

現代の天体物理学者が見る宇宙は、かつてニュートンやハーシェルが概念化した宇宙よりも果てしなく複雑だ。星のゆりかごとなる場所などは、赤外線では光り輝いて見えるものの、可視光領域ではほぼ真っ暗である。宇宙マイクロ波背景放射も同じく可視光では見えない。第二次世界大戦以降の驚くべき発見は、どれも可視光以外の波長でなされたものだ。とはいえ、いまだに可視光検出器は驚きをもたらしてくれる。二〇一六年、ハッブル宇宙望遠鏡を使って観測をおこなった天体物理学者たちが、地球から一三四億光年という観測史上最も遠いところで輝く銀河を発見したのである。その銀河の星々は、水素、ヘリウム、そして少量のリチウムだけでできていた。というのも、他の元素はまだ存在していなかったのだ——炭素も、窒素も、鉄も、ケイ素も、もちろん金や銀も。

どの周波数帯の光も、それぞれに検出上の困難を抱えている。地球の大気は可視光にとっては透明であり、だからこそ私たちには太陽が見えるのだが、紫外線にとってはほぼ不透明だ。雲は可視光にとっては不透明だが、赤外線にとってはほとんど透明だ。レンガ塀は私たちの目には不透明に見えるが、マイクロ波にとっては透明であり、だからこそ屋内でも携帯電話を使って会話ができる。人体は電波にとっては透明だ。ガラスは可視光にとっては透明だ。もしも、レンガ塀は不透明だと言えば、天体物理学者にこう尋ねられるだろう。どの波長で不透明なのか？　そして、こうも問われるだろう。透過曲線を見せてくれ。どの媒質を通るどの波長の光の何割が吸収されずに通り抜けるのか？

たとえば、マイクロ波を考えよう。これは電磁スペクトルの長波長側にある低エネルギーの電磁波であり、波長の範囲は一ミリメートルから三〇センチメートル。地球大気外の物体からやって来るマイクロ波のうち、地上の望遠鏡まで届くのは半分ほどしかない。残りの半分はどこへ行くのか？　大気中の水蒸気に吸収されるのである。そのため、マイクロ波を扱う天体物理学者は、望遠鏡の置き場所として砂漠を選ぶ。それも、ほとんどの雲より上にあるほど標高の高い砂漠ならなおよい。地球上で、この乾燥と標高の両方が都合よく揃っている場所の一つは、チリ北部、アンデス山脈の高台にあるアタカマ砂漠である。年間の降水量が数ミリもない（ただし、近年の気候変動で二〇一五年には鉄砲水が発生し一面がピンクの花畑になった）アタカマ砂漠は、地球上で最も乾燥した砂漠であるうえに、標高も高いので、雲の大部分、つまり水分の大部分はここより下にある。地上に設置されたマイクロ波望遠鏡のなかで最も強力なアタカマ大型ミリ波サブミリ波干渉計（ALMA）がこの場所にあるのも意外ではない。

地球の大気を通るマイクロ波の透過曲線を描いてみると、波長一八―二一センチメートルのところに突然、透明な窓が現れる。この狭い幅の両端には、宇宙のいたるところに存在する水素原子（H）と、それとパートナーになって水をつくるヒドロキシ基（OH）による放射があるのがはっきりとわかる。そのことから、この幅は「ウォーターホール」とも呼ばれる（この言葉は、野生動物が水を飲んだり浴びたりするのに集まる場所を指すことのほうが多い）。もし、どこかの宇宙人が私たちのことを知り、コミュニケーションをとりたいと考えたとすれば、その宇宙人はおそらく、さまざまな波長での水による吸収効果も知っていることだろう。だから、もし彼らが賢ければ、ウォーターホールを通り抜ける周波数のマイクロ波を使って、私たちとコンタクトを試みるかもしれない[65]。

水がマイクロ波を吸収するという天体物理学上の発見を、より平和的でない利用のしかたをするとどうなるだろうか？　人間の体に含まれる水分を標的にした非致死性兵器を設計するのは、どれほど難しいだろうか？　私たちの体は平均して体重の五分の三が水でできている。そのような武器は、電子レンジと同じ原理で動作させることが可能なはずだ。

求めよ、さらば与えられん。アメリカには、レイセオン社のアクティブ・ディナイアル／サイレント・ガード・システムがある。平和的なALMAと同じく、標準的な電子レンジよりも波長が少し短い電波であるミリ波を使う。そうすることで、人体に浸透する深さを制限している。本当に人体を調理してしまいたいわけではないのだ。たとえば、あなたの住む自治体の長が、今度の土曜日の温暖化デモで公共物が破壊されるかもしれないと恐れたとしよう。その長は、あなたの親戚のメリッサおばさんのような内なるテロリストとの戦いに事前対策を講じたいと考えるだろう。すると、軍はミリ波発生装置を搭載したトラックを一台、群衆がいる近くの街角に派遣するかもしれない。トラックがデモ隊の真ん中にミリ波を照射すると、デモ参加者たちは服を着ていたとしてもそのなかの肌が焼かれるように感じる。苦痛から逃れようと、デモ隊は自ら進んですぐに解散する。[66]

可視光領域外の波長、とりわけ赤外線を利用した、小規模で表向きは非致死性とされる兵器や治安対策の仕組みや群衆コントロール装置などはほかにもあって、市街戦（アメリカ軍はMOUT＝Military Operations on Urban Terrain と呼称する）における武力行使の手段の多数を占めている。たとえば、地対空ミサイル。航空機に向けて放たれたミサイルの誘導システムを妨害する、空港のセキュリティシステム。レーザー兵器。非核型電磁パルス発生装置。パルス化エネルギー投射体。標的の視力を一時的に失わせる非致死性対人レーザーライフルPHaSR。暗視スコープや暗視ゴーグルなどの戦闘の補助装置もそうだ。そしてもちろん、完全に致死的な電磁兵器もある――大量破壊が可能であるような武器だ。これらの軍事行動や兵器を下支えする理論のほうにこそ、天体物理学者は関心を抱く。兵器そのものには、破壊者と防御者の両方が関心を抱くのだ。

＊　＊

兵士であれ、天体物理学者であれ、確かな情報がなければ仕事にならない。兵士は情報をリアルタイムで使うが、天体物理学者は情報をあとで使うために保存しておきたがる――ときには何年間も。私たち天体物理学者は、天文台が検出したデータをあとでゆっくりと分析するものなので、データの保存は死活問題だ。ガリレオは見たものを絵に描くことしかできなかった。写真は一九世紀の大きなブレイクスルーであり、それがなければ証明不可能だった物事の記録が残せるようになった。二〇世紀には数多くのブレイクスルーがあった。特殊用途の感光乳剤、フィルムの超増感のための加熱処理、スペクトルフィルター、光電子倍増管、ＣＣＤやピクセル。これらのおかげで、蓄積された大量の情報は、才気あふれる分析家に解析や再解析されるのを待っている。

長方形のデジタル画像を思い浮かべてほしい。次に、その画像の最小部分になる点を思い浮かべてほしい。それが、ピクチャー（画像）のエレメント（素子）すなわち「ピクセル（画素）」である。ピクセルは、電荷結合素子つまりＣＣＤの基本的な検出単位になっている。ＣＣＤは一九七〇年代から画像撮影のあり方を変貌させ始め、一九九〇年代までには他の方法を一掃してしまった。当時、まだ大学院生としてこの変革を目の当たりにしていた私にとって、それが私の専門分野に与えた影響の大きさは強調してもしすぎることはない。

近所の街角の風景であれ、遠くの銀河であれ、何かから来た光がＣＣＤに当たると、光に反応するチップの各素子にどれくらいの強さの光が当たったかに応じて、各画素はいくつかの電子を蓄える。光が強いほど、より多くの電子がたまるのだ。ただし、光が明るすぎると検出素子が飽和してしまい、電子が隣の画素に漏れ出してデータが汚れる。露光量が二倍になれば、電子の量も二倍になる。各画素が蓄えた電子はチップから集められ、データとしてまとめられ、電子的なモザイク画のような一枚の画像に変換される。画素が多いほど、高い解像度が得られる。近ごろは、画素が二五九二列×一九四四行も並んだ街角の風景写真も、ウィキメディア・コモンズから簡単にダウンロードできる。これは、計算すると五〇〇万画素以上にもなる、細部までくっきりとした写真だ。だが、そんなものは何でもない。コンピューターに負荷をかけるのを厭わないなら、「ハッブルサイト」のギャラリーからは、一万八〇〇〇×一万八〇〇〇画素もあるオリオン大星雲の写真をダウンロードすることができる。三億二四〇〇万画素に及ぶ、あらゆる詳細が詰まった画像だ。

画像撮影には「量子効率」という問題がある。一つの光子につき一つの電子を発生させるのが、理論上最も効率のよい検出素子だ。だが、いくらＣＣＤがフィルムを凌駕するとはいえ、現実にはそれほどうまくいかない。イーストマン・コダックの天体写真用感光乳剤ⅢａＪなどはもはや使われなくなったが、それに含まれるハロゲン化銀結晶に一〇〇個の光子が当たったとすると、画像を生成するのに必要な化学反応を引き起こすのは、そのうちのたった三個しかなかった。これは量子効率が三パーセントだったということである。現在流通するＣＣＤの量子効率はどれくらいだろうか？　天文用ＣＣＤには、可視光領域の大部分で量子効率が六〇パーセントを超えるものもある。つまり検出力が二〇倍に改善されたわけだ。なかには、特定の波長で九〇パーセントの量子効率を誇るものもある。そのうえ、近赤外線や近紫外線も拾うことができる。加えて、CCDはどんなレンズとも組み合わせて使える。これらの恩恵により、天体物理学者はより遠くの深宇宙から、そしてより多くの領域から、かつてないほど多くの情報を得られるようになった。

だが、そこでノイズが問題になることがある。望遠鏡が暗いものをターゲットにするとき、検出限界を超えられるほど十分な光が集まらない場合がある。一方で、光のように見えるものが実際にはノイズであることもある。どんな望遠鏡も、どんな検出器も、内在するノイズを抱えている。それはCCDも同じだ。CCDは温まるとそれだけで電子が画素に入ってしまうので、現在、最高性能のCCDやカメラは冷却しながら使用する。望遠鏡が探知したものを記録するのに、以前は感光板を使ったが、画像を得るためには長時間の露光が必要だった。もっと暗い天体はまだまだあると知っていた私たち天体物理学者は、もっと多くの光を集められるもっと大きな望遠鏡を切望していた。もっと多くのお金、エンジニア、ドーム、山頂が必要だった。

CCD技術の黎明期には、チップは小さく、画素は少なかった。大学や企業の研究所で天体物理学に特化したCCDを製作する人たちもいた。だが、とりわけデジタルカメラの需要のおかげでCCDは汎用化され、価格は低下し、性能も改善のペースも急速に向上した。CCDは天体物理学を一変させ、小さな望遠鏡には新たな活路を生み、大きな望遠鏡にはかつて想像もできなかったほどの検出力をもたらした。過去の研究者たちは、輝かしい仕事を残しながらも、当時の入手可能なデータの先にはまだ何かが隠れていると考えていた。そういった仕事を今の時代にやり直すことに全キャリアを捧げる研究者もいるのだ。ＣＣＤの時代、天体物理学は過去と同じ課題に取り組んだとしても、過去よりも大きな成功を収めることができる。私たちは、かつてあったデータの限界を押し広げながら、さらに上のレベルを見据えているのだ。

＊　＊

思いがけない偶然に頼れるほどの余裕がない人なら、誰でもこう言うだろう。ターゲットや目標は事前に特定しておく必要がある、と。それがＣＣＤの軍事利用の可能性につながるのだ。探し求めているものについて知ることは、ＩＳＲすなわち情報収集、監視、偵察にとって欠くことができない。ＣＣＤの到来はアメリカの天体物理学者たちに奇跡をもたらしたが、アメリカのＩＳＲに対しても同様だった。結局、天体写真と写真偵察の違いは、ターゲットの選択、ターゲットとの距離、そして注視する方向だけの違いなのだ。一九七六年一二月、ＫＨ－11ケンナン――アメリカの軍事画像偵察衛星キーホールシリーズの一つ――が、ＣＣＤ技術を搭載した第一号のスパイ衛星となった。[67]

これは大きな変化だった。それまでスパイ衛星が撮影した画像を回収するには、パラシュートを搭載したフィルム入りの断熱缶を、ランデブー飛行する航空機が空中で捕まえるか、ひどいときには海に落ちたものを（できれば）アメリカ船が拾ったあとで、現像し、しかるべき人物の机に届けられなければならなかった。だが、もはや国家偵察局はそんな手順を踏まなくてすむようになった[68]。今や、KH—11が撮影した画像——たとえば黒海の造船所で建造中のソ連空母の写真——は、データ中継衛星を通じてワシントンDC近くの基地まで即座に送信されるようになったのだ。

コロナ計画の下に開発された最初期のスパイ衛星は、捜索を目的としていた。つまり、搭載されたカメラは広い地域を撮影するように設定されていたのだ。続いて登場したキーホールおよびガンビット衛星は、コロナ計画の先行機種がすでに特定していたターゲットを、よりアップで撮影した。ヘキサゴン衛星は解像度を増し、個々のターゲットをより鮮明に撮影したうえ、捜索能力も向上させた。これらのほとんどは、衛星でなければアクセス不可能な地域を広く撮影するための主カメラと、戦略立案に役立てるための測量カメラの両方を搭載していた。ヘキサゴンの製造者であったロッキード・マーチンは、自社の役割をプレスリリースでこう書いている。「アメリカは冷戦期に対立していた国々の能力、意図、進歩の度合いを理解するために、これらの捜索・監視衛星を活用しました。これらの衛星はみな、アメリカにとって欠かせない宇宙の目となったのです[69]」

一九六〇年に打ち上げられた最初のコロナ衛星は、のちにさかのぼってKH—1と名付けられた。それに搭載されたカメラは、最小で八メートルの大きさの物体を識別できた。そのわずか六年後、KH—8ガンビットに搭載されたカメラは、それを一五センチまで縮めた。一〇年後のKH—11ケンナンは初めてCCDを搭載し、より広いカバー域とより大きな記録容量、そのうえ相当な長寿命を達成したが、解像度は犠牲になり、二メートルまで低下した。だが、いわゆる改良型ＫＨ―11は赤外線による撮影能力と高解像度を兼ね備えていた。

冷戦期、ソ連も多数のスパイ衛星を打ち上げ、中国も少数を打ち上げていたことは意外ではない。アメリカのスパイ衛星計画の大部分は数十年間にわたって機密が保たれてきたが、しばしばリークされたり、意図せず暴露されたり、なかば不本意に機密解除されたりしたケースがあったことも、同じく意外ではない。一九八一年、ＫＨ―11が撮影したソ連の爆撃機の写真がリークされ、それをある評価の高い航空学系の出版物が掲載した。一九八四年にも、アメリカ海軍の分析官がソ連空母のＫＨ―11画像を評価の高い軍事関連の出版物にリークした。ただしＫＨ―11自体は、後継機や同様の衛星と同じく、今も機密扱いのままだ。[70]

現在では、パラシュートにぶら下がったフィルム缶は使われない。イーストマン・コダックの拠点であるニューヨーク州ロチェスターが失業にあえぐ一方、高解像度ＣＣＤは世界標準になった。今、あらゆる紛争地域や潜在的紛争地域について、数センチ四方単位で可視光画像、赤外線画像、レーダー画像が撮影され、常に更新されながら蓄積されている可能性が高い。頻繁に取り上げられる、化学兵器製造に関与しているとされたスーダンの医薬品工場の写真は、一九九〇年代に改良型ＫＨ―11が撮影した画像である。アルカイダの訓練施設とされるアフガニスタンの山岳キャンプの画像もそうだ。パキスタン、アボッターバードのオサマ・ビンラディンの住居のように軍事上重要な標的は、より新しい衛星――偵察衛星、地理空間情報衛星、商用衛星、通信衛星、気象衛星――によって幾度となく撮影されている。それらは、シリアのアレッポの軍事基地で突如として出現した多数の武装車両も見つけ出し、北朝鮮のロケット発射に先立って西海（ソヘ）衛星発射場の活動が盛んになる様子も記録していた。

だが、そのような画像の出どころは、紛争地域を監視するスパイ衛星だけではない。数え切れないほどの商用衛星が撮影する画像は、お金さえ出せば誰でも購入することができる。ウィリアム・E・バロウズはこう書いている。


情報当局は、自前のシステムが撮影した画像に加え、しばしば商用衛星による画像を補足的に使う。民間の衛星を活用した日々の情報収集や戦争遂行の準備はますます盛んになっている。そのほうが自前の機密衛星を動かすよりも安上がりであり、ほぼリアルタイムで雪崩のように降ってくるデジタルデータを処理せずにすむからだ。(……)商用衛星が撮影した高画質の画像を事実上、情報当局がクレジットカードを使って購入できるなら、独裁者やテロリストにだって同じように買えるのだ。[71]

そのとおり。だが、人道支援団体や環境保護団体にとってもそれは同じだ。

出どころは何であれ、衛星画像は今後、決して悪用されることなく常に私たちの安全を守ってくれるのだろうか? たぶんそうではない。だが、一九七五年から二〇一二年にかけて、アマゾンの熱帯雨林がどれだけ減少したかを記録しておいたり、二〇〇三年に北極最大の棚氷が割れたという警戒すべき事実を知っておいたりすることは、良いことのはずではないか? たぶんそうだ。「自然または人為的災害時における宇宙設備の調和された利用を達成するための協力に関する憲章」（国際災害チャーター）というものがある。これは、世界じゅうの災害対応機関が迅速かつ効果的な活動ができるように無料で衛星画像を提供する組織だ。ＧＰＳと同じく、これらの宇宙の目もデュアルユースなのである。

＊　＊

Ｑ――スパイ衛星と弾道ミサイルを掛け合わせて惑星間空間に送り込むと、どうなりますか？

Ａ――テンペル第一彗星に向かったＮＡＳＡの彗星探査機、ディープ・インパクトの主なミッションは、単なる接近通過ではなく、初めて彗星に意図的に物体を衝突させることでした。

二〇〇五年七月三日、六か月足らずで四億キロメートル以上を旅した探査機、ディープ・インパクトは、質量三七〇キログラムの塊――「スマート」インパクター（衝突体）――を発射。その翌日、ＴＮＴ爆薬五トン分のエネルギーでテンペル第一彗星に着弾し、深いクレーターができた。目的どおり巻き上げられた大量の塵は、周回する探査機に搭載されたカメラや赤外分光光度計だけでなく、世界じゅうの望遠鏡で観測・記録された。その結果、テンペル第一彗星は表面が水の氷に覆われていて、「積もったパウダースノーよりも弱くてふわふわの構造」で、炭素を含む分子が豊富にあるということを、私たちは確実に言えるのだ。誕生してから十数億年ごろまでの地球には、彗星を含めたあらゆる種類の塊がいつも降り注いでいた。テンペル第一彗星で炭素を含む分子が見つかったことは、その時期に似たような彗星がやって来て、地球に有機物をもたらした可能性を示している。[72]

当然ながら、衝突体は標的に当たらなければならない。ただし、標的の彗星は直径六・五キロメートル足らずの非常に暗く（アルベドは〇・〇六）ぼんやりとした物体である。衝突させられなければ、ミッションは失敗に終わる。大砲が当たらなければ戦闘に負けるのと同じことだ。そのうえ、発射場としての地球も、探査機も、衝突体も、彗星も、ミッションに関わるすべての物体は動いている。衝突体には、望遠鏡や中解像度のマルチスペクトルCCD、ターゲットセンサー、最後の瞬間まで装置を維持するバッテリー、軌道修正の際に推進力を得るための燃料として使うヒドラジンが搭載された。この弾道投射体は、確実に彗星に接近していくように、正しい時刻に正しい角度で探査機から発射されなければならない。さらには、舞い上がる塵がきちんと観測できるように、太陽の光が当たる部分に衝突しなければならない。

通常は、探査機から地球に送信されてきたデータを人間が解析し、意思決定し、探査機に指令を送るという地上からの誘導操作がおこなわれるが、これには時間がかかる。そこでディープ・インパクトのミッションでは、「ＡｕｔｏＮａｖ」という自律航行システムが搭載され、実際の衝突までの動作をつかさどった。衝突の二時間前に起動されたＡｕｔｏＮａｖは、衝突体がきちんと彗星に向かうように、一分間あたり四枚の映像を撮影して、衝突体と彗星の位置と速度を確認した。ＡｕｔｏＮａｖは賢くも衝突の九〇分前、三五分前、一二分前の三回にわたって軌道修正をおこなっている。[73] ミッションは成功した。運がよかったためではない。天体物理学者も軍人も、さまざまな波長のデータをどう使えば、動く標的に弾道投射体を衝突させられるかを知っているからだ。私たちは独立している。私たちは相互依存している。私たちは同盟関係にある。

Sept. 2011, www.nro.gov/history/csnr/gambhex/Docs/Hex_fact_sheet.pdf で手に入るファクトシートや機密解除報告書などの資料である。他にも以下を参考にした。T.-W. Lee, Military Technologies of the World, vol. 1 (Westport, CT: Greenwood/Praeger Security International, 2009), 142–49; "U.S. Satellite Imagery 1960–1999: National Security Archive Electronic Briefing Book No. 13," ed. Jeffrey T. Richelson, National Security Archive, George Washington University, Apr. 1999, nsarchive.gwu.edu/NSAEBB/NSAEBB13/#26; Dwayne Day, "Reconnaissance and Signals Intelligence Satellites," US Centennial of Flight Commission, 2003, www.centennialofflight.net/essay/SPACEFLIGHT/recon/SP38.htm; Craig Covault, "Titan, Adieu," *Aviation Week & Space Technology* 163:16 (Oct. 24, 2005), 28–29; John Pike, "Eyes in the Sky: Satellite Reconnaissance," Harvard Int. Rev. 10:6 (Aug./Sept. 1988), 21–23, 26; Jeffrey Richelson, "Monitoring the Soviet Military," Arms Control Today 16:7 (Oct. 1986), 14– 15; Jeffrey T. Richelson, "The NRO Declassified: National Security Archive Electronic Briefing Book No. 33," National Security Archive, George Washington University, Sept. 2000, nsarchive.gwu.edu/NSAEBB/NSAEBB35/index.html; "Military Surveillance Sat," Encyclopedia Astronautica, www.astronautix.com/fam/milcesat.htm#chrono; National Reconnaissance Office, "Released Records," www.nro.gov/foia/declass/collections.html（すべてのオンライン資料は 2016 年 3 月 25 ～ 26 日閲覧）

71. William E. Burrows, The Survival Imperative: Using Space to Protect Earth (New York: Forge/Tom Doherty Associates, 2006), 141ff.
72. "Mission to Comet Tempel 1: Deep Impact: About the Mission," Jet Propulsion Laboratory, NASA, www.jpl.nasa.gov/missions/deep-impact/（2017 年 4 月 21 日閲覧）
73. NASA, "The Deep Impact Spacecraft: Overview"（"Flight System," "Impactor," および "Instruments" へのリンクも参照), May 11, 2005, www.nasa.gov/mission_pages/deepimpact/spacecraft/index.html#; NASA, "Deep Impact Kicks Off Fourth of July with Deep Space Fireworks," July 4, 2005, www.nasa.gov/mission_pages/deepimpact/media/deepimpact-070405-1.html; Shyam Bhaskaran, "Autonomous Navigation for Deep Space Missions," American Institute of Aeronautics and Astronautics SpaceOps 2012 Conference, Stockholm, www.spaceops2012.org/proceedings/documents/id1267135-Paper-001.pdf（2017 年 4 月 21 日閲覧）; P. Thomas et al., "The Nucleus of Comet 9P/Tempel 1: Shape and Geology from Two Flybys," Icarus 222 (2013), 458.

の歴史上めったに例がない、標的に無害だという触れ込みで宣伝される兵器の一つになっている」(38)。アメリカ軍がどれだけ非致死性と人体への影響の小ささを強調したいのかは、国防総省非致死性兵器プログラムの「アクティブ・ディナイアル・システムFAQ」なるウェブページを見ればわかる。そこでは、15年の研究と1万3000人以上のボランティア被験者を対象にした実験の結果、ADS兵器は「安全」であることが実証された、と国防総省が主張している。Q9では、システムは電子レンジと同じような働きをするのかという質問に向き合い(答え:「ノー」)、ミリ波とマイクロ波のそれぞれが与える影響の違いを強調する。「ADSつまり非致死性指向性エネルギー兵器は、周波数95ギガヘルツ(GHz)のミリ波をとても短い時間だけ(数秒間という単位です)対象を絞って照射します。電子レンジは2.45 GHzで機能します。95 GHzというはるかに高い周波数のため、それに伴う指向性エネルギー波長はとても短く、物理的に皮膚の深さ1/64インチ(約0.4ミリ)までしか到達しません。2.45 GHzで機能する電子レンジは波長が長く数インチ単位なので、物体に深く貫通し、効果的に食品を加熱することができます。ADSによって皮膚表面に感じる熱さは短時間かつ可逆的で、標的の中まで貫通することはありません」。jnlwp.defense.gov/About/FrequentlyAskedQuestions/ActiveDenialSystemFAQs.aspx(2016年4月20日閲覧)

67. 先駆機と同じく、KH-11も秘密にされた。Aviation Weekで40年近く記事を書いている宇宙テクノロジー探偵のクレイグ・コヴォールトが最近面白い話をしてくれた。彼や彼の雑誌、それに統合参謀本部議長には、その秘密を守るための取り決めがあった——ただし1978年晩夏までのことだった。あるCIAの職員がKH-11のマニュアルを3000ドルという笑えるほどの少額でソ連に売り渡して逮捕されたのである。それでコヴォールトは、すでに一部は公になっている情報を書けるようになった。彼いわく、計画の全貌を完全に明らかにしてしまわないように、「多数の号にまたがって詳細を小出しにし、計画の全貌を一度に大々的に吹聴しない」という合意を交わしたという。Craig Covault, "Anatomy of a Scoop," Aviation Week & Space Technology, May 9, 2016, 32–33.

68. アメリカ空軍の初期のスパイ衛星実験SAMOSはスプートニク後ほどなくして開始されたが、普通のフィルム帰還タイプとは違っていた。フィルムに撮影はするのだが、周回中に現像してスキャンし、読み取ったデータを無線リンク経由で送るのだ。だがシステムの遅さのため、1日に数十枚の画像しか送信できなかった。この取れ高は価格に見合わないとされたため、SAMOSは1960年代初頭に中止された。

69. "Lockheed Martin Honors Pioneers of Recently Declassified National Reconnaissance Satellites," press release, Jan. 25, 2012, Lockheed Martin, www.lockheedmartin.com/us/news/press-releases/2012/january/0125_ ss_satellite.html(2017年4月21日閲覧)

70. 解像度やその他性能についての数字は情報源によって異なる。参考にした情報源は、Center for the Study of National Reconnaissance, "The Gambit and Hexagon Programs," www.nro.gov/history/csnr/gambhex/index.html のほか "Hexagon: America's Eyes in Space,"

Richelson, National Security Archive, George Washington University, Oct. 29, 2013, nsarchive.gwu.edu/NSAEBB/NSAEBB443/（2017 年 4 月 20 日閲覧）. 最近ではステルス戦闘機に対する別のアプローチとしてクローキング（遮蔽）の可能性が見直されている。アイオワ州立大学のエンジニアたちは、レーダーの反射を抑える柔軟な「メタスキン」を開発した。これは途切れのある小さな輪っかに液体合金を満たし、それを並べて何層ものシリコンに埋め込んだものである。さまざまな波長を捉えられるように伸び縮みする。メタスキンに覆われた物体――たとえば仮に B-2 ステルス爆撃機の後継機としよう――は、あらゆる方向や角度から飛んでくるレーダーを抑えることができる。Siming Yang, Peng Liu, Mingda Yang, Qiugu Wang, Jiming Song, and Liang Dong, "From Flexible and Stretchable Meta-Atom to Metamaterial: A Wearable Microwave Meta-Skin with Tunable Frequency Selective and Cloaking Effects," Scientific Reports 6 (2016), 21921, doi: 10.1038/srep21921; "Iowa State engineers develop flexible skin that traps radar waves, cloaks objects," Iowa State University, Mar. 4, 2016, news release, www.news.iastate.edu/news/2016/03/04/meta-skin（2017 年 4 月 20 日閲覧）. F-117A と B-2 の設計の違いに関して、ムーアの法則によれば計算力が倍になるサイクルが 10 年間で 6.67 回起こるため、2 の 6.67 乗で 100 倍になる。

65. 1976 年に開かれた SETI（地球外知的生命体探査、the Search for Extraterrestrial Intelligence）の会合で、ヒューレット・パッカードの研究開発担当副社長バーナード・オリヴァーは、「ウォーターホール」という用語を導入した NASA のサイクロプス計画（オリヴァー自身も参加していた）の 1971 年報告書から次の部分を引用して聞かせた。「自然は私たちに、星間コンタクトにおあつらえ向きのいささか狭い帯域を、スペクトルの中で最良の部分に用意してくれている。それは水素（1420 Hz）とヒドロキシルラジカル（1662 Hz）の各スペクトル線のあいだに存在する。水の解離生成物がつくるこの 2 つの放射は、阿吽のように門の両側に立ち、水でできた同類を求めて訪れる生命体をみな、太古からの集会所に招き入れる。そこがウォーターホールである」。そしてこんな感想を言った。「空想的で人間中心主義的なナンセンスだ、と一笑に付すのは簡単だ。だが本当にそうだろうか？　これは人間中心主義で空想的だがナンセンスではないのではないか。我々はそう提案したい」。Bernard M. Oliver, "Colloquy 4—The Rationale for a Preferred Frequency Band: The Water Hole," SP-419 SETI: The Search for Extraterrestrial Intelligence, history.nasa.gov/SP-419/s2.4.htm（2017 年 4 月 20 日閲覧）を参照。

66. 一般的に何が非致死性兵器と呼ばれるかについての歴史的な概略については Ando Arike, "The Soft-Kill Solution: New Frontiers in Pain Compliance," *Harper's* (Mar. 2010), 38–47 を参照。アメリカ海軍のアクティブ・ディナイアル・システム（ADS）について、アリーケは「アクティブ・ディナイアルは巨大なオープンエアの電子レンジのような働きをする。電磁波のビームを使ってターゲットの肌を 54 度ほどに熱することで、ビームの通り道にいる誰もが痛みに耐えかねて逃げ出す。だが、当局の主張ではケガはしないことになっているため、軍

Physics Publishing, 2000), 85 n.1. から引用。

55. アメリカで製造されたV2ロケットの最初の100発は、ソ連軍に接収される前の1945年夏にドイツのミッテルヴェルク秘密工場から急いで運び出され、米陸軍のV2特別任務部隊によってアメリカに持ち込まれた360トンを超えるV2の部品から製造された。だが、1946年1月までに、多くの部品が破損しているか、不足していることが明らかになった。アメリカ南西部の砂漠地帯に置かれていたため一部の部品が劣化していて、使用可能な部品で組み立てることができるV2はわずか25発だけで、それも迅速に組み立てる必要があった。DeVorkin, *Science With a Vengeance*, 48, 61–62.

56. DeVorkin, Science with a Vengeance, 154, 67. DeVorkinは、科学ではなく戦争が主導権を握っていると主張し、「軍事上の目標はV2ミサイルの弾頭においては確かに科学的目標になった」と述べている。

57. Watson-Watt, "Radar Defense Today," 240.

58. ジェームズ・フォレスタル海軍長官がマーウィン・ブライ海軍艦船局シニアエンジニアに宛てた手紙、1945年12月4日、チャフ開発に貢献したブライの文民殊勲者賞受賞に際して。wikipedia.org/wiki/Chaff_%28countermeasure%29#/media/File:Letter_from_Secretary_of_the_Navy,_James_Forrestal,_to_Merwyn_Bly.jpg(2017年4月20日閲覧)

59. Brown, Radar History of World War II, 295–97. 現代のチャフは、アルミでコーティングされた細い鉄線やガラスファイバーでできていることが多い。

60. "Counter Radar Devices," Science News Letter for December 8, 1945, 355; Col. Arthur P. Weyermuller, USAF, "Stealth Employment in the Tactical Air Force (TAF)—A Primer on Its Doctrine and Operational Use" (Carlisle, PA: US Army War College, 1992), 2, nsarchive.gwu.edu/NSAEBB/NSAEBB443/docs/area51_18.PDF (2017年4月20日閲覧)

61. Brown, Radar History of World War II, 288–98.

62. USAF, "Air Force Stealth Technology Review," June 10–14, 1991, "Tab A: Value of Stealth," nsarchive.gwu.edu/NSAEBB/NSAEBB443/docs/area51_14.PDF (2017年4月20日閲覧)

63. P. Ya. Ufimtsev, Method of Edge Waves in the Physical Theory of Diffraction (Izd-Vo Sovetskoye Radio, 1962), trans. Foreign Technology Division, Air Force Systems Command (Dayton, OH: Wright-Patterson Air Force Base, 1971), viii, v. スカンク・ワークスに関しては、現在90%のプロジェクトが機密に指定されていて、そのほとんどが「あまりに秘密なため従業員同士でさえ自分が何の仕事をしているのかを話してはならない」ほどだという。W. J. Hennigan, "'Chief Skunk' at a Hush-Hush Weapons Complex," *Los Angeles Times*, May 13, 2012. 一方ではこちらも参照。"Skunk Works Critique of Secrecy and Security Policies," Federation of American Scientists: Project on Government Secrecy, fas.org/sgp/othergov/skunkworks.html (2017年4月20日閲覧)

64. "The Area 51 File: Secret Aircraft and Soviet MiGs—Declassified Documents Describe Stealth Facility in Nevada: National Security Archive Electronic Briefing Book No. 443," ed. Jeffrey T.

り見つめたので、最高のレーダー操作員になった」(Brown, *Radar History of World War II*, 2, 64). Kaiserもまた、女性が果たした役割を認めている。「ある種の無意識のパターン認識により、レーダー操作員、特に婦人補助空軍員（WAAF）は、ノイズレベルに達していない信号さえも検出する技術を身につけた」（38）.

47. Brown, *Radar History of World War II,* x, 6.

48. 1946年、ワトソン＝ワットは、レーダーを開発し改良する努力を通じた、分野を超えたイギリスの戦時協力の前向きな姿勢について説明している。「戦争遂行におけるどの側面においても、協力体制は卓越した比類のないものだったと考えています。それは大学の自然科学者とエンジニアが、産業界で働く物理学者や数学者、そしてさまざまな職種の労働者と協力し、さらに政府機関や軍のあらゆる階層の人間とも力を合わせたことで、戦争の勝利に必要なすべての要素が完全に連携し合い、非常に心強いすばらしい展開となったのです」。Randall, "Radar and the Magnetron," 314.

49. 初期の惑星電波天文学研究の詳細については Butrica, *See the Unseen*, 7–27. 参照。

50. ラヴェルは1977年、ボン近郊のエフェルスブルクにある電波望遠鏡を訪れてOtto Hachenbergが所長を務めるこのドイツの施設とジョドレルバンクとの協業について議論している時に遅ればせながらこのことを知った。夕食時、Hachenbergは戦時下に科学研究をおこなうことについて話題にし、ラヴェルにこう言った。「戦時中にあなたがやっていたことはよく知っています、なぜなら若い頃テレフンケン社で働いていた1943年に、ロッテルダムの近くで墜落した爆撃機の機材調査に派遣されたからです」。Lovell, "Cavity Magnetron in WWII," 288.

51. Butrica, *See the Unseen*, 21– 26.

52. William E. Burrows, *This New Ocean: The Story of the First Space Age* (New York: Random House, 1998), 67– 68.

53. See, e.g., Burrows, *This New Ocean*, 94– 123; David H. DeVorkin, *Science with a Vengeance: How the Military Created the US Space Sciences after World War II* (New York: Springer-Verlag, 1992), 34– 57. 事実、ヒトラーはドイツの研究施設と研究記録の破壊を命じ、ヴェルナー・フォン・ブラウンと同僚たちはペーネミュンデの主力V2研究施設を離れるよう命じられた。バロウズが書いているとおり、「だが、ペーネミュンデのロケット研究者たちが憂慮していたのは、彼らの将来を保証してくれる唯一のカードを消し去ってしまうことは考えられないほど愚かだということだった」。フォン・ブラウンは、研究記録とロケット研究者たちが「生きた弾道ミサイル技術と、宇宙へ行くための基礎技術に関する資料の宝庫だ」と理解していた。そこで彼の助手と、不運にも作業に駆り出された兵士たちの一団は、かけがえのない貴重な研究資料14トンを木箱に詰め、それらを廃坑の中にあるアーチ型の部屋に運び込み入り口を爆破して部屋を封鎖した。その間、ロケット研究者たちは「ペーパークリップ作戦」として知られるようになった計画を通して、アメリカ側に自分たちの身柄を引き渡すよう工作した。(Burrows, *This New Ocean*, 108– 16).

54. 同僚に語った言葉。Jonathan Allday, *Apollo in Perspective: Spaceflight Then and Now* (Bristol and Philadelphia: Institute of

いじっていたところ大規模な航空部隊を発見したが、当日の朝カリフォルニアから非武装のB-17「フライング・フォートレス」の編隊が到着する予定だったため、この重要な情報は却下された」。(“The Pearl Harbor Raid Revisited,” *J. Amer.– East Asian Relations* 3:3—*Special Issue: December 7, 1941: The Pearl Harbor Attack* [Fall 1994], 220).

さらに最近では、米陸軍の通信・電子司令部の記録担当官が陸軍通信・電子技術研究開発センター発行の『CERDEC Monthly View』誌2009年7月号に、レーダー自体の「完璧な」性能を称える記事を掲載している。

1941年12月7日、オアフ島北部の海岸で運用されていた3台のSCR-270レーダーが午前4時から午前7時のあいだに反応し、のちに日本の偵察機と判明する2機の接近を示した。

レーダー局の一つはこの情報をハワイのフォート・シャフターにある情報センターの海軍大尉に報告した。大尉がそれを別の海軍大尉に報告したところ、その大尉は「海軍は偵察飛行をおこなっていて、この報告はそれに違いない」と結論づけた。

午前7時2分、レーダーはオアフ島に約210キロの距離で接近している航空機を探知した。通信部隊のレーダー担当者たちはフォート・シャフターの情報センターに電話をかけ、「東に3度の北の方角から飛行機の大群が飛来中」と報告した。フォート・シャフターの担当官は、今まで一度も見たことがない「ものすごい大編隊」だとレーダー担当者が連絡してきたことを上官に報告した。(Floyd Hertweck, “ ‘It was the largest blip I’d ever seen’: Fort Monmouth Radar System Warned of Pearl Harbor Attack,” cecom.army.mil/historian/pubArtifacts/Articles/2010-01-01_0900-FILE-CERDEC%20Monthly%20View%20July%202009%20-%20SCR%20270.pdf, 2015年12月11日閲覧、リンク切れ)

42. Brown, *Radar History of World War II,* x, 5–6.

43. Brown, *Radar History of World War II,* 279–80. 国立航空宇宙博物館の元館長Martin Harwitも、テクノロジーが強い決定要因になるとしている。「最も重要な観測上の発見は、天文学における大きな技術革新からもたらされており、新しい機器はしばらくするとその新規発見能力を使い果たしてしまう」。Harwit, *Cosmic Discovery,* 18–19.

44. T. R. Kennedy Jr., “Theory of Radar: More Information on Radio Detection Device Is Made Public,” *New York Times,* Apr. 29, 1945; William S. White, “Secrets of Radar Given to World: Its Role in War and Uses for Peacetime Revealed in Washington and London,” *New York Times,* Aug. 15, 1945.

45. Randall, “Radar and the Magnetron,” 314.

46. Q Kaiser, “Case Study: British Radar,” 38. に引用。チェーンホームの早期警戒基地局に入ってくる信号のかすかな変化、「オシロスコープの痕跡の小さな揺れ」を監視するのは女性だったため、彼女たちはチェーンホームの「運用効率」にとって非常に重要だった。レーダーは「1000人の女性によって守られた秘密」だとワトソン＝ワットは宣言した。(Watson-Watt, “Radar Defense Today,” 230). ブラウンは、女性たちがなぜそれほど貴重な存在か証明したことについてのあるオーストラリア人の説明を引用している。「女性たちはスクリーンをしっかレーダー技術が驚くべき成果を挙げた理由は、警戒心の強い軍事政策と先見の明のある戦略にあった」と書いている。イギリスのやり方は「軍を支援するために組織された科学者の中核グループ」を編成することだった。1937 年から 38 年にかけて、政府は戦時の生産体制増強に向けた雇用に適した熟練労働者のリストをまとめ、さらに王立学士院、大学、技術機関からの情報をもとに、高い能力を持つ軍務志願者の名簿を作り上げた。「科学を技術として結実させるという難しいプロセスを導くための組織構造を創り出しうまく活用することが不可欠であった」と Kaiser は論じている。

37. ロバート・ワトソン=ワットは、イギリスのレーダー開発を主導した電波研究委員会の最有力メンバーだった。スロウにあった彼の電波研究施設の仕事の大半は電離層に関係していた。1935 年 2 月 12 日、航空省の科学研究局長から連絡を受けたわずか 2 週間後、彼は「電波による航空機の探知」と題した機密文書を同省に送り、その添え状に「研究があまりにもうまくいったので、我々がとても大きな間違いをしていないかまだ不安ではありますが、もしそうだとしても致命的なことにはならないでしょう」と記した。最終稿は「電波による航空機の探知と位置特定」と題されていた。ワトソン=ワットの伝記作家の一人はこのメモのことを「レーダーの政治デビュー」と呼び、ワトソン=ワット自身は「レーダーの誕生」だったとしている。Butrica, *See the Unseen*, 3 n.9. 添え状については "Radar Personalities: Sir Robert Watson-Watt," www.radarpages.co.uk/people/images/wwfig3.jpg (2017 年 4 月 19 日閲覧) 参照。戦後、ワトソン=ワット自身が非常に読みやすい記事 "Radar Defense Today — and Tomorrow" の冒頭で、メモを平易な英語で書き直している。*Foreign Affairs* 32:2 (Jan. 1954), 230–43, esp. 231– 34. のちに書かれた、技術的ではあるが読みやすいこのメモの分析は B. A. Austin, "Precursors to Radar: The Watson-Watt Memorandum and the Daventry Experiment," *Int. J. Electrical Engineering Education* 36 (1999), 364– 72 を参照。

38. Zimmerman, *Britain's Shield,* 208– 35, 263– 79.

39. Brown, *Radar History of World War II,* 49, 56, 287.

40. Lovell, "Cavity Magnetron in World War II," 283– 94; J. T. Randall, "Radar and the Magnetron," *J. Royal Society of Arts* 94:4715 (Apr. 12, 1946), 313; Butrica, See the Unseen, 3– 6. などを参照。"Raytheon Company History" によると、レイセオンが総生産量の 80 パーセントを占めていた。www.raytheon.com/ourcompany/history/ (2016 年 1 月 17 日閲覧)

41. 真珠湾攻撃に関する諜報活動の失敗や、陸海軍間の連絡不足、ルーズヴェルト大統領、さらには「技術的な驚き」がもたらした影響は重要な論点だ。しかしながら、レーダーそのものについてブトリカは詳細な脚注を付した段落においてこう記述している。「陸軍の航空機警戒システムの一部としてオアフ島に設置された移動式 SCR-270 が飛来する日本軍機をアメリカ軍施設爆撃の約 50 分前に発見していたが、将校の一人がレーダー反射波を到着予定だった B-17 と間違えたために警告は無視された」。(Butrica, *See the Unseen*, 5). 別の文献では、歴史家の Alvin Coox が違う情報源を引用して次のように記している。「 2 人の陸軍兵が新しいレーダー装置を

Astronomy, NASA History Series: NASA SP- 4218 (Washington, DC: NASA, 1996), 1, ntrs.nasa.gov/archive/nasa/casi.ntrs.nasa.gov/19960045321.pdf (2017 年 4 月 19 日閲覧)

28. Butrica, *See the Unseen*, 1– 2.
29. Brown, *Radar History of WWII*, ix.
30. Brown, *Radar History of WWII*, xi.
31. ソ連における多くの障害と競合技術の詳細については John Erickson, "Radiolocation and the Air Defence Problem: The Design and Development of Soviet Radar 1934–40," *Science Studies* 2:3 (July 1972), 241– 63 参照。第一次世界大戦後の「音響ミラー」を含む、1917 年という早い段階での音響探知技術を用いた早期警戒システムについては David Zimmerman, *Britain's Shield: Radar and the Defeat of the Luftwaffe* (Stroud, UK: Amberly, 2013), 23– 50 参照。同書はイギリスにおけるレーダー開発の政治的および科学的背景についても詳細に解説している。ドイツだけでなくイギリスでの短波レーダー開発に対する障害については Bernard Lovell, "The Cavity Magnetron in World War II: Was the Secrecy Justified?" *Notes and Records of the Royal Society of London* 58:3 (Sept. 2004), 286– 91 で解説されている。ドイツにおける 1930 年代半ばの厳しい実例も含め、Brown, *Radar History of World War II,* 40– 91 を参照。ドイツ海軍は初期のレーダー装置開発に取り組んでいた技術者たちに、ブラウン管は船上での使用にはデリケートすぎるため、使用しないように命じた。その後、間もなくして、ブラウン管を使ったレーダー試作機を搭載した船が沈没した。乗組員は全員死亡したが、ブラウン管は機能し続けた (75)。赤外線に関してブラウンは、戦後その検出方法が広く一般に普及したものの、その戦時の応用については良質の半導体がまだ存在せず、光電効果も完全に理解されていなかったために大きく制限されていたと指摘している (41)。
32. Brown, *Radar History of World War II,* 33– 49. Zimmerman, Britain's Shield, 53– 55 も参照。
33. Zimmerman, *Britain's Shield,* 65– 70, は防御方法に関する詳細な情報を提示している。
34. あるドイツの技術史家は「科学者と軍部のあいだに緊密な連絡はなく、さまざまな装備品の統合も十分とはいえず、軍の運用効率は低かった」と書いている。Walter Kaiser, "A Case Study in the Relationship of History of Technology and of General History: British Radar Technology and Neville Chamberlain's Appeasement Policy," *Icon* 2 (1996), 38. 極度の秘密主義についてブラウンは、ドイツが 1939 年版に編纂した世界の海軍艦船に関する本に含まれていた 1938 年の写真に彼が付けたキャプションの中で、この船が前方マストの前にゼータクトのアンテナ (大型で薄く塗られた、やや平らな箱) を目立つように配置しているが、「この写真は海軍当局から出版のために渡されたものであり、新技術についてはすべて秘匿され、目立つ場所に置かれたマットレスが秘密兵器の印であると認識することももちろんできなかった」と記している。(*Radar History of World War II*, 32).
35. Brown, *Radar History of World War II,* 40– 96, 280– 81.
36. Zimmerman, *Britain's Shield*, 184, 186– 88; Kaiser, "Case Study: British Radar," 34– 35, 37; Brown, *Radar History of World War II*, 64, 82– 83. Kaiser は「イギリスの

あり、応用科学者は自分の研究の実用化ができないと興味を失う人間」だと定義していたと指摘した。C. M. Jansky Jr., "My Brother Karl Jansky and His Discovery of Radio Waves from Beyond the Earth," Cosmic Search 1:4, www.bigear.org/vol1no4/jansky.htm (2015 年 11 月 3 日閲覧)

21. Grote Reber, "A Play Entitled the Beginning of Radio Astronomy," *J. Royal Astronomical Society of Canada* 82:3 (June 1988), 94, adsabs.harvard.edu/full/1988JRASC..82...93R (2017 年 4 月 19 日閲覧)

22. ジャンスキー自身によるこの装置の詳細な説明はJansky, "Directional Studies," 4–7 参照。

23. Lisa Grossman, "New Questions about Arecibo's Future Swirl in the Wake of Hurricane Maria," *ScienceNews*, Sept. 29, 2017, www.sciencenews.org/blog/science-public/new-questions-about-arecibos-future-swirl-wake-hurricane-maria (2017 年 10 月 28 日閲覧)

24. Cheng Yingqi and Yang Jun, "Massive Telescope's 30- ton 'Retina' Undergoes Final Test," *China Daily*, Nov. 23, 2015, www.chinadaily.com.cn/china/2015-11/23/content_22509826.htm (2017 年 4 月 19 日閲覧)

25. Initially the British called their version RDF, or radio direction finding. イギリス人は当初自分たちのバージョンを RDF（電波による方向確認）と呼んだ。第二次世界大戦でイギリスのレーダーの先駆者となったロバート・ワトソン＝ワットによる短いが雄弁な説明は J. T. Randall, "Radar and the Magnetron," *J. Royal Society of Arts* 94:4715 (Apr. 12, 1946), 304 参照。

26.「定常波の発生装置と受信装置を適切に配置し使用することによって、多くの重要な価値ある目的のために意思疎通可能な信号を送受信し、あるいはそのような装置の一つまたはすべてを自由に制御し作動させることができ、さらに所与の地点を基準にして物体の相対的な位置や距離を確認したり、海上の船舶などの動く物体の進路を見極め、あるいはその移動距離やスピードを判断したり、またそのほかにも運動の強さ、波長、方向または速度に基づいて離れた場所から多くの有用な効果を生み出すことができる」Nikola Tesla, "Art of Transmitting Electrical Energy Through the Natural Medium," US Patent 787,412; application filed May 16, 1900; renewed June 17, 1902; specification dated Apr. 18, 1905, www.teslauniverse.com/nikola-tesla/patents/us-patent-787412-art-transmitting-electrical-energy-through-natural-mediums (2017 年 4 月 19 日閲覧)。1917 年、テスラは地下鉱石の探知に使用されていたものと同じ、彼自身による無線の発明によって潜水艦を探知することを提案した。これは 1922 年のマルコーニの声明と同様のものだ。"Nikola Tesla Tells of Country's War Problems," *New York Herald*, Apr. 15, 1917, www.teslauniverse.com/nikola-tesla/articles/nikola-tesla-tells-countrys-war-problems (2017 年 4 月 19 日閲覧)。さまざまな国における初期の開発努力については Louis Brown, *A Radar History of World War II: Technical and Military Imperatives* (Bristol, UK, and Philadelphia, PA: Institute of Physics Publishing, 1999), 40–49 参照。

27. Quoted in Andrew J. Butrica, *To See the Unseen: A History of Planetary Radar*

11. Sun Tzu, *The Art of War*, trans. Lionel Giles, chap. 1, "Laying Plans," sec. 18–19, in *The Strategy Collection: The Art of War, On War, The Prince* (Waxkeep Publishing, 2013), loc. 11794.

12. Paul Daniel Emanuele, "Vegetius and the Roman Navy: Translation and Commentary, Book Four," 31–46, "Part II: Translation, XXXVII," 28 (MA thesis, Department of Classics, University of British Columbia, 1974).

13. Ball, *Invisible*, 241.

14. Claudia T. Covert, "Art at War: Dazzle Camouflage," *Art Documentation: J. Art Libraries Society of North America* 26:2 (Fall 2007), 50–51. フランスは 1915 年、イギリスは 1916 年、アメリカは 1917 年に迷彩塗装船団を組織した。チャーリー・チャップリンは 1918 年の映画『担へ銃』で木の偽装を描き、「彼は木の衣装で走り回り、前線にいるドイツの兵士たちを倒していった」(Ball, *Invisible*, 242).

15. Ball, *Invisible*, 244–50.

16. 初めの 3 つの例は *Invisible* で Ball が引用している。イギリスのある手品師は、第一次世界大戦中陸軍と協力して航空機をサーチライトから隠すため、飛行機にニスを塗った後、乾く前に黒いフェルトの粉をまぶした (249)。日本人技術者の舘暲は、光を反射する小さなビーズで構成された、物体の姿を後ろから前面に正確に投影する「再帰性反射材」という素材を作り出した (229–30)。韓国で建設される予定の超高層ビルは、周囲に向けてぐるりとカメラを取り付け、ビル全体を覆う LED にカメラが記録した画像を改良して投影する仕組みになっている (231–32)。複数のレンズを使って姿を消す手法はロチェスター大学で開発されたもので、綿密に計算された間隔で一列に配置された、異なる焦点距離を持つ 4 枚の標準レンズで実行する。www.rochester.edu/newscenter/watch-rochester-cloak-uses-ordinary-lenses-to-hide-objects-across-continuous-range-of-angles-70592/ (2015 年 7 月 19 日閲覧)

17. Chen-Pang Yeang, "The Study of Long-Distance Radio-Wave Propagation, 1900–1919," *Historical Studies in the Physical and Biological Sciences* 33:2 (2003), 369–403.

18. The initial cost of a call to London was $75 for the first three minutes; after seven more years of intensive R & D, the initial cost of a call to Tokyo was $39 for three minutes. 当初、ロンドンへの通話料は最初の 3 分間が 75 ドルだった。その後 7 年間にわたる集中的な研究開発の結果、東京への通話料は最初の 3 分間が 39 ドルとなった。AT&T, "The History of AT&T," www.corp.att.com/history 参照。(2017 年 4 月 19 日閲覧)

19. Karl G. Jansky, "Directional Studies of Atmospherics at High Frequencies," *Proc. Institute of Radio Engineers* 20 (1932), 1920; Karl G. Jansky, "Electrical Disturbances Apparently of Extraterrestrial Origin," *Proc. IRE* 21:10 (Oct. 1933), 1387–98.

20. 自身も電波技術者であるキリル・M・ジャンスキー・ジュニアは 1956 年 3 月 23 日にアメリカ天文学会の第 94 回総会で演説し、彼の兄弟カールの雑音研究は純粋科学と応用科学の「事実上の結婚式」だと述べ、彼自身も（そして暗に科学技術を職業とするほとんどの人間も）かつては「純粋科学者というのは自分の研究が実用化されるのを商業主義に汚染されることだと感じる人間で

by Experiments, positively and directly concluding his new Theory of Light and Colours; and here recommended to the Industry of the Lovers of Experimental Philosophy, as they were generously imparted to the Publisher in a Letter of the said Mr. Newtons of July 8. 1672," *Philosophical Transac. Royal Society* 85 (July 15, 1672), 5004.

5. 「スペクトルの両端の4分の1または3分の1インチのところでは、光の雲は赤と紫がかった色をしているように見えたが、非常にかすかで微妙だったため、その色合いの全部またはかなりの部分は、スペクトルに含まれる光線がガラスの材質や磨き方が不均一だったために不規則に散乱して生じたのではないかと私は考えた」。"Exper. 3" in Sir Isaac Newton, Knt., *Opticks: or, A Treatise of the Reflexions, Refractions, Inflexions and Colours of Light,* 4th ed. corr. (London: William Innys, 1730), Project Gutenberg Ebook 33504 (2010), 30, www.gutenberg.org/files/33504/33504-h/33504-h.htm (2017年4月19日閲覧)
6. Newton, *Opticks,* Qu. 25, first sentence.
7. William Herschel, "Investigation of the Powers of the prismatic Colours, to heat and illuminate Objects; with Remarks, that prove the different Refrangibility of radiant Heat . . . ," *Philosophical Transac. Royal Society* 90 (1800), 272. 数十年後、別のイギリス人がハーシェルの発見についてビクトリア朝時代の言葉で語っている。「実験は、太陽がまばゆいほどの光線だけでなく屈折度が低い他の光も放出することを証明した。その光線は大きな熱量を持っていたが、視覚を刺激する能力は備えていなかった」。J. Tyndall, "On Calorescence," *Philosophical Transac. Royal Society* 156 (1866), 1. 17世紀のフランスとイタリアの研究者が、これほど秩序立っていない方法で熱を生み出す見えない光線について研究を始めていたという証拠もある。James Lequeux, "Early Infrared Astronomy," *J. Astronomical History and Heritage* 12:2 (2009), 125– 26参照。「赤外線」という用語は、1880年頃まで使われることはなかった。S. D. Price, *History of Space-based Infrared Astronomy and the Air Force Infrared Celestial Backgrounds Program*, AFRL-RV-HA-TR-2008-1039 (Hanscom AFB, MA: Air Force Research Laboratory, 2008), 36参照。
8. 2016年初頭、Advanced LIGOと名付けられた検出器が初めてこれと似た現象を測定した。光子ではなく重力で構成された重力波で、波長の大きさはそれを発生させたシステムと同じくらいで最大で1000キロメートルだった。LIGOは光ではなく重力の働きを宇宙規模で検出するために建設され、天体物理学による探知の全く新しい時代を切り開いた。
9. 目に見えない電磁波の一形態として初めて発見された、「空気中に満ちる無線エーテルで通信する」ことを可能にする電波は、新しく発見された電気の不思議な魔法であり、何世紀にもわたる霊的なものへの傾倒と神秘主義的な思想の証明であり利益のように受け止められた。Ball, *Invisible*, 101 and chap. 4, "Rays That Bridge Worlds," 90– 134.
10. C. J. Seymour Baker, "Correspondence: Camouflage," *J. Royal Society of Arts* (Mar. 19, 1920), 298; Michael Taussig, "Zoology, Magic, and Surrealism in the War on Terror," *Critical Inquiry* 34:S2 (Winter 2008), S98– S116.

第五章

1. 不可視性については語るべきことがまだたくさんある。おとぎ話の作家、魔法の薬の考案者、いろいろな宗教の信者、霊感コミュニケーションの実践者、怖がっている子供、小説家、弦理論家、数学者、音楽家、高齢者、ホームレス、貧困者、偏見と差別を受けている人など、あらゆる種類の人々が不可視性に関するさまざまな経験をしてきた。このことについての広範囲な議論は Philip Ball, *Invisible: The Dangerous Allure of the Unseen* (Chicago: University of Chicago Press, 2015) 参照。同書の冒頭の数章では神秘主義、魔法、現代技術、現代科学が同時進行で発展する様子を考察している。のちの一章 "The People Who Can't Be Seen" で著者は社会の底辺にいるとみなされる人々の不可視性について「他人から選別して見られることであり、想像力によって意図的に見えなくされている」と説明している (191)。Kathryn Schulz による同書の書評 "Sight Unseen," *New Yorker*, Apr. 13, 2015, 75–79 では多様な不可視性が議論されていて、Schulz は " 私たちの周りのほとんどすべてのものは知覚できないもので、その他のほとんどのものは知覚するのが非常に難しく、それ以外はほぼ無に近いものだ。私たち自身の惑星またはその近くに存在するもので文字通りの意味で私たちに見えているものは、ほとんど存在していないに近い、宇宙の奥地にただようほこりみたいなものだ」と論じている (78)。
2. Antony van Leeuwenhoeck, "Observations communicated to the Publisher by Mr. Antony van Leeuwenhoeck, in a Dutch Letter of the 9th of Octob. 1676. here English'd: Concerning little Animals by him observed in Rain-Well- Sea- and Snow water as also in water wherein Pepper had lain infused," *Philosophical Transac. Royal Society* 1677:12 (Mar. 25, 1677), 828– 29, 電子資料は rstl.royalsocietypublishing.org/content/12/133/821.full.pdf+html (2018 年 1 月 17 日閲覧)
3. 7 という数は、ニュートンの時代よりかなり以前から 7 音音階、7 つの「古典的な惑星」、7 つの曜日など、さまざまなものと関連づけられていた。Robert Finlay, "Weaving the Rainbow: Visions of Color in World History," *J. World History* 18:4 (2007), 387; June W. Allison, "Cosmos and Number in Aeschylus' Septem," *Hermes* 137:2 (2009), 130. などを参照。
4. "Refrangibility" は単純に屈折を意味する。屈折する光線は、そうでなければ進むはずの直線経路からそらされ、あるいは曲げられている。曲がる原因となるのは、光線が当たる表面の種類、またはそれが通過してきた媒体の何らかの変化だ。実験の必要性についてニュートンはこう語っている。「物質の性質について調べるための適切な方法は、実験からそれらを推論することである。そして、私が提示した理論は逆の仮定に対する反駁から推論することによってではなく、実験の結論から導き出すことによって直接得られたものだ。したがって、それを検証するには、証明しようとする理論を実験が裏付けるかどうかを確認し、あるいは理論の検証に役立つような他の実験をおこなうことによってなされることになる」。Isaac Newton, "A Serie's of Quere's propounded by Mr. Isaac Newton, to be determin'd

探査にとってこれ以上に重要なものはなく、達成するのにこれほど困難で高くつくものはないだろう」とケネディが宣言したときの演説である。
119.「憂慮する科学者同盟」はすべての周回衛星を網羅したデータベースを管理し続けている。更新頻度は「およそ年4回」だという。2016年12月31日時点では1459機存在した。2017年8月31日時点では1738機になっていた。www.ucsusa.org/nuclear-weapons/space-weapons/satellite-database#.WPELGqK1tnJ
120. コロナ計画はディスカバラー計画と呼ばれ、ゼニット計画はコスモス計画と呼ばれた。全体的な政治力学や軍事プログラムの影響を含む、DSP衛星に関する包括的なケーススタディはJeffrey T. Richelson, America's Space Sentinels: The History of the DSP and SBIRS Satellite Systems, 2nd ed. (Lawrence: University Press of Kansas, 2012) を参照。
121. Joan Johnson-Freese, *Heavenly Ambitions*: America's Quest to Dominate Space (Philadelphia: University of Pennsylvania Press, 2009), 81.
122. T. S. Subramanian, "An ISRO Landmark," *Frontline* 18:23, Nov. 10–23, 2001, www.frontline.in/static/html/fl1823/18230780.htm; Habib Beary, "India's Spy Satellite Boost," BBC News, Nov. 27, 2001, news.bbc.co.uk/2/hi/south_asia/1679321.stm; PTI, "India to Launch Spy Satellite on April 20," Times of India, Apr. 8, 2009, timesofindia.indiatimes.com/india/India-to-launch-spy-satellite-on-April-20/articleshow/4374544.cms (2017年4月12日閲覧)
123. European Global Navigation Satellite Systems Agency, "Galileo Is the European Global Satellite-based Navigation System," www.gsa.europa.eu/european-gnss/galileo/galileo-european-global-satellite-based-navigation-system; "European Parliament Resolution of 10 July 2008 on Space and Security (2008/2030/INI)," www.europarl.europa.eu/sides/getDoc.do?pubRef=-//EP//TEXT+TA+P6-TA-2008-0365+0+DOC+XML+V0//EN; Galileo GNSS, "European Satellite Systems in Service of European Security," June 14, 2016, galileognss.eu/european-satellite-systems-in-service-of-european-security; 次も参照 Vincent Reillon and Patryk Pawlak, "EU Space Policy: Industry, Security and Defence," Galileo GNSS, June 13, 2016, galileognss.eu/eu-space-policy-industry-security-and-defence (すべて2017年4月14日閲覧)
124. Trudy E. Bell and Tony Phillips, "A Super Solar Flare," NASA Science, May 6, 2008, science.nasa.gov/science-news/science-at-nasa/2008/06may_carringtonflare (2017年9月9日閲覧)
125. John Dos Passos, "The House of Morgan," Nineteen Nineteen, book 2 of U.S.A. (Boston: Houghton Mifflin, 1932/1960), 293–94 (ドス・パソス『U.S.A 第2』新潮社、1919年)
126. Dwight D. Eisenhower, "Farewell Address: Transcript," Jan. 17, 1961, sec. IV, University of Virginia Miller Center, millercenter.org/the-presidency/presidential-speeches/january-17-1961-farewell-address (2017年4月18日閲覧)
127. Matthew Weiner, creator, Mad Men, AMC, season 2, episode 10, "The Inheritance."

sirisaacnewton.info/writings/opticks-by-sir-isaac-newton（2018 年 1 月 13 日閲覧）の 110 ページを参照。

111. Robert W. Duffner, The Adaptive Optics Revolution: A History (Albuquerque: University of New Mexico Press, 2009), ix.

112. より詳しくは、たとえば Neil deGrasse Tyson, "Star Magic," Natural History 104:9 (Sept. 1995), 18–20, digitallibrary.amnh.org/handle/2246/6501（2018 年 1 月 14 日閲覧）を参照。補償光学システムは可視光用より赤外線用のほうが安価でシンプルになる。なぜなら赤外線のほうが、大気の継ぎ布ごとの温度や密度の違いに影響されにくいからだ。そのため大気の継ぎ布の有効サイズが大きくなるから、鏡は可視光の場合ほど多数に分割せずにすみ、近傍のガイド星が見つかる可能性が高くなる。加えて、瞬間ごとの大気の状態変化がそれほど激しくなく変化の速度も遅くなるため、ガイド星はそれほど頻繁に監視される必要がなく、それほど明るくなくてもよくなる。

113. Ann Finkbeiner, The Jasons: The Secret History of Science's Postwar Elite (New York: Viking, 2006) を参照。

114. Duffner, Adaptive Optics Revolution, 14–15; Robert Q. Fugate, 次に引用 Robert W. Duffner, "Revolutionary Imaging: Air Force Contributions to Laser Guide Star Adaptive Optics," Historical Perspectives—ITEA Journal 29:4 (Dec. 2008), 341.

115. 軍による寄与について、より詳しくは、たとえば以下を参照。Duffner, Adaptive Optics Revolution, passim; John W. Hardy, Adaptive Optics for Astronomical Telescopes (New York: Oxford University Press, 1998), 16–25, 217–21, 378–79; Robert W. Smith, review of Duffner, Adaptive Optics Revolution, I*sis* 101:3 (2010), 673–74; N. Hubin and L. Noethe, "Active Optics, Adaptive Optics, and Laser Guide Stars," *Science* 262:5138 (Nov. 26, 1993), 1390–94; Ann Finkbeiner, "Astronomy: Laser Focus," N*ature* 517:7535 (Jan. 27, 2015), www.nature.com/news/astronomy-laser-focus-1.16741; GlobalSecurity.org, "Airborne Laser Laboratory," www.globalsecurity.org/space/systems/all.htm#（2018 年 1 月 14 日閲覧）. 乱気流の影響を補償するための初期の努力については Hardy, Adaptive Optics, 11–16 も参照。

116. Hardy, Adaptive Optics, 378–79. ハーディーと彼の著作について、より詳しくは Duffner, Adaptive Optics Revolution, 31 を参照。

117. ジョンソンの発言は以下に引用されたもの。US Air Force, Space Operations: Air Force Doctrine Document 2-2, Nov. 27, 2006, 1, fas.org/irp/doddir/usaf/afdd2_2.pdf（2017 年 4 月 12 日閲覧）

118. John F. Kennedy, "President Kennedy's Special Message to the Congress on Urgent National Needs, May 25, 1961," John F. Kennedy Presidential Library and Museum, www.jfklibrary.org/Research/Research-Aids/JFK-Speeches/United-States-Congress-Special-Message_19610525.aspx（2017 年 4 月 12 日閲覧）. これは、「60 年代が終わるまでに、この国は月に人を立たせ、安全に地球に帰還させるという目標を達成すべきだと私は信じる。この期間のいかなる宇宙計画も、人類にとってこれ以上に感動的なものはなく、長距離宇宙

転載されている（ヴァルター・ベンヤミン『ベンヤミン・アンソロジー』河出書房新社、2011年など）。

101. Thomas Melvill, “Observations on Light and Colours (1752),” reprinted in J. Royal Astronomical Society of Canada 8 (Aug. 1914), 242–43.

102. Ian Howard-Duff, “Joseph Fraunhofer (1787–1826),” J. Brit. Astronomical Assoc. 97:6 (1987), 339–47を参照。

103. ブンゼンからヘンリー・ロスコーに宛てた手紙、1859年11月15日。Mary E. Weeks and Henry M. Leicester, Discovery of the Elements (Easton, PA: J. Chemical Education, 1968), 598（M・E・ウィークス、H・M・レスター『元素発見の歴史（普及版）』朝倉書店、2008年）に引用。

104. 以下に掲載の翻訳を用いた。John Hearnshaw, “Auguste Comte's Blunder: An Account of the First Century of Stellar Spectroscopy and How It Took One Hundred Years to Prove That Comte Was Wrong,” J. Astronomical History and Heritage 13:2 (2010), 90.

105. De Vaucouleurs, Astronomical Photography, 35, 49. アンリ兄弟の装置は口径が13インチだった。10等星の撮影には20秒、16等星には80分要した。1885年、兄弟は長時間露光により、かつて観測されたことのなかった星雲がプレアデス星団の周りを取り囲んでいるのを発見した。夜空のこの領域は他の天文学者たちによって何十年間も綿密に観察されていたのにもかかわらず、見つかったのは初めてだった。“Obituary Notices: Associate: Prosper, Henry,” Monthly Notices of the Royal Astronomical Society 64 (Feb. 1904), 296–98も参照。

106. Lankford, “Impact of Photography,” 29.

107. サミュエル・P・ラングレーはアメリカ科学アカデミーが贈る天体物理学の賞アンリ・ドレイパー・メダルの初の受賞者であり、スミソニアン天体物理学研究所の創設者である。新しさ、およびこの引用（ウィリアム・ハギンズの言葉）については A. J. Meadows, “The New Astronomy,” in Astrophysics and Twentieth-Century Astronomy to 1950, ed. Gingerich, 59, 70を参照。

108. ハーウィットは政治的圧力の下、1995年5月に辞任した。アメリカ軍のB-29爆撃機「エノラ・ゲイ」による広島への原爆投下50周年を記念する展覧会を企画したところ、それに対する抗議がわき起こったことが原因だった。この企画展が議論を呼んだのは、第二次世界大戦の終戦を記念するだけにとどまらず、原爆がもたらした結果を示す展示物を含めようとしたためだった。開催前にアメリカ在郷軍人会や米空軍協会などの団体から強く非難された結果、企画展は中止された。Edward J. Gallagher, “History on Trial: The Enola Gay Controversy,” Lehigh University, www.lehigh.edu/%7Eineng/enola（2017年4月12日閲覧）

109. Martin Harwit, Cosmic Discovery: The Search, Scope, and Heritage of Astronomy, 1st ed. (New York: Basic Books, 1981), 13–17, 20; Michael J. Sheehan, The *International Politics of Space*—Space Power and Politics series (London/New York: Routledge, 2007), 2.

110. Isaac Newton, Opticks: or, a Treatise of the Reflections, Refractions, Inflections, and Colours of Light, 4th ed. (London, 1730), bk. 1, pt. 1, prop. viii, prob. 2; プロジェクト・グーテンベルクの電子書籍

創意工夫が、今まで以上に強く要求されるようになるだろう。そして機械的なプロセスはひたすら簡略化され、完璧に近くなるだろう。化学が工業や有用技術にもたらすものを、この発見は芸術にもたらすだろう。つまり生産を向上、促進し、生産者の労働を減らすのである。生産者のスキルを無用にするのではなく、補助し、強化するのである」Spectator, "Self-Operating Processes of Fine Art. The Daguerotype," The Museum of Foreign Literature, Science and Art 35 (Mar. 1839), 341–43. 以前は次で入手可能だった。"Daguerreian Texts: The First Two Years (1839–1840)," Daguerrian Society, www.daguerre.org/resource/texts/self_op.html（リンク切れ）

95. フォックス・タルボットは初めて写真を図表に使った本の著者でもある。William Henry Fox Talbot, The Pencil of Nature (1844–46)（ウィリアム・ヘンリー・フォックス・トルボット『自然の鉛筆』マイケル・グレイ図版監修・解説、赤々舎、2016年）
96. François Arago, "Fixation des images qui se forment au foyer d'une chambre obscure" (1839), in Oeuvres complètes de François Arago, vol. 7, ed. Jean Augustin Barral (Paris: Gide et J. Baudry, 1854–62), 4–5, trans. Stéphan Reebs and Avis Lang.
97. Arago, "Fixation des images," 6; Gérard de Vaucouleurs, Astronomical Photography: From the Daguerreotype to the Electron Camera, trans. R. Wright (New York: Macmillan, 1961), 13–16. アラゴの月の撮影で協力者となった2人はピエール＝シモン・ラプラスとエティエンヌ＝ルイ・マリュス（ナポレオンのエジプト遠征に加わった人物）である。ダゲールに要請したのはアラゴ、ジャン＝バティスト・ビオ、アレクサンダー・フォン・フンボルトである。この3人組のことをド・ヴォクラールは「物理学者・天文学者として名高い、アカデミーにおける彼の3人の親友」と言い表している。
98. François Arago, "Report" (1839), in Classic Essays in Photography, ed. Alan Trachtenberg (New Haven: Leete's Island Books, 1981), 21–22. 同様の声明が1か月後にも出されている。François Arago, "Le daguerréotype: Rapport fait à l'Académie des Sciences de Paris le 19 août 1839" (Caen: L'Échoppe, reprint 1987), 18–22.
99. これをイギリス側から語ったものについてはR. Derek Wood, "The Daguerreotype Patent, the British Government, and the Royal Society," History of Photography 4:1 (Jan. 1980), 53–59.
100.「これら初期の成功にもかかわらず、ほとんどのプロ天文学者は写真撮影の工程を忌避した。当時おこなわれていた写真撮影は有毒、不鮮明、非効率だった」。Alan W. Hirshfeld, "Picturing the Heavens: The Rise of Celestial Photography in the 19th Century," Sky & Telescope (Apr. 2004), 38. 初期の天体写真撮影についての優れた概説は数多いが、ここでは2つde Vaucouleurs, Astronomical Photography とJohn Lankford, "The Impact of Photography on Astronomy," in Astrophysics and Twentieth-Century Astronomy to 1950, Part A—The General History of Astronomy, vol. 4, ed. Owen Gingerich (Cambridge, UK: Cambridge University Press, 1984), 16–39を挙げる。複製可能性については、ヴァルター・ベンヤミンの1937年のエッセイ「技術的複製可能性の時代の芸術作品」が繰り返し復刻・

Glass, chap. 1; Sambrook, "British Optical Munitions Industry," 54. 武器局によると、「教育・研究機関は備品の大部分をドイツから仕入れていて、備品を供給するようアメリカのメーカーに特別な条件を提示することは一切なかった。科学機器に関しては、関税なしの輸入がこのようなドイツへの依存を促進した」

89. ツァイス社のウェブサイトにはこう書かれている。「1920年代および1930年代には民生用機器の生産が圧倒的でしたが、イェーナは決して軍事用機器を開発するという目標を見失いませんでした。なぜなら精密工学ならびに精密光学の分野で達成された成果は、民生・軍事両方の目的に等しく適しているからです」。"The Carl Zeiss Foundation in Jena," www.zeiss.com/corporate/int/history/company-history/at-a-glance.html#inpagetabs-1（2017年4月18日閲覧）

90. P. G. Nutting, "The Manufacture of Optical Glass in America," letter, *Science* 46:1196 (Nov. 30, 1917), 539. Measuring Worth, www.measuringworth.com/ppowerus（2017年7月26日閲覧）によれば、1913年の50万ドルは2016年の購買力では1200万ドルに相当する。

91. Hagen, "Export versus Direct Investment," 17 n.25; M. Herbert Eisenhart and Everett W. Melson, "Development and Manufacture of Optical Glass in America," *Scientific Monthly* 50:4 (Apr. 1940), 323; Raines, Getting the Message Through, 174.

92. 戦時産業局が生産を動員し、調整し、規制した。バーナード・バルークがトップを務めた終戦までの8か月間、同局はアメリカの工業生産の約4分の1を軍事目的に転換した。アメリカ国立標準局はバリウムクラウンガラスの溶融にも耐えられるような新しいるつぼを開発するとともに、ガラスや最終製品の試験も援助した。米地質調査所は、十分に純粋なケイ砂など、原材料の新たな産地を突き止めた。US Army Ordnance Deparartment, Manufacture of Optical Glass の Introduction と Table 1 を参照。

93. Sidereus Nuncius, trans. Albert Van Helden（星界の報告）の口絵には"MAGNA, LONGEQVE ADMIRABILIA / Spéctacula pandens, suspiciendáque proponens vniquique"とある。ガリレオのデッサンについては"Sidereus Nuncius, Galileo Galilei (Facsimile)," Museo Galileo VirtualMuseum, catalogue.museogalileo.it/object/GalileoGalileiSidereusNunciusFacsimile.html（2017年4月13日閲覧）を参照。1630年代末に視力を失うまでは、ガリレオの視力は彼の道具とともに信頼されていた。だが17世紀の天文学者で望遠鏡製作者のヨハネス・ヘヴェリウスはガリレオの評判にも動じなかった。彼は月に関する自著 Selenographia で、Sidereus Nuncius におけるガリレオの月の描写を批評した。「ガリレオは十分な品質の望遠鏡を持っていなかったか、発見したものに十分専念できなかったか、あるいは最もありそうな可能性としては、この作品で大きな役割を果たすべき絵画の技法に無知だったのだろう。それ以上に欠けているのは優れた視力、忍耐、努力である」。Albert Van Helden, "Telescopes and Authority from Galileo to Cassini," Osiris, 2nd ser. (1994), 15–18.

94. この書き手はこうも言っている。「画家が絶望する必要はない。その仕事は今までどおり求められるだろう。だが、より高い次元で、だ。より高いセンスやれる忙しい場所だった。戦争の緊張下では、標準局は全米から人員を集めて必然的に1500人近くに膨れ上がり、戦争で求められるあらゆる科学的ニーズを研究・実験するようになった」

80. Stephen C. Sambrook, "The British Optical Munitions Industry Before the Great War," in Proceedings, Economic History Society Annual Conference, Royal Holloway College, University of London, Apr. 2004, 52, www.ehs.org.uk/events/ehs-annual-conference-archive.html（2017年4月18日閲覧）

81. Stephen C. Sambrook, The Optical Munitions Industry in Great Britain, 1888–1923, PhD diss., University of Glasgow, 2005, 156.

82. Sambrook, "No Gunnery Without Glass"; Sambrook, "British Armed Forces and Acquisition."

83. 1913年のイギリスの輸出総額は31億ドル、ドイツは24億ドルだった。どの数値も著者らが金本位制の額面価格を基に米ドルに換算した。Hugh Neuburger and Houston H. Stokes, "The Anglo-German Trade Rivalry, 1887–1913: A Counterfactual Outcome and Its Implications," Social Science History 3:2 (Winter 1979), 187–88, 191–92.

84. ヴェルサイユ条約、168～170条、202条。

85. 放棄すべき禁止品目は委員会最終報告書で33の章にわたって列挙された。多くは軍民両用であり、ドイツはすぐに「調理器具や、さらには輸送車両のような物資まで含めるのは、ドイツ経済に打撃を与えるだけでなく、連合国への賠償金支払いを滞らせ、ドイツの政治情勢をボルシェヴィズムになびかせかねないと論じ」、禁止品目の幅広さに異議を唱えた。Richard J. Schuster, German Disarmament After World War I: The Diplomacy of International Arms Inspection (London: Routledge, 2006), 41.

86. J. H. Morgan, Assize of Arms: The Disarmament of Germany and Her Rearmament (1919–1939) (New York: Oxford University Press, 1946), 37–38.

87. Schuster, German Disarmament, 63–64; Morgan, Assize of Arms, 35, 40. ドイツは約80か所の工場で戦争関連物資の生産を許可するよう要請した。委員会は結局、14の小規模工場に特定の種類の兵器製造を認めた。武器の破壊については Schuster, German Disarmament, 42–45を参照。ドイツ人著述家のハンス・ゼーガーは精密光学関連品の没収よりも広範な破壊のほうを強調するが、マイケル・バックランドのような一部歴史家は、連合国の征服者たちにとってはこのような精密機器こそが魅力的な戦利品だったのだと主張する（エイヴィス・ラングに宛てた電子メール、2009年12月）。またモーガンが指摘するように、ドイツ政府が要求された全兵器の放棄の完了を宣言してから数か月のうちに「数百台もの新造された榴弾砲が一つの工場に積み上がり」、「重砲の広大な『砲廠』」が「ケーニヒスベルクの要塞の中に隠されていた」のが発見された。Seeger, Militärische Ferngläser und Fernrohre in Heer, Luftwaffe und Marine (1996), 32, 英訳は www.europa.com/~telscope/trsg2.txt（2017年4月18日閲覧）; Morgan, Assize of Arms, 35.

88. Hagen, "Export versus Direct Investment," 1 and n. 6, 4–7, 11–12, 17–18 n. 25; US Army Ordnance Department, Manufacture of Optical

の『パブリシティ』と、ガラス生産における『極致』だという評判が依存の原因だった。1890年代に登場した『イェーナの新しいガラス』の多くは、1914年までにはパラ・マントワや、それより劣るがチャンス・ブラザーズに模倣された。1914年以降にイギリスで持ち上がった依存問題はたいてい、メーカーがすでに設計した光学システムの部品の中に（たとえば）たった一つ、ショット社以外のガラスメーカーに模倣されていないガラスが使われているような場合に発生した。これを解決するにはショット社のガラスをコピーするか、とにかく入手可能なガラスだけを使ってシステム全体を再設計するほかなかった」（サンブルックがエイヴィス・ラングに宛てた電子メール、2009年12月6日）

76. Hagen, "Export versus Direct Investment," 11.

77. このような警告の一つはNAK ADM 116/3458, Aug. 27, 1915に見られる。これはガラス供給に関するイギリス海軍省（ADM）報告書であり、イギリス立物理学研究所所長で海軍本部第三委員のリチャード・グレーズブルックと海軍武器局局長とのあいだで1912年7月13日におこなわれた会談の内容が記されている。1911年に「一流の光学機器製造者」がグレーズブルックに宛てた手紙には、ショット社のガラスはイギリスメーカーから海軍省に供給される光学機器に広く使われていて「ドイツと戦争になれば（……）光学ガラスの供給停止がそのまま光学産業の麻痺につながるだろう」と書かれていた。1年後、グレーズブルックが助言を求めた「一流の光学機器製造者7、8人」は、海軍省向けの機器の「ほとんど」でドイツ製ガラスが「不可欠」であり、イギリス製もフランス製も透明性と均一性の面で「信頼できない」との意見を述べた。製造者側は、事実を誇張することでそれとなく政府の支援を得ようと探っていた可能性はある。だがこの警告は真剣に受け止められ、結果として国内研究の要件を明確化する委員会の設置につながった（サンブルックがエイヴィス・ラングに宛てた電子メール、2009年12月7日）。

78. 経済史家は "defense share"（「防衛費率」、中央政府の支出総額に占める軍事支出の割合を百分率で表したもの）と "military burden"（「軍事負担」、国内の全商品・サービスを含めたより広いカテゴリーである国内総生産［GDP］に対する軍事支出の百分率）を使い分ける。経済史家のヤリ・エロランタは軍事支出をdefense shareを使って数々例示している。たとえばイングランドでは1535～1547年には平均29%だったが1685～1813年には平均75%となり、55%を下回る年は一つもなかった。19世紀初頭には平均約39%、1870～1913年には平均約37%だった。第一次世界大戦中はどの国も膨大で、1914～1918年の平均はイングランド49%、フランス74%、ドイツ91%、アメリカ47%（1917～1918年）だった。Jari Eloranta, "Military Spending Patterns in History," EH.Net Encyclopedia, ed. Robert Whaples (Sept. 16, 2005), eh.net/encyclopedia/military-spending-patterns-in-history（2017年4月18日閲覧）

79. Raines, Getting the Message Through, 172, 191; Curtis, "Optical Glass," 81. カーティスはこの取り組みにおける連邦政府標準局の果たした役割を強調する。「平時には、全米の大学にある物理学と化学の研究室を合わせたのと同じくらい多様な科学・産業技術研究がおこなわ

parliament.uk/about/living-heritage/transformingsociety/towncountry/towns/tyne-and-wear-case-study/about-the-group/housing/window-tax/（2017年4月17日閲覧）を参照。南北戦争直後のアメリカでは炭田および天然ガス田の開発が進み、ガラス工場はこれらの地域に置かれた。すなわち、ペンシルヴェニア州、オハイオ州、ウェストバージニア州である。

67. ツァイスは1923年に最初のプラネタリウム投影機を公開した。ニューヨーク市のヘイデン・プラネタリウムには開業した1935年からずっとツァイスの "projection planetarium"（同社の用語）を使い続けている。

68. Antje Hagen, "Export versus Direct Investment in the German Optical Industry: Carl Zeiss, Jena and Glaswerk Schott & Gen. in the UK, from Their Beginnings to 1933," Business History 38:4 (1996), 4, 17 n. 23. ボーア戦争中、ツァイスは双眼鏡をイギリス陸軍に供給し、日露戦争中は両国に供給した。

69. Zeiss, "The Carl Zeiss Foundation in Jena, 1885–1945: Expansion of the Product Portfolio," www.zeiss.com/corporate/int/history/company-history/at-a-glance.html#inpagetabs-1（2017年4月18日閲覧）

70. Zeiss, "History of Zeiss in Oberkochen," www.zeiss.com/corporate/int/history/locations/oberkochen.html; Zeiss, "Background Story: The Development of Carl Zeiss Between 1945 and 1989," www.zeiss.com/corporate/int/history/company-history/20-years-of-reunification/background-story.html; Zeiss, "Lens in a Square—The Zeiss Logo," www.zeiss.com/corporate/int/history/company-history/the-zeiss-logo.html（2017年11月15日閲覧）

71. William Tobin, "Evolution of the Foucault–Secretan Reflecting Telescope," J. Astronomical History and Heritage 19:2 (2016), 106–84. 以下で入手可能。SAO/NASA ADS Astronomy Abstract Service, adsabs.harvard.edu/abs/2016JAHH...19..106T（2017年10月19日閲覧）

72. Stephen C. Sambrook, "The British Armed Forces and Their Acquisition of Optical Technology: Commitment and Reluctance, 1888–1914," in Year Book of European Administrative History 20 (Baden-Baden: Nomos Verlagsgesellschaft, 2008), 2.

73. US Army Ordnance Department, Manufacture of Optical Glass, chaps.1, 7.

74. Curtis, "Optical Glass," 77; Stephen C. Sambrook, "No Gunnery Without Glass: Optical Glass Supply and Production Problems in Britain and the USA, 1914–1918" (working paper, Sept. 2000), n.p., home.europa.com/~telscope/glass-ss.txt; Stewart Wills, "How the Great War Changed the Optics Industry," Optics & Photonics News 27 (Jan. 2016), www.osa-opn.org/home/articles/volume_27/january_2016/features/how_the_great_war_changed_the_optics_industry/（2017年4月18日閲覧）

75. サンブルックが書いているように、英米両国はショット社に大きく依存していたとはいえ、その依存の本質は、第一次世界大戦の戦前と戦中のどちらにおいても複雑だった。「ショット社のガラスを使用する本当の必要性もあっただろうが、いくつかの場合、あるいはおそらく多くの場合、それと同じくらい、同社を表明しながら、このように予測した。「将来、空からの攻撃が効果的かつ恐ろしいものだとわかり、実際にそうだと立証されるかもしれない。空爆は雨と同じく正義にも不正義にも降りかかるから、もしそうなっても、すべての文明人のあいだで禁忌とされ、少なくとも協定書の上では禁止されることもありうる」

57. Joseph W. Slade, "Review: Getting the Message Through: A Branch History of the U.S. Army Signal Corps," *Technology and Culture* 39:3 (July 1998), 592.

58. Raines, Getting the Message Through, 169–70, 190, chap. 5.

59. 始まりについては、たとえば Hugh Barty-King, Eyes Right: The Story of Dollond & Aitchison Opticians, 1750–1985 (London: Quiller Press, 1986), 15–53 を参照。

60. Barty-King, Eyes Right, 34.

61. Barty-King, Eyes Right, 53.

62. Warner, Alvan Clark & Sons, 99 より「(1863 年から 1865 年のあいだに) クラーク社は海軍に少なくとも 165 台の望遠鏡を 1 台 25.75 〜 35.00 ドルで販売した」。1863 年のドルを使えば (南北戦争の結果 1865 年までに相当値下がりした)、2016 年のドルに換算すると約 500 〜 700 ドルになる。以下のサイトを使い、消費者物価指数から追跡した購買力を基に計算。Measuring Worth, www.measuringworth.com (2018 年 1 月 16 日閲覧)

63. 1885 年にクラークと会った知人によれば、クラークの親指には、ツヤ出しとして使っていたためにできた、裂けたような傷があったという。Warner, Alvan Clark & Sons, 27.

64. Heber D. Curtis, "Optical Glass," Publications of the Astronomical Society of the Pacific (Apr. 1919), 77, archive.org/stream/publicationsast30pacigoog/publicationsast30pacigoog_djvu.txt (2017 年 4 月 17 日閲覧)

65. 燃料の消費だけでも怯ませるような困難を与える。たとえば第一次世界大戦中のアメリカでは「1917 〜 18 年冬の石炭不足のあいだ、ガラス溶融炉やその他の工程に使うための燃料やガスの問題が深刻になった。ボシュロムのガラス工場だけでも毎月、人口 8 万人の都市のエネルギー需要に匹敵する 3300 万立方フィート (約 93 万立方メートル) の可燃ガスを消費することがわかると、その消費量の膨大さや十分に需要を満たすことの困難さが明白になった」。US Army Ordnance Department/Lt. Col. F. E. Wright, The Manufacture of Optical Glass and of Optical Systems: A Wartime Problem (Washington, DC: Government Printing Office, 1921), 288, archive.org/details/manufactureofopt00unitrich (2017 年 4 月 17 日閲覧). 工程の明快な説明は Curtis, "Optical Glass," 77–85 を参照。

66. たとえば 1820 年頃、ロンドンの装置製作者は「直径約 5 インチ (約 12.7 センチ) の粗雑なフリントガラス」に 8 ギニー払って入手していた (Fred Watson, Stargazer: The Life and Times of the Telescope [Cambridge, MA: Da Capo, 2005], 183–85) 。1 ギニーは 1 ポンド 1 シリングである。8 ギニーは 2016 年の購買力で 600 ポンド以上、約 1000 ドルになる。小売物価指数 (www.measuringworth.com) を基に計算。だが当時、窓ガラスも高価な品であり、イギリスは窓税なる「きわめて評判の悪い」税を 1696 年から 1851 年まで課し続けてきた。"About Parliament: Living Heritage: Window Tax," www.

Corps" でこう書いている。「非戦闘員からなる隊が、かつてこれほど多くの死者、負傷者、捕虜を出したことがあっただろうか？　義務感、砲火に身をさらす必要性、任務の重要性は、個人の安全とは相容れない——だが通信隊はその代償を払ったのだ。南軍の牢獄へ行く末路をたどった者も多い。そうでなくとも、信号業務に伴う極度の危険と、持ち場に執着する不屈の精神が合わさったとき、否応なく突きつけられたのは、負傷者に対する戦死者の比率が通常 20% のところ通信隊員は 150% であったという事実だった」(318)。Raines, Getting the Message Through, 29 も参照。

48. 通信隊が経験したいくつかの戦いについての議論は、たとえば Greely, "The Signal Corps"; Thompson, "Civil War Signals"; Raines, Getting the Message Through, 23–28 を参照。信号手たちがある程度の形勢を左右したと考えられる戦いには、ブルラン、アンティータム、チャンセラーズヴィル、アラトゥーナ、そしてゲティスバーグなどがある。

49. ゲティスバーグでの信号の使われ方については、たとえば以下を参照。J. Willard Brown, The Signal Corps, U.S.A. in the War of the Rebellion (Boston: US Veteran Signal Corps Association, 1896), 359–72; Alexander W. Cameron, "The Signal Corps at Gettysburg," Gettysburg 3 (July 1990), 9–15; Raines, Getting the Message Through, 25–27; Thompson, "Civil War Signals," 197–98. 北軍との遭遇後のリー将軍による報告には、「(ゲティスバーグへの) 敵の進軍は知らなかった」という供述が含まれている (Fishel, Secret War, 522) 。

50. たとえば Raines, Getting the Message Through, 25 に引用されている Official Records XXVII, Part III, 488.

51. これは迅速な中継で送られたメッセージの一つ。Brown, Signal Corps, U.S.A., 360–61 に引用。

52. Brown, Signal Corps, U.S.A., 367–68 に引用。

53. Brown, Signal Corps, U.S.A., 361–62 に引用されている E・C・ピアス大尉の報告。ピアスの部下である信号旗手の一人、ルーサー・C・ファースト軍曹の 7 月 3 日の日記も、鮮明な細部とともに同じ状況を描いている。「夜明け前に起床。夜明け、ゲティスバーグの方向へ信号開始。我々の基地は昼間中持ちこたえたが、デビルズデンの中と付近にいる敵の狙撃手に執拗に攻撃される。身を守るため隠れなければならない。周りに積み上がった大きな岩が良い防御になる。今日、我々の基地の付近では敵の狙撃手によって 7 名、敵の激しい集中砲火によりわが方全体では数百名が死傷。正午近くまでは最前線に沿ってかなりの小競り合い。それから間もなく双方の砲兵隊が全開になり、砲弾が激しく飛び交う。多数の兵が我々の基地近くで身動きが取れなくなるが、通信は継続可能。自由のための戦いは非常に厳しいと言われてきたが、我々の軍隊は持ち場を守り抜き、あらゆる場所で敵を撃退している」。Brown, Signal Corps, U.S.A., 362–64 に引用。

54. ポトマック軍信号士官長 L・B・ノートンの報告、Brown, Signal Corps, U.S.A., 372 に引用。

55. Raines, Getting the Message Through, 45–47, 53–54.

56. Raines, Getting the Message Through, 131, 145, および chap. 5 随所。1914 年の通信隊年次報告書で信号士官長は、航空機による爆弾投下の不安感と恐怖

41. Raines, Getting the Message Through, 8, 23–24, 29; Scheips, "Union Signal Communications," 401–402; George Raynor Thompson, "Civil War Signals," Military Affairs 18:4 (Winter 1954), 189–90; Edwin C. Fishel, The Secret War for the Union: The Untold Story of Military Intelligence in the Civil War (Boston: Houghton Mifflin, 1996), 38ff. フィシェルは、アレクサンダーがずっと後年に語った内容を引用している。「私は、ストーン・ブリッジ（ウォーレントン・ターンパイクがブルランを越えるところ）にある我々の基地の旗を注視していた。望遠鏡の視野の遠くの端に、かすかな輝きが目に入った。太陽の光が（日は背後の東の空に低く出ていた）、磨かれた野砲の真鍮に反射したのだ」。彼はただちに近くの司令官たちに信号を送った。フィシェルいわく、「敵の進軍に対する2人の司令官の対応は、もし信号部隊がいなければ時機を逸していただろう。アレクサンダーの情報収集力がブルランの戦いに勝たせたというのは言い過ぎだろうが、南軍を負けから救ったのは間違いない。とはいえ感謝すべきは発明の才のある若き北軍の医者である」(39–40)

42. Secret War でフィシェルは、欧州の「腕木信号塔の通信網」は動かすことができないため「行進中や戦闘中の軍にとっては事実上役立たず」だったと主張している (37–38) 。

43. マイアーは1863年11月に役職を失う（のちに復帰）ものの、自分が創り出した通信隊の繁栄と発展に深く没頭し続けた。彼は解職前から A Manual of Signals for the Use of Signal Officers in the Field（戦場における信号士官のための信号の手引き）を執筆し始め、彼に共感を寄せるワシントンの通信隊本部職員が印刷を手配した。本の扉にマイアーの名前はなく、「陸軍省の命令により出版／ワシントン――政府印刷局」と書かれていた。1868年にD・ヴァン・ノストランドによって出版された増補版にはさらに長たらしい題が付き、著者としてアルバート・J・マイアー名誉准将の名が挙げられた。Scheips, "Union Signal Communications," 413–14.

44. 初めは左が「1」、右が「2」だったが、のちに反対が標準になった。したがって、「A」を「2-2」、「B」を「2-1-1-2」としている文献もある。Major General A. W. Greely, "The Signal Corps," in Photographic History of The Civil War in Ten Volumes, vol. 8, ed. Francis Trevelyan Miller and Robert Sampson Lanier (New York: Review of Reviews, 1912), 312–40 を参照。アルファベット、数字、暗号符丁は314および316ページに列挙されている。

45. Fishel, Secret War, 4; Albert J. Myer, A Manual of Signals: For the Use of Signal Officers in the Field, and for Military and Naval Students, Military Schools, etc. (New York: D. Van Nostrand, 1868), 231.

46. Myer, Manual of Signals, 232.

47. 1863年の秋、マイアーの「暗号盤」――あらかじめ決めておいた暗号規則を選択するための道具――が全隊で使われるようになった。いくつかの証拠によれば、南軍はそれ以降北軍の信号を読み取れなくなったが、北軍は依然として南軍の信号を解読できたようだ。Scheips, "Union Signal Communications," 407 n. 32. 死傷者数については、北軍通信隊の場合、死者数の負傷者数に対する比率は150%だった一方、与えられた名誉勲章は一つだった。グリーリー少将は "The Signal

Field, "French Optical Telegraphy," 332.

34.「タキグラフ」(フランス語 tachygraphe)の語源は、「素早い」という意味のギリシャ語 tachys であり、エンジンの回転数などといった機械の速度を測る装置"tachometer"(タコメーター) や、光より速く動くとされる仮想的な粒子"tachyon"(タキオン) とも共通である。

35. Holzmann and Pehrson, Early Data Networks, 56–57 に引用。

36. 技術的に詳細な説明は、たとえば Field, "French Optical Telegraphy," 320–22, 331–38; figs. 1–2, pp. 334–35を参照。フィールドはシャップのシステムを手話になぞらえる。「手話はある意味で近距離の視覚通信であると言える。手や腕や指を使った合図は、シャップの装置が形を変える様子と類似している。どちらのシステムも、大きくて複雑な送信装置を使っている。どちらも視覚という、認知力に優れた感覚が使えるからである。そしてどちらも、個々の信号を構成するのに要する時間によって伝わる速さが左右される」。また、アメリカの手話は「実のところ、もともと18世紀フランスで開発された手話の枝分かれであり、言語学的によく似ている」という点を指摘している(329)。

37. Andy Martin, "Mentioned in Dispatches: Napoleon, Chappe and Chateaubriand," Modern & Contemporary France 8:4 (2000), 446–47; van Creveld, Command in War, 60.

38. フランス語での書き起こし全文は以下のとおり。

Le Directeur de la Correspondance Télégraphique de Strasbourg au Citoyen Commissaire du pouvoir exécutif près l'administration municipale de Strasbourg.

Transmission télégraphique de Paris à Strasbourg le 21 Brumaire.

Le corps législatif est transporté à St. Cloud. Bonaparte est nommé Commandant de Paris. Tout est tranquille et content.

Le Directoire a donné sa démission. Moreau, général, commande au palais du Directoire.

Pour copie, Durant

元の通信のテキストを提供してくださった「フランス郵政公社およびフランス・テレコムに関するアルザス歴史協会」のマリリン・シムレー氏に感謝申し上げる。当時の特注レターヘッドに書き起こされた通信文の写真は musee.ptt.alsace.pagesperso-orange.fr/page%20tour.htm (2017年10月7日閲覧) を参照。

39. Aeneid, 1. 278–79.

40. アメリカ軍史の専門家はアメリカ軍が最初に通信隊を持った国であるとの立場を取るが、シャップの通信システムに身を捧げた信号手たちこそ、通信隊の先駆けとみなされるべきだろう。連邦議会は1863年2月にようやく、連邦軍の信号手たちを別個の隊として組織することを議決した。だが、米連邦軍通信隊となった彼らの訓練はすでに1861年6月から始まっていて、同年後半には議会が彼らの活動に2万1000ドルの予算を与えた。南部連合議会は1862年4月に同様の通信隊を承認した。Rebecca Robbins Raines, Getting the Message Through: A Branch History of the U.S. Army Signal Corps (Washington, DC: Center of Military History, US Army, 1996), 3, 8–12, 29; Paul J. Scheips, "Union Signal Communications: Innovation and Conflict," Civil War History 9:4 (Dec. 1963), 402–403.

org/files/21990/21990.txt（2017 年 4 月 16 日閲覧）に所収。

25. 原画は 1850 年に完成したが火災で損傷した。1851 年に作者本人によって制作された原寸大の模写が現在、ニューヨークのメトロポリタン美術館に展示されている。

26. Deborah Jean Warner, Alvan Clark & Sons: Artists in Optics (Washington, DC: Smithsonian Institution Press, 1968), 33.

27. ジョージ・ワシントンがアンソニー・ウェイン准将に宛てた手紙、1779 年 7 月 10 日。National Digital Library Program, Library of Congress, cdn.loc.gov/service/mss/mgw/mgw3b/009/009.xml（2017 年 4 月 16 日閲覧）

28. Van Creveld, Command in War, 12; わずかに後年の著作 Technology and War, From 2000 B.C. to the Present, rev. and exp. (New York: The Free Press, 1991) でファン・クレフェルトいわく、1500 ～ 1830 年のあいだ、軍事情報の領域における「技術的発展は非常に小さかった」(120)。同時期に書かれた 2 つの古典的著作、McNeill, Pursuit of Power と Parker, Military Revolution は単に望遠鏡への言及を省いている。

29. Van Creveld, Command in War, 281 n. 23; van Creveld, Technology and War, 117–20.

30. Frederick the Great, "Military Instructions," Article I; van Creveld, Technology in War, 107, 123; McNeill, Pursuit of Power, 126–29. フリードリヒ大王は「部隊にパン、肉、ビール、ブランデー等を供給すること」について書いている。ファン・クレフェルトの推算では、仮に 5 万人の兵と 3 万 3000 頭の馬が包囲戦をおこなうとしたときに必要な 1 日あたりの食料は、人間 1 人 1 日あたり 1.5 キロ、馬 1 頭 1 日あたり 15 キロとすると、合計 1 日あたり 475 トンになる。

31. たとえば van Creveld, Technology in War, 86, 96, 106 またはより広くは "The Age of Machines, 1500–1830," 81–149 を参照。

32. 信号伝達の初期の方法に関する広範な議論および文献情報は以下を参照。Gerard J. Holzmann and Björn Pehrson, The Early History of Data Networks (Los Alamitos, CA: IEEE Computer Society Press, 1995), 1–29, 43–44; 圧縮された pdf ファイルは people.seas.harvard.edu/~jones/cscie129/papers/Early_History_of_Data_Networks/The_Early_History_of_ Data_Networks.html（2017 年 4 月 16 日閲覧）; Alexander J. Field, "French Optical Telegraphy, 1793–1855: Hardware, Software, Administration," *Technology and Culture* 35:2 (Apr. 1994), passim; George B. Dyson, Darwin Among the Machines: The Evolution of Global Intelligence (Reading, MA: Addison-Wesley Longman, 1997), 131–39. Jamie Morton, The Role of the Physical Environment in Ancient Greek Seafaring (Leiden: Brill, 2001) は、のろしと松明の議論の中で、古代ギリシャの詩人エウリピデスによって繰り返された伝説を取り上げている。エウボイア島の王ナウプリオスは、岩がちで危険な岬の上で松明を燃やした。トロイアから戻ってきたギリシャの艦隊にその火を見せ、安全な港のしるしだと勘違いさせて難破させるためだった (210–12)。Polybius, *Histories*, 10.45.5, 10.43.2.

33. Holzmann and Pehrson, Early Data Networks, 35–38; Dyson, Darwin Among the Machines, chap. 8, "On Distributed Communications," 133–34, 137–38;

あった40フィート（12.2メートル）の望遠鏡を自ら組み立て、主に磨いた銅でできた直径40フィートの鏡を取り付けた。斜め上の台に観測者がいる設計だが、鏡があまりに大きいので全集光面積のごく一部しか遮らなかった。この望遠鏡の場合、副鏡は使われず、反射された光は直接、接眼レンズを通して観測された。

16. Albert Van Helden, "The Telescope in the Seventeenth Century," Isis 65:1 (Mar. 1974), 42; Van Helden, "Invention of the Telescope," 27–28 n. 23 に引用されている Robert Hooke, Micrographia (1665), preface; Westfall, "Science and Patronage," 23 に引用されているジュリアーノ・デ・メディチに宛てたガリレオの手紙、1610年11月13日。
17. そのような人物の一人は、1614年末頃にブラジル沖でフランスとポルトガルのあいだで起こった海戦で、ポルトガルの偵察将校として働いた紳士である。彼は、ブラジル生まれのクレオールのポルトガル軍司令官が戦闘中に望遠鏡を取り上げるのをいいことに動きを止めるのを見とがめ、君は全員の時間を無駄にしていると警告した——望遠鏡を覗いても「我々の任務は容易にならず、敵も減らない」のだぞ、と。Sluiter, "First Known Telescopes," 141–45.
18. Sluiter, "First Known Telescopes," 141–45; Yasuaki Iba, "Fragmentary Notes on Astronomy in Japan (Part III)," Popular Astronomy 46 (1938), 94.
19. Martin van Creveld, Command in War (Cambridge, MA: Harvard University Press, 1985), 10–11, 115; Frederick the Great, "The King of Prussia's Military Instructions to His Generals," Articles V, VIII, www.au.af.mil/au/awc/awcgate/readings/fred_instructions.htm（2017年4月15日閲覧）
20. Silvio A. Bedini, "Of 'Science and Liberty': The Scientific Instruments of King's College and Eighteenth Century Columbia College in New York," Annals of Science 50:3 (May 1993), 214; Edward Redmond, "George Washington: Surveyor and Mapmaker—Washington as Land Speculator," Library of Congress, www.loc.gov/collections/george-washington-papers/articles-and-essays/george-washington-survey-and-mapmaker/washington-as-land-speculator/（2017年4月15日閲覧）
21. Benjamin Franklin, Proposals Relating to the Education of Youth in Pensilvania, 1749, 30, 複写 sceti.library.upenn.edu/pages/index.cfm?so_id=7430&pageposition=30&level=2（2017年4月15日閲覧）
22. 一方、「自然知識を促進するためのロンドン王立協会」——ハーヴァード大学創立から四半世紀後の1660年に設立——は植民地在住の科学者の研究を支援し、評価し続けていた。Frederick E. Brasch, "John Winthrop (1714–1799), America's First Astronomer, and the Science of His Period," Publications of the Astronomical Society of the Pacific 28:165 (Aug.–Oct. 1916), 156.
23. Bedini, "'Science and Liberty,'" 214–15 を参照。
24. ジョージ・ワシントンがウィリアム・ヘスに宛てた手紙、1776年9月5日。Henry P. Johnston, The Campaign of 1776 Around New York and Brooklyn . . . Containing Maps, Portraits, and Original Documents (Brooklyn: Long Island Historical Society, 1878), www.gutenberg.

ば、17 世紀欧州はそれまでのどの世紀よりも、あるいは以降 20 世紀が始まるまでのどの世紀よりも戦争が多かった。のちの Geoffrey Parker, The Military Revolution: Military Innovation and the Rise of the West, 1500– 1800, 2nd ed. [Cambridge: Cambridge University Press, 1996], 1 では「(欧州史において) 1815 年以前に、1 度も戦争が起こらなかった 10 年間はほぼ見当たらない。(……) 16 世紀、完全な平和があったのは 10 年未満。17 世紀はたった 4 年間だった」とある。商業化については William H. McNeill, The Pursuit of Power: Technology, Armed Force, and Society since A.D. 1000 (Chicago: University of Chicago Press, 1982), chap. 4 (ウィリアム・H・マクニール『戦争の世界史――技術と軍隊と社会』中央公論新社、2014 年) を参照。軍事技術については Merton, "Science, Technology," 543–57 を参照。

12. William Molyneux, Dioptrica Nova: A treatise of dioptricks in two parts, wherein the various effects and appearances of spherick glasses, both convex and concave, single and combined, in telescopes and microscopes, together with their usefulness in many concerns of humane life, are explained (London: Benj. Tooke, 1692), 243. 以下に引用されている。Peter Abrahams, "When an Eye Is Armed with a Telescope: The Dioptrics of William and Samuel Molyneux," paper, Antique Telescope Society, Sept. 2002, home.europa.com/~telscope/molyneux.txt (2017 年 4 月 15 日閲覧)

13. Merton, "Science, Technology," 372 n. 8, 373 n. 9, 543–44;Parker, Military Revolution, 177 n. 2 に引用されている J. R. Hale, War and Society in Renaissance Europe 1450–1620 (1985). マートンは John W. Fortescue, A History of the British Army (1899) を引用する。「1642 年から 1646 年の 4 年間、イギリスは軍事的なものに熱狂していたと言っても過言ではないだろう。軍事にまつわる比喩表現は当時、話し言葉や文学にあふれかえっていた」

14. Samuel Butler, "The Elephant in the Moon" (没後の 1676 年に出版)

15. レンズか鏡かについて。初期の研究者は数多くの形状や組み合わせのレンズを試した。17 世紀フランスの数学者にして哲学者、ルネ・デカルトは、楕円体と双曲線立体が互いに直角になるように組み合わさった形となる、とりわけ複雑なレンズを提案した――良いアイデアかもしれないが、当時、それを実現する技術は存在しなかった。他の研究者は、レンズを入れる筒のほうを長くしてみた。醸造家のヨハネス・ヘヴェリウスが作った筒は非常に長く、立たせるのにロープと滑車が必要で、かすかなそよ風でも位置がずれ、目標を外してしまうような代物だった。
レンズではなく鏡を選んだ研究者も、別の問題に直面した。自分の頭が光を遮らないように鏡を配置するには？　光を反射する金属と透明なガラス、それぞれの長所と短所のバランスをどう取るか？　鏡を磨くのに何を使えばよいか？　一つの望遠鏡に鏡とレンズを組み合わせて使うことができるか？　アイザック・ニュートンの答えはこうだ。凹面主鏡で集めて反射させた光を、斜めに置いた平面副鏡に当て、次第に集束する光を筒の横にある穴から出し、接眼レンズを通して像を見るという仕組みである。1781年に天王星を発見して間もないウィリアム・ハーシェルは、当時世界最大で

"Invention of the Telescope," 25– 26, 36–42.

5. Engel Sluiter, "The Telescope Before Galileo," J. History of Astronomy 28:92 (Aug. 1997), 225–26.

6. ガリレオの自己描写は自身の著書 Sidereus Nuncius, or The Sidereal Messenger (1610), trans. Albert Van Helden (Chicago: University of Chicago Press, 1989), 1より。コネのあるヴェネチア人とは、共和国最高位の神学者フラ・パオロ・サルピである。以前、請願者が持ち込んだ望遠鏡を検査・審査する任務を負っていた彼は、そのとき得たきわめて詳細な情報をガリレオに提供していた可能性がある。Mario Biagioli, "Did Galileo Copy the Telescope? A 'New' Letter by Paolo Sarpi," in The Origins of the Telescope, ed. Albert Van Helden, Sven Dupré, Rob van Gent, and Huib Zuidervaart (Amsterdam: KNAW Press/ Royal Netherlands Academy of Arts and Sciences, 2010), 203–30, innovation.ucdavis.edu/people/publications/biagioli-did-galileo-copy-the-telescope（2017年7月26日閲覧）を参照。

7. ヴェネチアのドージェ、レオナルド・ドナートへ宛てた手紙、1609年8月24日。Galileo, Sidereus Nuncius, 7–8. 資金が欲しい独創的な個人の例に漏れず、ガリレオは支援を懇願する方法を完全に熟知していた。数年後にトスカーナ大公となるメディチ家王子のコジモ2世に宛てて1605年12月にガリレオが書いた手紙について、科学史家リチャード・S・ウェストフォールはこう記している。「彼（ガリレオ）は軍用幾何学コンパスの使用法に関する説明書きを小冊子として出版するために準備していた。そして1605年春、正式にコジモ皇太子に献上する許しを求めた。献上の許可を得たガリレオはチャンスをつなぎ、皇太子の夏季休暇中に数学の手ほどきをするよう招かれたあとも努力を緩めず、お世辞に満ちた手紙を書いている。いわく、絶対的な支配者には隷属者がいてしかるべきであり、このガリレオ自ら『最も忠実で献身的な奉仕者の一人』であると断言し、『私がいかに他の君主よりも殿下の支配を望むかをお示ししたいのです。なぜなら、殿下の柔和さや生まれながらのお人柄の良さにより、誰もが殿下の下僕になりたいと望むだろうと思われるからです』との願望を伝える内容である。ガリレオの言葉づかいは(……)同時代人と比べて特に媚びへつらいが過ぎるとは思われなかっただろう。階級制社会の正当性に挑戦する者はほぼ誰もおらず、階級制こそが、ガリレオのように経済的な生産性に乏しい職業の者にパトロンが付く前提条件だったからだ」。Richard S. Westfall, "Science and Patronage: Galileo and the Telescope," Isis 76:1 (Mar. 1985), 14.

8. すべての引用の出典は Van Helden, "Invention of the Telescope," 15, 28–30.

9. たとえば以下を参照。Van Helden, "Invention of the Telescope," 11, 26; Engel Sluiter, "The First Known Telescopes Carried to America, Asia and the Arctic, 1614–39," J. History of Astronomy 28:91 (May 1997), 141; Engel Sluiter, "The Telescope Before Galileo," J. History of Astronomy 28:92 (Aug. 1997), 224–29.

10. Las Lanzas または『ブレダの開城』(1634–35)、307 x 367 cm、プラド美術館、マドリード

11. Robert K. Merton, "Science, Technology and Society in Seventeenth Century England," *Osiris* 4 [1938], 564 によれ

物を携行するのを許可しないつもりだった代わりに、ハリソン本人にさえ称賛される時計職人を雇い、500 ポンドで H-4 の模造品を作らせた。Sobel, Longitude, 138–45, 152–53 を参照。

73. Sobel, Longitude, 152–64.

74. Williams, Sails to Satellites, 79.

75.「1884 年国際子午線会議」の全議事録テキストは www.ucolick.org/~sla/leapsecs/scans-meridian.html（2017 年 4 月 9 日閲覧）を参照。天文学者の招待参加については Session 2, Oct. 2, 1884, 15–21 を参照。

76. "The Meridian Conference," *Science* 4:89 (Oct. 17, 1884), 376–77

77. "The Meridian Conference," *Science* 4:91 (Oct. 31, 1884), 421.

78. Stephen Malys, John H. Seago, Nikolaos K. Pavlis, P. Kenneth Seidelmann, and George H. Kaplan, "Prime Meridian on the Move: Pre-GPS Techniques Actually Responsible for the Greenwich Shift," GPS World, Jan. 13, 2016, gpsworld.com/prime-meridian-on-the-move/（2017 年 9 月 29 日閲覧）；より詳細な議論は Stephen Malys, John H. Seago, Nikolaos K. Pavlis, P. Kenneth Seidelmann, and George H. Kaplan, "Why the Greenwich Meridian Moved," J. Geodesy 89:12 (Dec. 2015), 1263–72 を参照。世界時（UT1）は、かつてグリニッジ平均時（GMT）として知られていた。

第四章

1. Fred Watson, Stargazer: The Life and Times of the Telescope (Cambridge, MA: Da Capo Press, 2004), 49–50, 296–97; Albert Van Helden, "The Invention of the Telescope," Transac. Amer. Philosophical Society 67:4 (June 1977), 9, n. 4. 言及されている教皇とは 999 ～ 1003 年にシルウェステル 2 世として在位したオーリヤックのジェルベールである。

2. ガリレオの Sidereus Nuncius（星界の報告）より「その後私はもう一つ、物体を 60 倍以上大きく見せる、より完全なものを自ら作り上げた。苦労や代価を払うことなく、ついに私は、自然な能力のみで観測するときよりも物体を約 1000 倍大きく、30 倍以上近く見ることができるような優れた道具を自ら組み立てるほどの進歩を成し遂げた」。Archives of the Universe: A Treasury of Astronomy's Historic Works of Discovery, ed. Marcia Bartusiak (New York: Pantheon Books, 2004), 81 に所収。既製品のレンズの入手可能性については、ヴァン・ヘルデンが膨大な証拠を集めている。それによると、16 世紀中頃には、欧州各地の眼鏡店は一般にさまざまな強さの凹レンズと凸レンズを揃えていた。15 世紀の欧州で、ヨハネス・グーテンベルクによる活版印刷技術の発明が引き金となって本の出版が爆発的に増えると、近視人口が急増した。解決策――凹面の眼鏡レンズ――はフィレンツェで 1451 年までには販売が始まっていた (Van Helden, "Invention of the Telescope," 10–11)。

3. ガリレオ以前の観測については Watson, Stargazer, 71–73 を参照。J. J. O'Connor and E. F. Robertson, "Thomas Harriot," MacTutor History of Mathematics Archive, University of St. Andrews, Scotland, www-gap.dcs.st-and.ac.uk/history/Biographies/Harriot.html（2017 年 4 月 13 日閲覧）によれば、ハリオットはこれ以外の科学的な発見については出版していないという。

4. Watson, Stargazer, 55–62; Van Helden,

8日閲覧）; Neil deGrasse Tyson, "The Long and the Short of It," Natural History 114:3 (Apr. 2005), 26–27. 紀元前3世紀初頭、アリスタルコスは地球から太陽までは月までより少なくとも9倍遠いと推定した。次の世紀、ヒッパルコスも同じ意見だった。プトレマイオスもそうだった。この推定は20倍ほど小さすぎる。コペルニクスはこの推定を変えなかったが、ケプラーは改め、地球半径の3469倍という距離を提案した。だがこれでも7倍ほど小さすぎる。1671～73年に3人のフランス人天文学者が、パリと仏領ギアナから火星を観測した結果に基づき、地球と太陽の距離を8700万マイル（1億4000万キロ）と計算した。これは実際よりわずかに7%小さいだけだ。1771年にはイギリスの天文学者トーマス・ホーンズビーが、1769年に起きた金星の太陽面通過を基に計算し、9372万6900マイルと弾き出した。現代では、地球と太陽の平均距離はAUまたは天文単位という標準単位——我々独自のものさし——になっていて、その長さは9295万5807マイル（正確に1495億9787万200メートル）である。ホーンズビーはたった0.8%しかずれていなかったことになる。ただし、太陽は日々質量を失っている（その分は太陽風として運び去られる）ため、正式に1天文単位として割り当てられた値は、時間とともに少しずつ実際の長さよりずれていくことになる。

61. E. G. R. Taylor, "Position Fixing in Relation to Early Maps and Charts," Bull. Brit. Society for the History of Science 1:2 (Aug. 1949), 27; Turnbull, "Cartography and Science," 6–7, 21 nn. 19, 20; Vikram Chandra, Sacred Games (New York: HarperCollins, 2007), 293.

62. Taylor, H*aven-Finding Art*, 51–52,140. 内海に対しては、ヘロドトスは帆走1日分の距離と手漕ぎボート1日分の距離を区別した。

63. Tyson, "Long and the Short," 24–26; Taylor, H*aven-Finding Art*, 49.

64. グリニッジ天文台の展示ラベル; Sobel, Longitude, 56; Robert Howard, "Psychiatry in Pictures," Brit. J. Psychiatry (2002), A10. ウィリアム・ホガースが1730年代に堕落と破滅を描いた『放蕩一代記』の最後の絵画「ベドラム（精神病院）の放蕩者」には、望遠鏡を手にした「経度狂」が描かれている。「利益を生み出す当時未解決の謎」(Howard)の自力解決を追い求めて精神に異常をきたした姿である。

65. Parry, Age of Reconnaissance, 118–22; Williams, Sails to Satellites, 80 からの引用。

66. 概要は、たとえばCotter, Nautical Astronomy, 180–267（数か所で名前と年月日に誤りがあり、価値が損なわれている）を、風変わりなアイデアに関してはSobel, Longitude, 41–49 を参照。

67. Cotter, Nautical Astronomy, 188 に引用。

68. Sobel, Longitude, 35. ゲンマについては著者によって1522年と1530年の2つの年が挙げられている。D. J. Struik, "Mathematics in the Netherlands During the First Half of the XVIth Century," I*sis* 25:1 (May 1936), 47 は1530年説の出典を"De usu globi"だと特定している。その中でゲンマは「時計を使って経度を測定する方法を示した」

69. Sobel, Longitude, 7, 58–59; Williams, Sails to Satellites, 80.

70. Sobel, Longitude, 106 に引用。

71. Sobel, Longitude, 128–45, 149.

72. マスケリンと彼の委員会はクックが本

世界初の世界地図であると、メルカトル本人の1569年よりも時期としては後だと言われることがある。だがライトは1593年より前のある時期、オランダ人の知人ヤコブス・ホンディウスにCertaine Errorsの草稿を渡していた。ホンディウスは、内容を出版することは一切ないと約束したにもかかわらず、1598年に自ら世界地図と個別の地域地図を作り、ライトを先回りしたようだ。オランダの海洋遠征が盛んになる1590年代にあって、ホンディウスはおそらくライトのアイデアを盗むことで多くの利益を得たと考えられる。Brian Hooker, "New Light on Jodocus Hondius' Great World Mercator Map of 1598," Geographical J. 159:1 (Mar. 1993), 45–46を参照。より興味深いのは、最終的にCertaine Errorsに結実した遠征だ。すでに著名な数学者・天地学者になっていたライトは1589年、「女王によって、国家事業への意志を奮い立たされ」、カンバーランド伯爵率いるアゾレス諸島への「遠征」──盗みの集団、海賊の航海──に参加するよう請われた。E. J. S. Parsons and W. F. Morris, "Edward Wright and His Work," Imago Mundi 3:1 (1939), 61を参照。パーソンズとモリスは「カンバーランド伯爵の遠征の目的は、スペインの商船を食い物にすることだった」と書いている。カンバーランド伯爵と部下たちは、スパイス満載の船を1隻、砂糖満載の船を3隻略奪。5隻目に奪った獣皮、銀、コチニール満載の船は最も価値があったが、コーンウォール沖で難破した。

57. たとえばParry, Age of Reconnaissance, 100–127を参照。第2章でパリーはこう主張する。「地中海の衰退は16世紀ではなく17世紀である。イタリアが持っていた貿易における影響力を引き継いだのはポルトガルではなく、イギリスやオランダである。(……) しかし、スペイン人やポルトガル人には資本(……)や金融機関が不足していたため、自らの発見を商業的に利用できなかっただ」

58. Joyce E. Chaplin, "The Curious Case of Science and Empire," Rev. in Amer. History 34:4 (Dec. 2006), 436–37ではこのように表現されている。「近代初期の多忙な欧州人たち。1500～1800年の3世紀間に多くを成し遂げたが、とりわけ近代科学を定義したことと近代帝国を作り上げたことが大きい。一体どうやって？　良い相乗効果により、2つのプロジェクトが互いに支え合い、いわば科学が帝国の小間使いとなったのか？　あるいは、別の人が別の仕事を同時に進めながらも、欧州による世界の定義と支配という大きなプログラムに貢献する分業制の賜物なのか？　あるいは、科学革命と世界支配が同時に起こったのは単なる偶然であり、本当は互いにまったく関係のない事柄なのだろうか？」(434)

59. State Library of New South Wales, "The Crew on the Endeavour," Papers of Sir Joseph Banks, www2.sl.nsw.gov.au/banks/series_03/crew_01.cfm (2017年9月26日閲覧)

60. 概要は以下を参照。Donald H. Menzel, "Venus Past, and the Distance of the Sun," Proc. Amer. Philosophical Society 113:3 (June 16, 1969), 197–202; Donald A. Teets, "Transits of Venus and the Astronomical Unit," Mathematics Magazine 76:5 (Dec. 2003), 335–48; "James Cook and the Transit of Venus," NASA Science, May 27, 2004, science.nasa.gov/science-news/science-at-nasa/2004/28may_cook (2017年4月

50. ヒッパルコスについては David Royster, "Mathematics and Maps," Carolinas Mathematics Conference, Oct. 17, 2002, 2–3, www.ms.uky.edu/~droyster/talks/NCCTM_2002/Mapping.pdf（2017 年 4 月 8 日閲覧）を参照。国家機密としての地図に関する広範な分析は J. B. Harley, "Silences and Secrecy: The Hidden Agenda of Cartography in Early Modern Europe," Imago Mundi 40 (1988), 57–76 を参照。グリッドについては Parry, Age of Reconnaissance, 101 を参照。

51. ポルトガルの宮廷年代記編者 Gomes Eannes de Azurara, The Chronicle of the Discovery and Conquest of Guinea, trans. C. R. Beazley (London: Hakluyt Society, 1899), 84–85 を参照。電子テキストは archive.org/details/chroniclediscov00presgoog（2017 年 4 月 8 日閲覧）

52. Antonio Pigafetta, Magellan's Voyage: A Narrative Account of the First Circumnavigation (1534), trans. and ed. R. A. Skelton (New York: Dover, 1969), 1, 5–8, 148.

53. J. B. Harley, "Rereading the Maps of the Columbian Encounter," Annals of the Association of American Geographers 82:3 (Sept. 1992), 529–30.

54. Denis Cosgrove, "Globalism and Tolerance in Early Modern Geography," Annals of the Assoc. of Amer. Geographers 93:4 (Dec. 2003), 854; 852–70.

55. E. G. R. Taylor, "Gerard Mercator: A.D. 1512–1594," Geographical J. 128:2 (June 1962), 202; Mark Monmonier, Rhumb Lines and Map Wars: A Social History of the Mercator Projection (Chicago: University of Chicago Press, 2004), chap. 3, "Mercator's Résumé," www.press.uchicago.edu/Misc/Chicago/534316.html（2017 年 4 月 8 日閲覧）; David Turnbull, "Cartography and Science in Early Modern Europe: Mapping the Construction of Knowledge Spaces," Imago Mundi 48 (1996), 14, 23 nn. 46, 48. メルカトルは地図製作者だっただけでなく、道具製作者、彫版師、そして 3 回にわたって出版された Atlas sive Cosmographicae Meditationes de Fabrica Mundi et Fabricati Figura（アトラス、または世界の基本構造とその形についての天地学的熟考）という世界地図帖の作者でもあった。彼が推測したことの一つは、コンパスの磁気偏角の原因は地球にあるのではないかということだった。しかし彼の仕事は、海上のものであれ陸上のものであれ、地図作成術の完全な科学化には至らなかった。というのも、1750 年代のドイツの大地図には 200 の地点が描かれていたが、この時代ですら天文学的測量で緯度を合わせていたのはわずかに 33 か所、経度をきちんと合わせていたのは 1 か所もなかったのだ。ところでメルカトルは 1544 年に 4 か月間、異端を理由に収監されていたことがある。アンケートは、ターンブルいわく 1569 年から 1577 年にかけてインディアス枢機会議から出されている。「訓練された人員の不足により、帝国を組み立てるこの試み全体としては失敗した。多くはアンケートに回答しなかった。集まった回答の中にも、質問内容や観測の手順に関する指示を理解し損なったものや、不正確なものが目立った」

56. ライトは 1599 年に自身の数学論と世界地図を Certaine Errors in Navigation（ある航海術における誤差）として出版した。これはメルカトル投影法によるする最初の地球儀（1492年）“Erdapfel”（大地のリンゴ）はマルティン・ベハイムの製作。羊皮紙に描かれ、球面上に引き伸ばされた。

42. Parry, Age of Reconnaissance, 11–15.

43. Breve compendio de la sfera y de la arte de navegar (1551) の著者はこう書く。「赤道上の2点がお互いに60リーグ離れていたとすると、それぞれ同じ子午線上の緯度60度では30リーグしか離れない。しかし海図は平面なので、緯度が違っても60リーグ離れているように見える」。本文中の王立協会員は、1676年に北東航路に挑戦したジョン・ウッドのこと。Williams, Sails to Satellites, 42, 45 を参照。

44. Parry, Age of Reconnaissance, 72–73.

45. David B. Quinn, “Columbus and the North: England, Iceland, and Ireland,” William and Mary Quarterly, 3rd ser., 49:2 (Apr. 1992), 278– 97; P. E. H. Hair, “Columbus from Guinea to America,” History in Africa 17 (1990), 115. アイスランドへの旅については一部議論がある。現在のガーナにあたる場所への旅は、黄金海岸に設置されたばかりのポルトガルの要塞サン・ジョルジュ・ダ・ミナ・デ・オウロを訪問するためだった。

46. コロンブスの計算間違いは、たとえば以下に詳しく議論されている。W. G. L. Randles, “The Evaluation of Columbus' 'India' Project by Portuguese and Spanish Cosmographers in the Light of the Geographical Science of the Period,” Imago Mundi 42 (1990), 50–64; Williams, Sails to Satellites, 15–16. 次も参照。“Privileges and Prerogatives Granted by Their Catholic Majesties to Christopher Columbus: 1492,” Avalon Project, Yale Law School, avalon.law.yale.edu/15th_century/colum.asp（2017年4月8日閲覧）

47. Parry, Age of Reconnaissance, 69–70; Williams, Sails to Satellites, 9, 16, 18; Randles, “Evaluation of Columbus' 'India' Project,” 54–55. これより遡ること17世紀、エラトステネスはリスボンから西へ向かって中国に行くアイデアを提案した。マンデヴィルについてはC. W. R. D. Moseley, “Behaim's Globe and 'Mandeville's Travels,'” Imago Mundi 33 (1981), 89–91 を参照。The Travels of Sir John Mandeville（『ジョン・マンデヴィル卿旅行記（東方旅行記）』）の電子書籍は www.gutenberg.org/ebooks/782（2017年4月8閲覧）で入手可能。2つの矛盾する文章が雰囲気を伝える。「したがって北斗七星の方向、つまり真北の地では、いかなる人間も住むことができないほど寒い。そして対照的に、南に向かうといかなる人間も住むことができないほど暑い。なぜなら太陽が南中するとき、そこでは光線がまっすぐ降り注ぐからである」（第14章）対「エチオピアには多種多様な民族がいて、エチオピア人はクーシスと呼ばれている。この国には足が一つしかない民族がいて、彼らは驚くほど素早く動く。その足は非常に大きく、彼らが寝転がって休むときに太陽にかざすと、影が全身を覆うほどである。エチオピアでは、小さく幼い子供はみな黄色だが、年を重ねるとその黄色みはみな黒に変わる」（第17章）。コロンブス兄弟の策略についての詳細は Arthur Davies, “Behaim, Martellus and Columbus,” Geographical J. 143:3 (Nov. 1977), 451–59 を参照。

48. Parry, Age of Reconnaissance, 70, 83–84, 90–96.

49. Williams, Sails to Satellites, 26–27.

界に宝物を運んだのだ」。同書 Chapter 1, "Discovering the Oceans" は press.princeton.edu/chapters/s8693.html(2017年4月7日閲覧)で読める。

33. Emilia Viotti da Costa, "The Portuguese–African Slave Trade: A Lesson in Colonialism," Latin American Perspectives 12:1 (Winter 1985), 44 に翻訳されているアズララの年代記。Parry, Age of Reconnaissance, 35–36 も参照。

34. William E. Burrows, *This New Ocean: The Story of the First Space Age* (New York: Random House, 1998), 435.

35. Jorge Cañizares-Esguerra, Nature, Empire, and Nation: Explorations in the History of Science in the Iberian World (Stanford: Stanford University Press, 2006), 10–11, 20–21. このような見立てを補強するような数枚の画像を同書は引用している。たとえば、バージニア入植者のキャプテン・ジョン・スミスは自著 Generall Historie of Virginia (1624) で「地球儀の横に完全武装した騎士の姿」を見せる。フランドル人画家による一連の版画 America Retectio (ca. 1589) は四分儀を使って天体観測するアメリゴ・ヴェスプッチを描き、そのそばには「十字が描かれた旗があって、ヴェスプッチが初めて南十字星を記述した人物であることを思い出させる。折れた帆は、この騎士・天地学者が大嵐を生き延びたことを喚起させる」。別の版画ではフェルディナンド・マゼランが「渾天儀、天然磁石、コンパスを使って天の地図を描く、全身を鎧で包んだ騎士」の姿で描かれた。

36. Arthur Davies, "Prince Henry the Navigator," Transac. and Papers (Institute of Brit. Geographers) 35 (Dec. 1964), 119–27; Taylor, H*aven-Finding Art*, 159; Viotti da Costa, "Portuguese–African Slave Trade," 45–46; Parry, Age of Reconnaissance, 19 に引用されているスペイン人征服者ベルナル・ディアス・デル・カスティリョが征服の旅に赴いた理由。

37. Kenneth Pomeranz and Steven Topik, The World That Trade Created: Society, Culture, and the World Economy, 1400 to the Present, 2nd ed. (Armonk, NY: M. E. Sharpe, 2006), 3–40(ケネス・ポメランツ、スティーヴン・トピック『グローバル経済の誕生――貿易が作り変えたこの世界』筑摩書房、2013年). 以下も参照。"al-Idrisi: The First Western Notice of East Africa," in Freeman-Grenville, East African Coast, 19–20 より「アフリカ東岸に住むザンジュは航海するための船を持たなかった。だが、インド人の操る、オマーンやその他の国々からザンジュの島々にやってくる船舶を使った。(……)彼らは鉄鉱山を持ち、開発した。彼らにとって鉄は貿易商品の一つであり、最大の利益の源泉だった」

38. Parry, Age of Reconnaissance, 15; Pomeranz and Topik, World That Trade Created, 142–43.

39. Parry, Age of Reconnaissance, 80–81, 83–99; Williams, Sails to Satellites, 27; Taylor, H*aven-Finding Art*, 160–61.

40. Viotti da Costa, "Portuguese–African Slave Trade," 44–45, 47. 以下も参照。Garrett Mattingly, "No Peace beyond What Line?" Transac. Royal Historical Society, 5th ser., 13 (1963), 147; Parry, Age of Reconnaissance, 32.

41. John Law, "On the Methods of Long Distance Control: Vessels, Navigation, and the Portuguese Route to India," Sociological Rev. 32:S1 (May 1984), 234–63; Parry, Age of Reconnaissance, 94–96; Taylor, H*aven-Finding Art*, 162–66. 現存

25. Taylor, H*aven-Finding Art*, 12–13; Williams, Sails to Satellites, 8–9; Tibbetts, Arab Navigation, 129–32, 314; B. Arunachalam, "Traditional Sea and Sky Wisdom of Indian Seamen and Their Practical Applications," in Tradition and Archaeology: Early Maritime Contacts in the Indian Ocean, ed. Himanshu Prabha Ray and Jean-François Salles (New Delhi: Manohar, 1996), 264 and nn. 6–8. ティベッツは、リシアの合理主義哲学者にして詩人のアル＝マアッリーを引用したイブン・マージドの詩を載せている（129）。
スハリは愛する人の頰の色
恋人の心臓のように鼓動し
先頭の騎手のように一人で立ち
騎兵隊の前にはっきりと見える

26. Tibbetts, Arab Navigation, 125; Alfred Clark, "Medieval Arab Navigation on the Indian Ocean: Latitude Determinations," J. Amer. Oriental Society 113:3 (July–Sept. 1993), 360, 363.

27. Taylor, H*aven-Finding Art*, 129, 161, x.

28. Deng, Chinese Maritime Activities, 37; Abdul Sheriff, "Navigational Methods in the Indian Ocean," in Ships and the Development of Maritime Technology on the Indian Ocean, ed. Ruth Barnes and David Parkin (New York: Routledge Curzon, 2002), 216–18.

29. Deng, Chinese Maritime Activities, 39; Taylor, H*aven-Finding Art*, 92, 96, 広くは 89–97. 以下も参照。Barbara M. Kreutz, "Mediterranean Contributions to the Medieval Mariner's Compass," T*echnology and Culture* 14:3 (July 1973), 367–83.

30. Guyot of Provins, quoted in Taylor, H*aven-Finding Art*, 95–96.

31. Taylor, H*aven-Finding Art*, 111–16, 140; Parry, Age of Reconnaissance, 1–16, 38–40, 77, 88–89.

32. Gail Vines, "The Other Side of Ohthere," N*ew Scientist*, June 28, 2008, 52–53; Taylor, H*aven-Finding Art*, 97, 155–56. ウィリアムズが言うように、「1世紀に著述していたプルタルコスは、たとえば 1400 年の西欧人よりもアフリカに関して明確な地理観を持っていた」(Sails to Satellites, 6; 13 も参照）。鄭和についてはデンいわく「鄭和の長期にわたるアジア一周は中国の外交史において決して前例のないことではない。鄭和より 12 世紀遡る三国時代、呉の皇帝・孫権から 12 年間の外交任務を与えられ、海外に送り出された朱応と康泰は、東南アジア、亜大陸、アラビア海地域、さらにはローマ帝国東部にまで足を伸ばした」(Chinese Maritime Activities, 12)。次も参照。"Tuan Ch'eng-shih: Chinese Knowledge in the Ninth Century," in G. S. P. Freeman-Grenville, The East African Coast: Select Documents from the First to the Earlier Nineteenth Century (Oxford: Clarendon Press, 1962), 10. デンはまた「鄭和の海事活動は軍事目的、あるいは少なくとも準軍事目的だった」と、「乗組員の大多数は『武力を示して中国の富と力を見せつける』ための兵士だった」ことを指摘しながら主張する（10）。対照的に、Mark Denny, How the Ocean Works: An Introduction to Oceanography (Princeton: Princeton University Press, 2008) は、鄭和の航海は平和的な贈り物交換の儀式の一種だったとしている。「スパイスと奴隷貿易目当てでインドに到着したポルトガル人とは異なり、中国は贈り物を渡すことで自国の優越性を示すことを望んだ。したがって宝船は、中華帝国の偉大さで各地の民を驚嘆させるため、中国から残りの全世ノルウェーだとする説。シェットランドだとする説。私の証拠の提示のしかたで明らかだろうが、私はアイスランド学派に属している。これらの証拠は、私には否定しようのないものに思われる」(Cunliffe, *Extraordinary Voyage*, 131–32)

19. Cunliffe, *Extraordinary Voyage*, 95–97, 102–103, 128–31; Hawkes, *Eighth Myres Lecture*, 37; Roseman, *Pytheas*, 121. 引用されている描写は Geminus, *Introduction to Celestial Phenomena*（1世紀、『天文学序説』）と Polybius から取られている。カンリフは、ピュテアスが測量に使ったのはスタディオンとして知られる単位だろうと指摘している。1スタディオンは125パッススに等しく、1ローマ・マイルは測量する人によって幅があり8.0〜8.3スタディオンに相当した。フラクタルを無視すれば、このスタディオンの長短は、カンリフが引用する *Encyclopaedia Britannica* に示されたブリテン島の海岸線の長さ4548マイルと、ピュテアスが概算した約4400マイル（約7100キロ）に当てはまる。今日では（おそらく凹凸の一部しか計算に入れられていないだろうが）、イギリス立の測量機関オードナンス・サーベイによると、「グレートブリテン本土の海岸線1周分の長さは1万1072.78マイル（1万7819.88キロ）」www.ordnancesurvey.co.uk/oswebsite/freefun/didyouknow/（2010年5月17日閲覧）だとされる。だがブノワ・マンデルブロが有名な論文 "How Long Is the Coastline of Britain?"（イギリスの海岸線の長さはどれくらいか?）で示したように、いくらでも違った数字を弾き出すことができる。それでもピュテアスは、懐疑的だったストラボンのような同時代人と比べれば正しい側にいたのは確かだ。
20. Roseman, Pytheas, 7–20 によると、紀元前300〜後500年のあいだにピュテアスの名前を挙げて言及した古代の著述家は、知られているかぎり18人いて、著名なエラトステネス、ヒッパルコス、ポリュビオス、ストラボン、大プリニウスも含まれている。さらに2人、ポセイドニオスとディオドロスもおそらくピュテアスの知識を用いたが、現存する両者の著作には名前が挙げられていない。この航海の功績をピュテアスに帰さなかった理由についての議論は Moreno, "Atlantic Seafaring and the Iberian Peninsula" を参照。
21. Taylor, H*aven-Finding Art*, 44; Casson, Ancient Mariners, 124; Cunliffe, *Extraordi*nary Voyage, 99–100; Hawkes, Eighth Myres Lecture, 27–28, 30, 35–37.
22. Roseman, Pytheas, 117ff.
23. ネコ2世の遠征が完遂したかどうかについてはおおいに疑われているが、実際に着手されたのは間違いない。H*istories* 4.42 でヘロドトスは「帰還した彼らが明言するには──私としては信じられないが、信じる者もいるかもしれない──彼らは（アフリカを）周航中、太陽が右手の上にあったという」。実際に赤道より南に行かなければこのような位置に太陽が見えることはないため、ヘロドトスが却下したこの主張こそ航海が実際におこなわれたことを示すものだ。紀元前7世紀のネコ2世の航海および紀元前5世紀のカルタゴ王ハンノの航海についての議論は Casson, Ancient Mariners, 116–24 を参照。
24. Dava Sobel, Longitude: The True Story of a Lone Genius Who Solved the Greatest Scientific Problem of His Time (New York: Walker, 2005), 4（デーヴァ・ソベル『経度への挑戦』角川書店、2010年）

を参照。

11. 紀元前3100年頃に描かれた帆のついた舟の絵がエジプトで見つかり、また、紀元前3400年頃の模型がメソポタミアで見つかっている。Lionel Casson, *The Ancient Mariners: Seafarers and Sea Fighters of the Mediterranean in Ancient Times* (Princeton: Princeton University Press, 1991), 4.
12. Casson, *Ancient Mariners*, 30–32.
13. Casson, *Ancient Mariners*, 6–21, 170–73; Deng, *Chinese Maritime Activities*, 113; Andrew Lawler, "Indus Script: Write or Wrong," *Science* 306:5704 (Dec. 17, 2004), 2027; *The Indian Ocean: Explorations in History, Commerce, and Politics*, ed. Satish Chandra (New Delhi: Sage, 1987), 30–31, 153–57; Lionel Casson, *Travel in the Ancient World* (Baltimore: Johns Hopkins University Press, 1994), 369（ライオネル・カッソン『古代の旅の物語――エジプト、ギリシア、ローマ』原書房、1998年）. 穀物、オリーヴ油、ワインは、地中海に沈んだ難破船から見つかるアンフォラの中身トップ3だ。
14. かつてアクロポリスに建てられていた巨大なアテナ・プロマコスの青銅像の鋳造について記した碑文によると、紀元前5世紀の中頃、スズ1タレントは233ドラクマで売られたのに対し、銅1タレントは35ドラクマだった。James D. Muhly, "Sources of Tin and the Beginnings of Bronze Metallurgy," *Amer. J. Archaeology* 89:2 (Apr. 1985), 276–77.
15. マーリーは「エーゲ海（や東方の地）とイベリア半島との接触は、早くても紀元前9世紀やフェニキア人の地中海西部への拡大・植民地化より前ではない」("Sources of Tin," 286) と書いている。一方 Javier G. Chamorro, "Survey of Archaeological Research on Tartessos," *Amer. J. Archaeology* 91:2 (Apr. 1987), 200は意見が異なるようだ。「考古学的および冶金学的な証拠は、フェニキア人やギリシャ人が紀元前8～6世紀に到着する前からイベリア人が（タルテッソスの）（銀）鉱山を開発していたことを示している。鉱山はタルテッソス人の手中にあり続け、フェニキア人やギリシャ人は単に新たな市場を提供しただけだった」
16. S. Bianchetti の *Pitea di Massalia: L'Oceano* に対する K. Zimmeran の論評では、これより早く北西欧州へ旅したコレウス（風に流された）、ミダクリトゥス、ヒミルコに言及している (*Classical Review*, new ser. 50:1 [2000], 29) 。だが、彼らに関する議論の余地のない証拠はピュテアスに関するものよりも乏しいと考える学者は少なくないようだ。ピュテアスよりもヒミルコの航海に大きな信頼性を見出している学説の一つは Luis A. García Moreno, "Atlantic Seafaring and the Iberian Peninsula in Antiquity," *Mediterranean Studies* 8 (1999), 1–13 である。
17. Casson, *Ancient Mariners*, 75.
18. Christina Horst Roseman, *Pytheas of Massalia: On the Ocean—Text, Translation and Commentary* (Chicago: Ares, 1994). C. F. C. Hawkes, *The Eighth J. L. Myres Memorial Lecture—Pytheas: Europe and the Greek Explorers* (Oxford: Blackwell, 1977) は、ウェルギリウスの言葉「ウルティマ・トゥーレ」に言及し、「トゥーレがアイスランドだというのは私には明白だ」と主張している。別の学者もトゥーレについてこう言っている。「3学説ある。トゥーレは確かにアイスランドであるとする説。

照。

6. 周王朝時代の匿名の作である『尚書』はこう続く。「第6月、海面の高さで東に昇り／第7月には天頂までの中間地点に上昇し／第8月には天頂に達し／第9月には海面までの中間地点まで降り／第10月には海面の高さに落ちる」。Gang Deng, *Chinese Maritime Activities and Socioeconomic Development, c. 2100 B.C.–1900 A.D.: Contributions in Economics and Economic History 188* (Westport, CT: Greenwood Press, 1997), 36.『航海術の原則および規則の有用な情報についての書』に関しては G. R. Tibbetts, *Arab Navigation in the Indian Ocean Before the Coming of the Portuguese* (London: The Royal Asiatic Society of Great Britain and Ireland, 1971), 130–31 を参照。これには同書の翻訳もアラブ航海術の詳細な議論も載っている。

7. ホメロスの時代と1955年については Taylor, *Haven-Finding Art*, 9–13 を、1492年については J. E. D. Williams, *From Sails to Satellites: The Origin and Development of Navigational Science* (Oxford: Oxford University Press, 1992), 32を参照。テイラーは、ホメロスの時代には北極星の位置が「北極から12度以上離れていた」と言い、紀元前1000年と紀元後1955年で比較する図を載せているが、前者では北緯72～73度に、後者では北緯90度に描いている。ウィリアムズは「真の天球の極」について言及している。紀元後1万5000年の北極星の位置（赤経+44度27分）については Starry Night Pro, Simulation Curriculum Corp., v. 6.4.3 を参照。

8. おおぐま座は the Plough（犂）とも呼ばれる。*Haven-Finding Art* でのテイラーの指摘によると、おおぐま座のギリシャ語名「アルクトス」は「熊」であるが「北」という意味の言葉でもあり、一方、ラテン語名「セプテントリオ」は「北」という意味だが由来は septem triones つまり7頭の犂を引く牛という言葉だ(9)。William B. Gibbon, "Asiatic Parallels in North American Star Lore: Ursa Major," J. Amer. Folklore 77:305 (July–Sept. 1964), 236でギボンは、コロンブス以前からアメリカやカナダにいた先住民族の多くもおおぐま座のことを「熊」や「7兄弟」と呼んでいたと指摘している。「ひしゃく」のイメージも広く行き渡っていて、アメリカの南部から脱走する奴隷たちは、北へ行くには「瓢箪の水入れを目指せ」と教えられていた。アラブ世界では、犂の柄にあたる部分の星は舟の形に並んでいるとされていた。イブン・マージドは、ノアはその熊／犂の形を参考にして箱舟を造り、最初の航海者になったのだろうと考えた (Tibbetts, *Arab Navigation*, 69)

9. Homer, *Odyssey*, V.278–80, trans. A. T. Murray, at www.theoi.com/Text/HomerOdyssey5.html（2017年4月6日閲覧）; Taylor, *Haven-Finding Art*, 9, 40, 43. テイラーは本文に引用したような訳文を使っているが、マレーの訳は以下のようなものだ。「その『熊』は、『(農作業用）荷馬車』とも呼ばれるが、居場所で絶えず回り続け、オリオンをじっと見ている。そしてただひとり、海の浴槽に浸かる部分を持たない」

10. ヴァイキングにとっての困難は、水平線に対する航路の傾きが大きいことに加え、季節による昼夜の長さの変化が激しいことからくる。Taylor, *Haven-Finding Art*, chap. 4, "The Irish and the Norsemen," 65–85 を参照。太平洋島嶼民については Lewis, *We, the Navigators*

41; J. F. O'Connell and J. Allen, "Dating the Colonization of Sahul (Pleistocene Australia–New Guinea): A Review of Recent Research," *J. Archaeological Science* 31:6 (June 2004), 要旨は doi:10.1016/j.jas.2003.11.005. プリングルはジョン・アーランドソンの研究を引用しながら、現生人類がオーストラリアのウィランドラ湖群地域に到達したのは「およそ5万年前」だとしている。オコネルとアレンは「オーストラリア大陸にはおそらく4万2000〜4万5000年前までには居住していただろうが、それより早い時期の到着を支持する証拠は十分でないと結論付ける」。旧人類も遠くアフリカから旅をした。4万年近く前の旧人（ネアンデルタール人か）の骨が、はるか東のシベリア南部で見つかっている。たとえば Roxanne Khamsi, "Neanderthals Roamed as Far as Siberia," *New Scientist*, Sept. 30, 2007 を参照。

2. David Lewis, *We, the Navigators: The Ancient Art of Landfinding in the Pacific*, ed. Derek Oulton, 2nd ed. (Honolulu: University of Hawaii Press, 1994), 205 ., 21; E. G. R. Taylor, *The Haven-Finding Art: A History of Navigation from Odysseus to Captain Cook* (London: Hollis & Carter, 1956), 72–78; Barry Cunliffe, *The Extraordinary Voyage of Pytheas the Greek* (New York: Walker, 2002), 120–21. カツオドリやグンカンドリは羽毛が水浸しになるので海面に降りるのを避ける、とルイスは指摘する。カンリフはアイスランドのサガにあるフローキの物語を引き合いに出す。フローキはノルウェーから西へ向かう航海中、3羽のワタリガラスを放った。1羽目は東へ飛び、陸へ帰った。2羽目は船の周りを飛び回った。3羽目はまっすぐ西、アイスランドに向かった。カンリフはまた、ポルトガルの航海士ペドロ・アルヴァレス・カブラルが1500年に見知らぬ土地ブラジルを発見したときに、陸地の鳥たちが果たしたすばらしい働きについても言及している。インドへの到達を目指して西アフリカのはるか沖を航海中、カブラルは鳥たちを見つけた。それについて行くと、現在のブラジル、ポルト・セグーロにあたる場所に到着したのである。1492年9月19日、20日に目撃したペリカンついてコロンブスはこう書いている。「西北西から南西へ飛ぶペリカンを見た。西方に陸地がある証拠だ。これらの鳥は陸地で眠り、朝になると餌を探しに海に出るが、陸地から20リーグより遠くへは行かないからだ」。Christopher Columbus, *Personal Narrative of the First Voyage of Columbus to America: From a Manuscript Recently Discovered in Spain*, trans. Samuel Kettell (Boston: T. B. Wait, 1827), archive.org/details/personalnarrativ00colu（2017年4月6日）
3. この表現はエリザベス1世時代に遡る。Taylor, *Haven-Finding Art*, xii を参照。
4. J. H. Parry, *The Age of Reconnaissance* (London: Phoenix Press, 1963), 83 に引用されている Michiel Coignet, *Instruction nouvelle des poincts plus excellents & necessaires, touchant l'art de naviguer* (1581) より抜粋。
5. Charles H. Cotter, *A History of Nautical Astronomy* (New York: American Elsevier, 1968), 1. この水路学者は「砲術」、航海術、いくつかの分野の数学の講義をおこないながらロンドンで地図店を経営していた。たとえば "John Seller [ca. 1630–1697], New York Public Library, www.nypl.org/research/chss/epo/mapexhib/seller.html（2017年4月6日閲覧）を参

を保安刑事が確認したことについて触れている。このような傾向については、Anthony Heilbut, *Exiled in Paradise: German Refugee Artists and Intellectuals in America from the 1930s to the Present* (New York: Viking, 1983), 131 にも記述がある。「戦争が終わりに近づくにつれ、ゲッベルスの言う『平日の忙しさからの控えめな気晴らし』のために軽い娯楽が導入された。感傷的な音楽、水晶占い師や占星術師や手相占い師とのおしゃべりは、どれも絶望の兆候だった」。これの一般的な裏付けは Ernst Kris and Hans Speier, *German Radio Propaganda: Report on Home Broadcasts During the War* (London: Oxford University Press, 1944), 103, n. 1 にある。「占星術師は平時よりも戦時のほうが相談を受けることが多い。ロンドンの出版界では開戦以来、新聞のサイズが概して縮小しているにもかかわらず、占星術の広告が増えている」

50. Kris and Speier, *German Radio Propaganda*, 107 (fig. III), 109.
51. Kris and Speier, *German Radio Propaganda*, 103–10.
52. Howe, *Astrology and Psychological Warfare*, 191–96.
53. おそらく、これの最も重要な例外はルドルフ・ヘスではなくハインリヒ・ヒムラーだろう。たとえば Goodrick-Clarke, *Occult Roots of Nazism*, 5–6, 192 や Hugh Trevor-Roper, *The Last Days of Hitler*, 6th ed. (Chicago: University of Chicago Press, 1992), 71–74, 127–31 を参照。トレヴァー＝ローパーの「ヒムラーの個人的な相談相手に数人の風変わりな人物が含まれていたこと（……）（ヒトラーやヴァレンシュタインのように）お抱えの占星術師、ヴルフに過度な影響を受けていたことは事実だ」という記述はしかし、ハウからは暗に否定されている。
54. Goodrick-Clarke, *Occult Roots of Nazism*; Howe, *Astrology and Psychological Warfare*; Trevor-Roper, *Last Days of Hitler*, 143.
55. Trevor-Roper, *Last Days of Hitler*, 138–44; Howe, *Astrology and Psychological Warfare*, 200–204.
56. 次に引用されている、ゲッベルスの秘書と同室で勤務していた秘書による供述より。Trevor-Roper, *Last Days of Hitler*, 142–43.
57. Fritz Brunhübner, *Pluto*, trans. Julie Baum (Washington, DC: American Federation of Astrologers, n.d. [preface dated December 1934]). 原稿を閲覧させてくださったルイーズ・S・シャービー氏ならびにハンターカレッジ図書館アーカイブス・スペシャルコレクションに感謝する。冥王星が喚起する特質については 16、67、81 ページほか随所を参照。
58. Brunhübner, [Pluto], 75.

第三章

1. 4 万年前の現生人類の骨が北京近郊の田園洞遺跡から、3 万 5000 年前の骨がスリランカのファ・ヒエン洞窟とバタトンバ・レナ洞窟からそれぞれ発見されている。新しい技術を携えてアフリカを出た現生人類は、海岸に沿って約 6 万 5000 年前に南アジアに到達した、と主張する考古学者もいる。この説を支持する証拠としては、たとえばニューギニア人やオーストラリア先住民やアンダマン諸島先住民の DNA に、めずらしい変異が高い割合で見られるという点がある。Dan Jones, “Going Global,” *New Scientist*, Oct. 27, 2007, 36–41 のほか、以下も参照。Heather Pringle, “Follow That Kelp,” *New Scientist*, Aug. 11, 2007,

Wreckage Hidden by Scottish Farmers, Letter Reveals," *Telegraph*, May 30, 2014. 数日あるいは数週間のうちに多数のイギリスの政治・軍・医療関係者がヘスを尋問したが、「尋問で明らかになったのは、ヘスが総統のために働くという精神に強く染まっていて、総統の名声を傷つけるためではなく総統を喜ばせるため、このミッションに着手したのだということだった。尋問中にヘスは、イギリスがもはや力を失ったこと、降伏は避けられないこと、そしてイギリスがロッテルダムやワルシャワのような大損害から自国の都市を守るには交渉による和平しか道はないということをしつこく主張した」(Fox, "Propaganda and the Flight," 87)

46. 宣伝省はフランスへの心理戦に最適な2つの隣り合ったノストラダムスの4行連詩を見つけた。「ブラバント、フランドル、ゲント、ブルージュ、ブローニュは／大ドイツに一時的に統合される。／だが戦闘が終わったとき／アルメニア大公が宣戦布告するだろう。／今、神が創りたもうた人間性の時代が始まる／平和の時代は統合によって築かれ、／今や囚われの身となった戦争は勢いも半減、／そして平和は長い時間保たれるだろう」。ある出席者の報告によると、ゲッベルスはこの問題を次のように議論したという。「これは長く使える。このノストラダムス師の未来予想は(……)手書きか、せいぜいタイプしたビラを手配りのみで密かに散布しなければならない。(……)禁断のものだという雰囲気がなければならない。(……)解釈はこうだ。大ドイツ国による欧州の新たな秩序。フランスの占領はあくまで一時的。大ドイツ国が千年の帝国と千年の平和の到来を告げる。当然、この馬鹿げた戯言は(秘密の)送信機によってもフランスに流されなければならない」。*The Secret Conferences of Dr. Goebbels: The Nazi Propaganda War 1939–43*, ed. Willi A. Boelcke (New York: E. P. Dutton, 1970), 6 に引用されている。ノストラダムスの予言をどのように撒くのが効果的かという議論は1940年に何度も繰り返された。Howe, *Astrology and Psychological Warfare*, chap. 10, "Nostradamus and Psychological Warfare," 133–44 も参照。

47. この委託は、関係のある節を選び出しただけでなく、クラフトによる注釈を扉の後ろに32ページ分詰め込んだ『ミシェル・ノストラダムス師の予言集』の複製本を299部生み出した。同書はノストラダムス没後の1568年に出版された選集である。ハウはこう書いている。「この本を書店で自由に買えるようにするかどうかについては疑問の余地はなかった。ノストラダムスやその予言についての関心が一般に広がることは、当局が最も望みそうにないことだった。なぜなら当局は、誰が制作したものであれ噂が流れるのは良くないこと、そして、仮に噂が流れるのだとしたら、それは当局が自ら作り出したものであるのが好ましいことを理解していた」。クラフトは1945年、オラニエンブルク強制収容所からブーヘンヴァルト強制収容所への移送中に死去した。Howe, *Astrology and Psychological Warfare*, 190–91; Ashe, *Encyclopedia of Prophecy*, 125–27.

48. Howe, *Astrology and Psychological Warfare*, 197–99, 177–91.

49. Howe, *Astrology and Psychological Warfare*, 158 によれば、1944年夏にナチス幹部のあいだで広まった報告書では、「戦争の行方に関するあらゆる形の予言が顕著に増加している」こと

in T. S. Eliot's *The Waste Land:* A Gloss on Lines 57–59," *J. Modern Literature* 22:1 (Fall 1998), 178.

38. Joanne Kaufman, "Profiting from the Positions of Planets," *New York Times*, Nov. 3, 1985; N. R. Kleinfield, "Seeing Dollar Signs in Searching the Stars," *New York Times*, May 15, 1988; Gary Weiss, "When Scorpio Rises, Stocks Will Fall," *Business Week*, June 14, 1993, 106; Anne Matthews, "Markets Rise and Fall, but He's Always Looking Up," *New York Times*, Mar. 12, 1995; Reid Kanaley, "Astrological Web Sites Predict Market Movements," *Philadelphia Inquirer*, Oct. 15, 1999; "Investrend Co-Sponsors Astrologers Fund Triple Gold Investment Conference February 1," *Financial Times Information*, Jan. 30, 2006; David Roeder, "Some Large-cap Deals Hide in Plain Sight," *Chicago Sun Times*, Apr. 30, 2006.

39. Ilia D. Dichev and Troy D. Janes, "Lunar Cycle Effects in Stock Returns," Social Science Research Network, Aug. 2001, 3–4, papers.ssrn.com/sol3/papers.cfm?abstract_id=281665（2017 年 4 月 5 日閲覧）

40. Theodore White, "The Challenging Transits of Autumn 2007: How to Survive & Prosper," posted Aug. 2007, www.internationalastrologers.com/astro_meteorologist.htm; "Transits and the Economy," Sept. 20, 2007, www.internationalastrologers.com/transits_and_the_economy.htm. 以下も参照。"Theo's 2009–2010 World Economic Astrological Report: How to Survive the 2010s in a New Global Structure," Nov. 20, 2008, skyscript.co.uk/forums/viewtopic.php?t=3962&sid=d4b80774bb6e39ca2d48a16faa7d7aa8（2009 年 2 月 7 日閲覧）

41. ハウが戦時中に携わっていた文書偽造については Herbert A. Friedman, "Conversations with a Master Forger," *Scott's Monthly Stamp Journal*, Jan. 1980, www.psywar.org/forger.php（2017 年 4 月 5 日閲覧）を参照。

42. Howe, *Astrology and Psychological Warfare*, 27–28.

43. Howe, *Astrology and Psychological Warfare*, 29–30, 36, 66, 197. ここでいう天文学者は H・H・クリツィンガーである。彼は『太陽と霊魂の謎』なる本を書いていて、その中でノストラダムスの 4 行連詩を取り上げ、1939 年のイギリス・ポーランド間の危機を予言するものと解釈した。Geoffrey Ashe, *Encyclopedia of Prophecy* (Santa Barbara: ABC-CLIO, 2001), 126 を参照。戦後にも、ルイ・ド・ウォール『戦争と平和の星』(1952)、ヴィルヘルム・ヴルフ『黄道と鉤十字』(1968) といった本が出ている。Goodrick-Clarke, *Occult Roots of Nazism* も参照。

44. Howe, *Astrology and Psychological Warfare*, chap. 3. 人々が興味を持つ話題を完全に黙らせることはできない。ハウは 49 ページ注 1 に、ワンダーフォーゲル運動の創始者ハンス・ブリューアーの自伝を引用している。1934 年にブリューアーが占星術師の友人にヒトラーのホロスコープについて尋ねたときのこと。「友人は（……）体を近づけ、口元を手で隠しながら私の耳に囁いた。『あいつは殺人狂だ！』」

45. Howe, *Astrology and Psychological Warfare*, 145–46; Jo Fox, "Propaganda and the Flight of Rudolf Hess, 1941–45," *J. Modern History* 83:1 (Mar. 2011), 78–110; James Edgar, "Rudolf Hess Plane

and Interesting Melange だった（Howe, *Urania's Children* の36ページからの図版1と2）。アメリカ植民地では1639年から1799年にかけて1000を超える暦が出版され、一部には植民地最初の天文学者たちの協力があったとスタールマンは書いている（561）。カール・ユングは1931年、「占星術は廃れてから長く、安心して笑いものにできる対象となった」という共通認識を批判した。「しかし今日、それは社会の奥底から這い上がり、300年ほど前に自らを追放した大学の門を叩いているのだ」。Howe, *Astrology and Psychological Warfare*, 12–13 に引用されている C. G. Jung, "The Spiritual Problem of Modern Man," in *Civilisation in Transition* より。

34. 1978年、1985年、1990年、2005年、2012年に実施された世論調査より。Shoshana Feher, "Who Looks to the Stars? Astrology and Its Constituency," *J. Scientific Study of Religion* 31:1 (Mar. 1992), 88; Stephanie Rosenbloom, "Today's Horoscope: Now Unsure," *New York Times*, Aug. 28, 2005; Pew Research Center, "Many Americans Mix Multiple Faiths," Dec. 9, 2009, www.pewforum.org/2009/12/09/many-americans-mix-multiple-faiths/（2017年8月3日閲覧）; National Science Foundation, "Science and Technology: Public Attitudes and Understanding," *Science and Engineering Indicators 2014*, www.nsf.gov/statistics/seind14/index.cfm/chapter-7/c7h.htm（2017年4月5日閲覧）; Joan Quigley, *"What Does Joan Say?" My Seven Years as White House Astrologer to Nancy and Ronald Reagan* (New York: Pinnacle, 1991), 9–14, 19（ジョーン・キグリー『ゴルバチョフ＝レーガンを操った大占星術――ホワイトハウスの女占星術師ジョーン・キグリーの大予言』徳間書店、1991年）; Snopes.com, "Urban Legends Reference Pages: Rumors of War (False Prophecy)," www.snopes.com/rumors/predict.htm（2006年12月3日）; Brooks Hays, "Majority of Young Adults Think Astrology Is a Science," UPI, Feb. 12, 2014, www.upi.com/Science_News/2014/02/11/Majority-of-young-adults-think-astrology-is-a-science/5201392135954/（2017年4月5日閲覧）

35. Khushwant Singh, *The Collected Novels: Train to Pakistan* (New Delhi: Penguin, 1999), 64; Maseeh Rahman, "Wedding Frenzy Hits India as Every Sphere of Life Comes under Influence of Planets," *Guardian*, Nov. 29, 2003; Agence France Presse–English, "Indian Couples Rush to Marry on Luckiest Day of Wedding Season," Nov. 26, 2005; Press Trust of India, "30,000 Couples Tie Knot in Delhi," Nov. 27, 2005; Indo-Asian News Service, "Flower Business Soars with Delhi's Marriage Season," Dec. 2, 2005; Amrit Dhillon, "Down the Aisle," *South China Morning Post*, Nov. 7, 2006. 人工衛星についての引用元 "India's Space Science," *Statesman (India)*, Dec. 31, 2005. 以下も参照。"A Havan Kund in the Laboratory?" *The Hindu*, May 22, 2001; "Master of Business Astrology," *Economist*, May 1, 2004; "India's Supreme Court Approves University Instruction in Astrology," Agence France Presse–English, May 5, 2004.

36. Vikram Chandra, *Sacred Games* (New York: HarperCollins, 2007), 547.

37. Brian Diemert, "The Trials of Astrology

のことが、正しい予言でさえも偶然に左右されるとの信念をもたらす。（……）第2に、ほとんどの者は利益のために、占星術の名の下に別の技術の信憑性も主張する。そして彼らは大衆を欺く。なぜなら彼らは事前に知りえないことすら含めて多くのことを予言できるとされるからである。（……）これも正当にはおこなわれない。哲学の場合と同じである――まともなふりをした中に明らかなごろつきがいたところで、それそのものを打ち捨ててしまう必要はない」。Ptolemy, *Tetrabiblos* I:2: "That Knowledge by Astronomical Means is Attainable, and How Far."

28. George Sarton, "Astrology in Roman Law and Politics," *Speculum* 31:1 (Jan. 1956), 160; Tester, *History of Western Astrology*, 110.
29. 30年戦争中、スペインの宮廷で外交官ディエゴ・デ・サーベドラ・ファハルドは、フェリペ4世の国家評議会が出した、王は占星術による予言に注意を払うのをやめるべきだとの助言に反対を唱えた。サーベドラにとっては、占星術も歴史も知識や行動指針を与えてくれるものであった。ある歴史家が書いている。「神や自然の法則は、ある程度信頼できる学問を使わなければ人間には知ることができない。（……）これらの方法がなければ、秩序の枠組み全体や、大宇宙と人間の小宇宙との有機的なつながりが崩壊してしまう」。Abel A. Alves, "Complicated Cosmos: Astrology and Anti-Machiavellianism in Saavedra's *Empresas Políticas*," *Sixteenth Century J.* 25:1 (Spring 1994), 67–68.
30. Tester, *History of Western Astrology*, 220.
31. William D. Stahlman, "Astrology in Colonial America: An Extended Query," *William and Mary Quarterly*, 3rd ser., 13:4 (Oct. 1956), 557.
32. たとえば以下も参照。N. M. Swerdlow, "Galileo's Horoscopes," *J. History of Astronomy* 35 (pt. 2):119 (2004), 135–41; Mario Biagioli, "Galileo the Emblem Maker," *Isis* 81:2 (June 1990), 232–36; Richard S. Westfall, "Science and Patronage: Galileo and the Telescope," *Isis* 76:1 (Mar. 1985), 11–30; Nick Kollerstrom, "Galileo's Astrology," in *Largo Campo di Filosofare, Eurosymposium Galileo 2001*, ed. J. Montesinos and C. Solís (Puerto de la Cruz, 2001), 421–31, also at www.skyscript.co.uk/galast.html; *Galileo's Astrology*, ed. Nicholas Campion and Nick Kollerstrom, special issue of *Culture and Cosmos* 7:1 (Spring/Summer 2003).
33. たとえば Stahlman, "Astrology in Colonial America," 561; Ellic Howe, *Urania's Children: The Strange World of the Astrologers* (London: William Kimber, 1967), 21–67; Howe, *Astrology and Psychological Warfare*, 14–17 を参照。シティー・オブ・ロンドンにある書籍出版業組合は、暦（年鑑）を出版し始めた1603年頃から早くも暦出版の独占権を与えられていた。フランシス・ムーアが長年（死後しばらく経ったあとですら）執筆した *Vox Stellarum* は1803年には39万3750部の印刷注文があった。全言語で最初の占星術週刊誌は、1824年にロンドンで毎週土曜日に刊行された *The Straggling Astrologer of the Nineteenth Century; Or, Magazine of Celestial Intelligences* であり、毎日の予言が書かれた最初の暦は、同じくロンドンで刊行された *The Prophetic Messenger for 1827, An Original, Entertaining,*

J. Tester, *A History of Western Astrology* (Woodbridge, UK: Boydell Press, 1987)（S・J・テスター『西洋占星術の歴史』恒星社厚生閣、1997年）; Anthony Grafton, "Girolamo Cardano and the Tradition of Classical Astrology: The Rothschild Lecture, 1995," *Proc. Amer. Philosophical Society* 142:3 (Sept. 1998), 323–33; Ellic Howe, *Astrology and Psychological Warfare During World War II* (London: Rider, 1972) を参照。ルドルフ2世について、ケプラーは1611年の復活祭の日に書いた手紙でこう言っている。「抜け目ない占星術師が人々の信じ込みやすさに軽々しく付け込もうと思えば、占星術は皇帝に限りない害を及ぼす。皇帝がそのような事態に陥らないように、私は目を光らせておかねばならない。(……) 普通の占星術はごみの山だ。容易に捻じ曲げられ、中身は二枚舌である」。Mark Graubard, "Astrology's Demise and Its Bearing on the Decline and Death of Beliefs," *Osiris* 13 (1958), 239. 以下も参照。Richard Kremer's review of Tester's *History of Western Astrology* in *Speculum* 65 (1990), 209; Sheila J. Rabin, "Kepler's Attitude Toward Pico and the Anti-Astrology Polemic," *Renaissance Quarterly* 50:3 (Autumn 1997), 759, 764.

21. Ptolemy, *Tetrabiblos* I.1, ed. and trans. F. E. Robbins (Cambridge: Harvard University Press, 1940), 3–4.
22. Grafton, "Girolamo Cardano," 326.
23. Ptolemy, *Tetrabiblos* I.4: "Of the Power of the Planets"; I.5: "Of Beneficent and Maleficent Planets"; I.6: "Of Masculine and Feminine Planets"; II.3: "Of the Familiarities Between Countries and the Triplicities and Stars."
24. このことは Goodrick-Clarke, *Occult Roots of Nazism*, 103 にも書かれている。「（オットー・）ペルナーの最初の著作 *Mundan-Astrologie*（日常の占星術、1914年）は、国家や国民、都市についてホロスコープを作成することでそれらの将来の運命を占い、政治占星術の基礎を築いた。一方、彼の2番目の著作 *Schicksal und Sterne*（運命と星、1914年）は欧州王族の経歴を、彼らの生誕時のホロスコープが指し示す内容に従ってたどるというものであった。（エルンスト・）ティーデは好戦的な国家指導者全員のホロスコープを分析し、同盟国が勝利する確率は二つに一つだと宣言した」
25. もちろん、天体の配置と地球上のできごととが明らかに関連することはよくある。潮の干満が最も大きくなり、とりわけプレート境界に水の重みによる巨大なストレスがかかる新月や満月のときに大地震は起こりやすい。だが、そのような現象は通常の物理学や地震学の問題であり、占星術は関係がない。これと正反対の見解を持っていたのは *Astrological Magazine* を創刊した有名なインド人占星術師だ。彼は著書 *Astrology in Forecasting Weather and Earthquakes*（気象予報および地震予知における占星術）で「地震学者や気象学者のほうこそ偏見を取り払い、何千年にもわたってこれほど的中を重ねながら使われてきたこの精巧な方法の研究に着手する必要がある」と主張した。Michael T. Kaufman, "Bangalore Venkata Raman, Indian Astrologer, Dies at 86," *New York Times*, Dec. 23, 1998.
26. Grafton, "Girolamo Cardano," 326.
27.「重要で多面的な技術において予想されるとおり、占星術の正しい訓練を受けていない者による間違いが多く、そ紀元前2〜1世紀頃のものと考えれば辻褄が合い、一方でたとえばプトレマイオスの時代（後2世紀）からすればずいぶんと洗練されていない時代遅れなものに見えただろう」（2017年4月7日、エイヴィス・ラング宛の電子メール）。背景についてはアレクサンダー・R・ジョーンズ企画、2016年10月〜2017年4月開催の展覧会ページ "Time and Cosmos in Greco-Roman Antiquity," exhibition curated by Alexander R. Jones, Oct. 2016–Apr. 2017, Institute for the Study of the Ancient World, New York University, isaw.nyu.edu/exhibitions/time-cosmos を参照。最近の研究で使われた先進技術はX-Tekシステムズおよびヒューレット・パッカードより提供された。

12. たとえばD. L. Simms, "Archimedes and the Burning Mirrors of Syracuse," *Technology and Culture* 18:1 (Jan. 1977), 1–24; Wilbur Knorr, "The Geometry of Burning-Mirrors in Antiquity," *Isis* 74:1 (Mar. 1983), 53–73を参照。2005年秋、MITの機械工学者デイヴィッド・ウォーレスと彼の学生たちが、このできごとの再現実験をおこなった。詳細は "Archimedes Death Ray: Idea Feasibility Testing," web.mit.edu/2.009/www/experiments/deathray/10_ArchimedesResult.html および "2.009 Archimedes Death Ray: Testing with MythBusters," web.mit.edu/2.009/www/experiments/deathray/10_Mythbusters.html（2006年12月17日閲覧）を参照。
13. John Noble Wilford, "Homecoming of Odysseus May Have Been in Eclipse," *New York Times*, June 24, 2008.
14. Herodotus, *Histories*, 440 BC, trans. George Rawlinson は *The History of Herodotus*, Internet Classics Archive, classics.mit.edu/Herodotus/history.html（2017年4月4日閲覧）で読める。「しかし、両国は拮抗していたので、6年目に新たな戦いが起こった。戦闘が激しさを増してきたとき、昼が突然夜に変わった。この現象を予言していたミレトス人のタレスは、事前にイオニア人には警告し、実際に起こる年を言い当てていた。メディア人とリュディア人はこの変化を目撃すると戦いをやめ、講和条約に合意するほど両者とも不安に陥った」(1.74)
15. Book 9.12–21, *The Histories of Polybius*, Loeb Classical Library Edition, vol. 4, 1922–27, text in the public domain, penelope.uchicago.edu/Thayer/E/Roman/Texts/Polybius/9*.html（2017年4月4日閲覧）
16. *Histories of Polybius*, 9.15.1–5.
17. *Histories of Polybius*, 9.19.1–3.「天文学に精通した者」の中にはとりわけアナクサゴラスが含まれていただろう。彼は紀元前463年と同478年の月食を見ていた可能性がある。彼は若い頃に、月は不透明であるから地球に影を落とすことができる、という仮説を立てた。Dana Mackenzie, "Don't Blame It on the Gods," *New Scientist*, June 14, 2008, 50–51を参照。
18. Alan C. Bowen, "The Art of the Commander and the Emergence of Predictive Astronomy," in *Science and Mathematics in Ancient Greek Culture*, ed. C. J. Tuplin and T. E. Rihll (Oxford: Oxford University Press, 2002), 76, 87–89.
19. Edward Cavendish Drake, *A New Universal Collection of Authentic and Entertaining Voyages and Travels* (London: J. Cooke, 1768), 32.
20. 占星術の歴史の概説は、たとえばS.

が引用されている。「第6月、海面の高さで東に昇り／（……）第8月には天頂に達し／（……）第10月には海面の高さに落ちる」。Colin Ronan, "Astronomy in China, Korea and Japan," in *Astronomy Before the Telescope*, ed. Walker, 247 では、天文学や気象学、占星術の活動の独占性とそれらの活動による発見の潜在的な破壊力が強調されている。皇帝の部下である天文学の専門家以外はみな、天文学関連の活動への関与を抑止されていた。天文学的記録は厳重に保護され、事実上の機密文書扱いだった。F. Richard Stephenson, "Modern Uses of Ancient Astronomy," in *Astronomy Before the Telescope*, ed. Walker, 331–32 も参照。

10. Noel Barnard, "Astronomical Data from Ancient Chinese Records: The Requirements of Historical Research Methodology," *East Asian History* 6 (Dec. 1993), 47–74; David S. Nivison, Kevin Pang, et al., "Astronomical Evidence for the Bamboo Annals' Chronicle of Early Xia," *Early China* 15 (1990), 87–95, 97–196; Salvo De Meis and Jean Meeus, "Quintuple Planetary Groupings—Rarity, Historical Events and Popular Beliefs," *J. Brit. Astronomical Assoc.* 104:6 (1994), 293–97.

11. Alexander Jones, "The Antikythera Mechanism and the Public Face of Greek Science," *Proceedings of Science*, PoS(Antikythera & SKA)038, 2012, pos.sissa.it/cgi-bin/reader/conf.cgi?confid=170; Tony Freeth and Alexander Jones, "The Cosmos in the Antikythera Mechanism," *ISAW Papers* 4, Feb. 2012, dlib.nyu.edu/awdl/isaw/isaw-papers/4/（2017年4月7日閲覧）; Tony Freeth et al., "Decoding the Ancient Greek Astronomical Calculator Known as the Antikythera Mechanism," *Nature* 444 (Nov. 30, 2006), 587–91. アンティキティラ島の機械はユニークだったか？これに関連する一つの、しかし現存していない重要な例がポセイドニオスのスフェーラである。キケロが直接語ったところによると、「1回転させると、太陽と月と5つの惑星の1昼夜の動きと同じ効果を示す」。加えて、技術史家はこう主張する。古代では、木製の原型を作ってきちんと動作するかを前もって確かめないかぎり、誰も「高価で扱いにくい」青銅で複雑な装置をフルスケールで鋳造したりしないだろう。だが木製の原型や部品は残らない。アンティキティラ島の機械は「大部分が我々には隠された、長期に及ぶ技術進化の一部」だったのだろう、と。Stephanie Dalley and John Peter Oleson, "Sennacherib, Archimedes, and the Water Screw: The Context of Invention in the Ancient World," *Technology and Culture* 44:1 (Jan. 2003), 16. アンティキティラ島の機械の製作時期としてある時期以降の可能性を除外できる理由の一部について、ジョーンズはこう書いている。「また、前面にあるエジプト暦の目盛りは、太陽が黄道上のどの位置に来てもエジプトの1年の始まりを合わせられるよう、取り外しが可能になっている。そうすることが必要な理由は、エジプト暦には閏年がなく1年は常に365日であるため、自然の季節周期や見た目上の太陽の黄道上の動きに対して暦が少しずつ遅れていくからだ。だがエジプトの時代が終わり紀元前30年にローマの支配が始まると、4年ごとに閏年が挿入されるようになり、目盛りを合わせる必要がなくなった。要するに、アンティキティラ島の機械に組み込まれた天文学知識はで発見された紀元前2万年頃の「イシャンゴの骨」、フランスにある紀元前1万8000年頃のラスコー洞窟の壁画。刻み目の入った古い「カレンダー骨」の多くは月経周期をチェックするために女性がつけていたものだという説がある。

3. Ronald A. Wells, "Astronomy in Egypt," in *Astronomy Before the Telescope*, ed. Christopher B. F. Walker (London: British Museum Press, 1996), 33– 34（クリストファー・ウォーカー編『望遠鏡以前の天文学――古代からケプラーまで』恒星社厚生閣、2008年）; James Henry Breasted, "The Beginnings of Time-Measurement and the Origins of Our Calendar," *Scientific Monthly* 41:4 (Oct. 1935), 294.
4. 「劫（カルパ）」や関連した単位についての議論は *Astronomy Before the Telescope*, ed. Walker 所収の David Pingree, "Astronomy in India," 129を、マヤについては同 "Astronomy in the Americas," 272–73を参照。
5. Nicholas Goodrick-Clarke, *The Occult Roots of Nazism: Secret Aryan Cults and Their Influence on Nazi Ideology: The Ariosophists of Austria and Germany, 1890–1935* (New York: New York University Press, 1992), 104, 192–97. ランツ・フォン・リーベンフェルスは『オースタラ』誌の発行者で、あらゆるオカルト的なもの、奇妙なもの、霊的なもの、アーリア人至上主義的なものに心を奪われていた。同誌には「金髪と男性至上主義者のための冊子」というような意味の副題が付いている。この出版物を知った若い頃のヒトラーは事務所を訪問してバックナンバーを買い求めたが、見るからに貧しかったのでリーベンフェルスは無料で渡したという。
6. Lillian Lan-ying Tseng, *Picturing Heaven in Early China* (Cambridge, MA: Harvard University Asia Center, 2011), 45–47, 238, 316–19, 335–36. 漢の時代における天国観は空と最高神とが合わさったものだった。墓は小宇宙であり、その天井は天空の領域を表した。加えて、四角は地球、円は天国を表した。月宿について、古代中国では空を28の部分に分けたとツェンは書いている。各部分では明るい恒星が宿――休む、または住まうところ――となり、月は周期的に部分から部分へと巡る。Jessica Rawson, "The Eternal Palaces of the Western Han: A New View of the Universe," *Artibus Asiae* 59:1/2 (1999) によると、岩を掘って造った漢時代の墓のさらに手の込んだところは「来世のための完璧な状況設定である。それぞれの墓は被葬者を中心に据えた全宇宙になっている」点だという（13）。オックスフォード大学のジェシカ・ローソン氏とケンブリッジ大学ニーダム研究所司書のジョン・P・C・モフェット氏の協力に感謝する。
7. Clive Ruggles, "Archaeoastronomy in Europe," in *Astronomy Before the Telescope*, ed. Walker, 21–23.
8. Ron Cowen, "Peru's Sunny View," *Science News* 171: 18 (May 5, 2007), 280– 81; J. McK Malville et al., "Astronomy of Nabta Playa," *African Skies/Cieux Africains* 11 (July 2007), 2–7.
9. 中国の詳細な天体観測記録の例として、Gang Deng, *Chinese Maritime Activities and Socioeconomic Development, c. 2100 BC–1900 AD: Contributions in Economics and Economic History* 188 (Westport, CT: Greenwood Press, 1997), 36には夜空のおうし座の位置について書かれた周王朝（紀元前1046年頃～256年）時代の本

54. Council on Competitiveness, *Competitive Index: Where America Stands*, 2007, 15, 67, www.compete.org/storage/images/uploads/File/PDF%20 Files/Competitiveness_Index_Where_America_Stands_March_2007.pdf（2016年4月4日閲覧）
55. Joan Johnson-Freese, *Heavenly Ambitions: America's Quest to Dominate Space* (Philadelphia: University of Pennsylvania Press, 2009), ix.
56. Marc Kaufman and Dafna Linzer, "China Criticized for Anti-Satellite Missile Test," *Washington Post*, Jan. 19, 2007; Johnson-Freese, *Heavenly Ambitions*, 9–10, 15.
57. 大英博物館第7室に掲示されている英訳より。サミュエル・M・ペイリーによる「標準的な碑文」の別の訳は次のようなものである。「偉大なる神々の武器、強大なる王、世界の王、アッシリアの王。（……）常に主アッシュール神を信じる強力な戦士。世界中のどの君主にも勝る。人民の指導者、戦いでは恐れを知らず、敵なしの圧倒的な潮流。従わぬ者をも従順にさせ、全人類を支配する王。敵を踏みつけにし、すべての相手を打ち破る強大な戦士。高慢なる者の住処を追い散らす。常に主たる偉大な神々を信じる王。すべての土地を自ら掌握し、彼らの持つ山がちな地方をすべて支配し、彼らの貢物を受け取った。人質を取り、彼らの土地のいたるところを征服した」。Vaughn E. Crawford, Prudence O. Harper, and Holly Pittman, *Assyrian Reliefs and Ivories in the Metropolitan Museum of Art: Palace Reliefs of Assurnasirpal II and Ivory Carvings from Nimrud* (New York: Metropolitan Museum of Art, 1980), 全文は archive.org/stream/AssyrianReliefsandIvoriesinTheMetropolitanMuseumofArtPalaceReliefsofAssurnasirpalIIan/AssyrianReliefsandIvoriesinTheMetropolitanMuseumofArtPalaceReliefsofAssurnasirpalIIan_djvu.txt（2016年4月5日閲覧）
58. J. H. Parry, *Trade and Dominion: The European Overseas Empires in the Eighteenth Century* (New York: Praeger, 1971), 3, 5–6.
59. J. M. Coetzee, *Waiting for the Barbarians* (New York: Penguin, 1982), 133.（J・M・クッツェー『夷狄を待ちながら』集英社、2003年）
60. Ron Suskind, "Without a Doubt"（印刷版のタイトル）または" Faith, Certainty and the Presidency of George W. Bush"（オンライン版のタイトル）, *New York Times Magazine*, Oct. 17, 2004.
61. Maureen Dowd, "Are We Rome? Tu Betchus!" op-ed, *New York Times*, Oct. 11, 2008.
62. Mick Weinstein, "Ben's Bid to Boost Buck," Yahoo Finance, June 6, 2008, finance.yahoo.com/expert/article/stockblogs/86614（リンク切れ）

第二章

1. 藍藻から人間まで、生体内で流れる時間についての議論は Roger G. Newton, Galileo's Pendulum (Cambridge, MA: Harvard University Press, 2004), 4–23を参照（ロジャー・ニュートン『ガリレオの振り子――時間のリズムから物質の生成へ』法政大学出版局、2010年）
2. たとえば、南アフリカとスワジランド国境の山脈で発見された紀元前3万5000年頃の「レボンボの骨」、ザイール（現コンゴ民主共和国）とウガンダ国境付近

93-87, Feb. 1993, babel.hathitrust.org/cgi/pt?id=uiug.30112033998011;view=1up;seq=1（2018 年 1 月 12 日閲覧）

48. Hearing Before the Subcommittee on Oversight and Investigations of the Committee on Energy and Commerce, House of Representatives, 103rd Congress, "Mismanagement of DOE's Super Collider," Serial 103-76, June 30, 1993 (Washington, DC: US Government Printing Office, 1994), babel.hathitrust.org/cgi/pt?id=uc1.31210013511959（2018 年 1 月 12 日閲覧）公聴会冒頭、ジョン・ディンゲル（ミシガン州・民主党）委員長は「この計画の科学的な意義は非常に魅力的だが、それは本日の焦点ではない。（……）監視・調査小委員会はこれまでに数十の防衛取得を詳細に調査してきた。それらの多くは深刻な杜撰さを抱えている。だが、中でも SSC 計画は、杜撰な契約や政府による監督の失敗という点で最悪の部類に入る」（1）

49. ビル・クリントン大統領とタイソンとの個人的な会話；Michael Wines, "House Kills the Supercollider, And Now It Might Stay Dead," *New York Times*, Oct. 19, 1993.

50. "Contributions to Growth of Worldwide R & D Expenditures, by Selected Region, Country, or Economy: 2000–15," pie chart, in National Science Board, *Science & Engineering Indicators 2018 Digest*, NSB-2018-2, Jan. 2018, 5, fig. D, www.nsf.gov/statistics/2018/nsb20181/assets/1407/digest.pdf（2018 年 1 月 23 日閲覧）より大きく言えば、2000 年には世界経済の 31% をアメリカが、4% を中国が占めていた。2015 年にはアメリカが少し落として 24% に、一方中国は 15% 近くになった。以下を参照。Robbie Gramer, "Infographic: Here's How the Global GDP Is Divvied Up," *Foreign Policy*, Feb. 24, 2017, foreignpolicy.com/2017/02/24/infographic-heres-how-the-global-gdp-is-divvied-up/（2018 年 1 月 23 日閲覧）；Evan Osnos, "Making China Great Again," *New Yorker*, Jan. 8, 2018, 38.

51. Scott Simon, "Razor Technology, On the Cutting Edge," *Weekend Edition Saturday*, July 17, 2010, www.npr.org/templates/transcript/transcript.php?storyId=128583887（2017 年 4 月 11 日閲覧）

52. アメリカが卓越することの望ましさについては、たとえばワシントン DC の保守系シンクタンク「アメリカ新世紀プロジェクト」（Project for the New American Century）による報告書を参照。「アメリカは、卓越した軍事力と世界をリードする技術力、それに世界最大の経済力を併せ持つ、世界唯一の超大国である。また、世界の先進民主主義国による同盟のリーダーでもある。現時点では、アメリカは世界的ライバルに直面してはいない。アメリカは、この優位な立場を維持し、できるかぎり先の未来まで続けることを国家の大計とすべきである」。*Rebuilding America's Defenses: Strategy, Forces and Resources For a New Century*, Sept. 2000, i, www.informationclearinghouse.info/pdf/RebuildingAmericasDefenses.pdf（2016 年 4 月 4 日閲覧）

53. United States Commission on National Security/21st Century, *Road Map for National Security: Imperative for Change*—Phase III Report, Feb. 15, 2001, 30, govinfo.library.unt.edu/nssg/PhaseIIIFR.pdf（2016 年 4 月 4 日閲覧）

したところ、「アメリカの成人 10 人のうち 7 人（70%）は中国が 10 年以内に超大国になると考えている。日本がそうなると考える人の割合は 41%、次いで EU（31%）、イギリス(25%)、インド(20%)、ロシア(15%)の順だった」。PRNewswire, "U.S. Public Less Concerned about China's Potential to Grow Economically than Militarily in the Next Ten Years," Nov. 15, 2005, www.prnewswire.com/news-releases/us-public-less-concerned-about-chinas-potential-to-grow-economically-than-militarily-in-the-next-ten-years-55627132.html（2016 年 4 月 4 日閲覧）を参照。

42. NASA,"NASA Names Worden New Ames Center Director," press release 06-193, Apr. 21, 2006, www.nasa.gov/home/hqnews/2006/apr/HQ_06193_Worden_named_director.html（2016 年 4 月 4 日閲覧）

43. University Communications, "Scientists Polled on Solar System Exploration Program Priorities," news release, *UA News*, University of Arizona, Apr. 24, 2006, uanews.arizona.edu/story/scientists-polled-on-solar-system-exploration-program-priorities（2016 年 4 月 4 日閲覧）

44. Space Foundation, *Space Report 2012*, 109; *Space Report 2014*, 104; *Space Report 2017*, 43 の "Exhibit 3b: Space Workforce Trends in the United States, Europe, Japan and India" および "Exhibit 3c: U.S. Space Industry Core Employment, 2005–2016" を参照。Bureau of Labor Statistics, "Databases, Tables & Calculators by Subject: Employment, Hours, and Earnings from the Current Employment Statistics Survey (National)—All employees, thousands, total nonfarm, seasonally adjusted, 2007–2017," US Department of Labor, data.bls.gov/timeseries/CES0000000001（2017 年 10 月 2 日閲覧）も参照。*Space Report 2017* の Exhibit 3b が扱っている期間は 2005 年から 2015 年まで、Exhibit 3c は 2005 年から 2016 年の第 2 四半期まで、労働統計局（BLS）の非農業合計の図表は 2007 年 1 月から 2017 年 6 月までである。

45. Mike Wall, "NASA to Pay $70 Million a Seat to Fly Astronauts on Russian Spacecraft," Space.com, Apr. 30, 2013, www.space.com/20897-nasa-russia-astronaut-launches-2017.html; "NASA: Seats on Russian Rockets Will Cost U.S. $490 Million," CBS/AP, Aug. 6, 2015, www.cbsnews.com/news/nasa-seats-on-russian-rockets-will-cost-u-s-490-million/（2016 年 4 月 3 日閲覧）

46. たとえば以下を参照。William J. Broad, "Physicists Compete for the Biggest Project of All," *New York Times*, Sept. 20, 1983; Associated Press, "Legislation Introduced to Spur Super Collider," *New York Times*, Aug. 10, 1987; Ben A. Franklin, "Texas Is Awarded Giant U.S. Project on Smashing Atom," *New York Times*, Nov. 11, 1988; David Appell, "The Super Collider That Never Was," *Scientific American*, Oct. 15, 2013; Trevor Quirk, "How Texas Lost the World's Largest Super Collider," *Texas Monthly*, Oct. 21, 2013, www.texasmonthly.com/articles/how-texas-lost-the-worlds-largest-super-collider/（2018 年 1 月 10 日閲覧）

47. US General Accounting Office, "Federal Research—Super Collider Is Over Budget and Behind Schedule," Report to Congressional Requesters, GAO/RCED-

nih.gov/pubmed/17055943（2016年4月4日閲覧）イラク・コアリション・カジュアルティ・カウントの“U.S. Wounded by Month”によると、2006年4月第1週までに1万7469人の米兵が負傷した。icasualties.org/oif/woundedchart.aspx（2006年4月23日閲覧）

38. ノーベル賞受賞者ジョセフ・S・スティグリッツとリンダ・ビルムズという2人の著名な経済学者が真のコストを推計したところ、2006年初頭の1～2兆ドルから着実に上昇し、2006年終盤には少なくとも2兆2670億ドルに上昇した。これには、医療費や退役軍人の障害年金などの長期かつマクロ経済的コストや、戦争で破壊または消耗した軍備を置き換えまたは補充するための経費、兵士の新規募集・編成・逸失利益・障害・死亡によるコスト、および原油価格上昇が計算に含まれている。戦争遂行のための借り入れにかかる金利の支払いとして、さらに2640～3080億ドルかかったと考えられる。それに加え、無形のコストもあっただろう。たとえば、アメリカがイラク以外の地域で発生する国家安全保障上の脅威に対応する能力が減じたこと、海外での反米感情が高まったこと、貿易交渉や刑事司法などのさまざまな問題でアメリカの影響力が下がったことなどが挙げられる。推計コストは、2008年初頭には3兆ドルに、2015年終盤には5～7兆ドルに（スティグリッツ）、2016年終盤には5兆ドル近くに（ビルムズ）膨れ上がった。Bilmes and Stiglitz, “A Careless War of Excessive Cost—Human and Economic,” *San Francisco Chronicle*, Jan. 22, 2006, www.sfgate.com/opinion/article/A-careless-war -of-excessive-cost-human-and-2542816.php; Bilmes and Stiglitz, “Encore: Iraq Hemorrhage,” *Milken Institute Review* (4th Q, 2006), 76–83, www8.gsb.columbia.edu/faculty/jstiglitz/sites/jstiglitz/files/2006_Iraq_War_Milken_Review.pdf ; Stiglitz and Bilmes, *The Three Trillion Dollar War: The True Cost of the Iraq Conflict* (New York: W. W. Norton, 2008); Three Trillion Dollar War: The True Cost of the Iraq and Afghanistan Conflicts, threetrilliondollarwar.org このウェブサイトは常に更新され続けている。2010年初頭には、アフガニスタン紛争にかかる毎月の費用はイラク戦争のそれを上回った。Richard Wolf, “Afghan War Costs Now Out- pace Iraq's,” *USA Today*, May 13, 2010, usatoday30.usatoday.com/news/ military/2010-05-12-afghan_N.htm（2016年4月4日閲覧）を参照。

39. Space Foundation, “‘One Industry—Go for Launch!’ at the 22nd National Space Symposium,” press release, Apr. 3, 2006, www.nss.org/pipermail/isdc2006/2006-April/000239.html より「135を超える企業や機関がロッキード・マーチン展示センターに出展し、展示面積は昨年より40%増加する」。Space Foundation, “Space Foundation Declares 22nd National Space Symposium a Huge Success,” press release, Apr. 8, 2006, www.spacefoundation.org/media/press-releases/space-foundation-declares-22nd-national-space-symposium-huge-success（2016年4月4日閲覧）も参照。

40. American Institute of Physics, “House Appropriators Want More Money for NASA,” *FYI: The American Institute of Physics Bulletin of Science Policy News* 47, Apr. 13, 2006.

41. 調査機関ハリス・ポールがアメリカ全土の成人1833人を対象に世論調査を実施

nsb1401.pdf; Space Foundation, *The Space Report 2016*, 16, 24–25, 64–68; *Space Report 2017*, 47–48. Neil deGrasse Tyson, "Science in America," Facebook, Apr. 21, 2017, www.facebook.com/notes/neil-degrasse-tyson/science-in-america/10155202535296613/（2017年7月8日閲覧）も参照。

33. Northrop Grumman, "2016 Annual Report," www.northropgrumman.com/AboutUs/AnnualReports/Documents/pdfs/2016_noc_ar.pdf, 21–22, 1, 45; "Starshade," Northrop Grumman, www.northropgrumman.com/Capabilities/Starshade/Pages/default.aspx; "Capabilities," Northrop Grumman, www.northropgrumman.com/Capabilities/Pages/default.aspx（2017年4月11日閲覧）

34. Eric Schmitt with Bernard Weinraub, "A Nation at War: Military; Pentagon Asserts the Main Fighting Is Finished in Iraq," *New York Times*, Apr. 15, 2003; CNN.com, "Inside Politics: Commander in Chief Lands on USS Lincoln," May 2, 2003, www.cnn.com/2003/ALLPOLITICS/05/01/bush.carrier.landing/; Jarrett Murphy, AP, "Text of Bush Speech," CBS News, May 1, 2003, www.cbsnews.com/news/text-of-bush-speech-01-05-2003/（2016年4月4日閲覧）

35. アメリカの調査会社ゾグビー・インターナショナルが2006年にイラク駐留中のアメリカ軍兵士を対象に実施した調査によると、「兵士の4分の3が複数回の海外派兵を経験し、衝突に長期間さらされている。海外派兵任務が1度目の兵士は26%、2度目は45%、3度目以上は29%だった」。www.zogby.com/NEWS/ReadNews.dbm?ID=1075（リンク切れ）

36.「2006年終盤にラムズフェルドの任期が切れる頃には、推計10万人の民間請負業者がイラクの地にいた――従軍中の兵士とほぼ1対1の割合だ」。Jeremy Scahill, "Bush's Shadow Army," *The Nation*, Apr. 2, 2007. それより少し後の時期については、議会調査局の報告書によると「イラク駐留兵の人数は2007年9月の16万9000人をピークに2010年3月の9万5900人まで43%減少した。請負業者の人数は2008年9月の16万3000人をピークに2010年3月の9万5461人まで42%減少した。民間警備請負業者（PSC）のピークは2009年6月に記録した1万3232人だった」。Moshe Schwartz, *The Department of Defense's Use of Private Security Contractors in Iraq and Afghanistan: Background, Analysis, and Options for Congress*, report, Congressional Research Service, June 22, 2010, 7, fpc.state.gov/documents/organization/145576.pdf（2016年4月4日閲覧）

37. イラク・ボディ・カウント（BBC Newsは2004年10月に「学者や平和活動家が運営する評価の高いデータベース」と評している）によると、2006年4月23日の時点でイラク人の死者は最小3万4511人、最大3万8660人。www.iraqbodycount.net（2006年4月23日閲覧）これより多い「戦争の結果としての度を超したイラク人の死者数」――39万2979人から94万2636人――は有名な次の研究に書かれている。Gilbert Burnham et al., "Mortality After the 2003 Invasion of Iraq: A Cross-sectional Cluster Sample Survey," *The Lancet* 368:9545 (Oct. 21, 2006), 1421–28, www.ncbi.nlm.

あるいは地球そのものにしてしまえる恐ろしいこととの折り合いをつけるのは難しい」。"Canadian Astronaut Appeals for Peace from Space," Phys.org, Jan. 10, 2013, phys.org/news/2013-01-canadian-astronaut-appeals-peace-space.html. 数ある例の中からもう一人紹介しよう。インド系アメリカ人宇宙飛行士のスニタ・ウィリアムズは2007年1月、国際宇宙ステーションからの衛星中継でこう述べた。「この下では誰もがあれこれ言い争っているなんて、なかなか想像できない」。"Peace Is the Message of Sunita Williams," *OneIndia*, Jan. 11, 2007, www.oneindia.com/2007/01/11/peace-is-the-message-of-sunita-williams-1168510495.html（2017年4月10日閲覧）

25. *The Space Report 2006*, 1.
26. 1984年から2013年までこのイベントは「全米宇宙シンポジウム」と呼ばれていたが、2014年に「このイベントの真にグローバルな側面を反映させるため」改名された。Space Foundation, "About the Space Symposium: History," www.spacesymposium.org/about/space-symposium を参照。宇宙財団は2003年から2009年まで軍事に特化した「戦略宇宙シンポジウム」を国防総省戦略軍とスペース・ニュースの後援で開催していた。近年では、「宇宙技術・投資フォーラム」なる「専門特化した小規模な投資カンファレンス」を主催している。www.spacetechforum.com（2017年4月10日閲覧）
27. CNN.com/WORLD, "War in Iraq: U.S. Launches Cruise Missiles at Saddam," Mar. 20, 2003, www.cnn.com/2003/WORLD/meast/03/19/sprj.irq.main/（2017年4月10日閲覧）
28. 宇宙財団によると、第19回全米宇宙シンポジウムは「2002年大会に比べて参加者が20%増加した（……）参加者総数5200人以上（……）1400人以上のシンポジウム参加登録者に1000人以上の学生および教員、それに2800人の出展者、ボランティア、カスタマーサポート代表、メディア、ゲストやその他が加わった。（……）120を超す企業、官庁、機関が展示会会場に集まった──これも新記録だ」。ニュースリリースは"Space Foundation Reports National Space Symposium Growth," Apr. 29, 2003, www.spaceref.com/news/viewpr.html?pid=11401（2016年4月3日閲覧）
29. Leonard David, "Military Space Operations in Transformation," Space.com, Apr. 8, 2003, www.space.com/news/nss_warfighter_030408.html（リンク切れ）
30. 戦況の時系列は以下を参照。"War in Iraq: War Tracker / Archive," CNN.com, www.cnn.com/SPECIALS/2003/iraq/war.tracker/index.html; "Struggle for Iraq—War in Iraq: Day by Day Guide," BBC News, news.bbc.co.uk/2/hi/in_depth/middle_east/2002/conflict_with_iraq/day_by_day_coverage/default.stm（2016年4月3日閲覧）
31. Commission to Assess US National Security Space Management, *Report*, xviii
32. National Science Board, *S & E Indicators 2016* (Arlington, VA: National Science Foundation, 2016), O–4, O–5, 3–6, 3–7, 3–18, 3–19, Fig. 3–33, 3–77, 3–103, 4–55, fig. 6–3, 6–20, www.nsf.gov/statistics/2016/nsb20161/uploads/1/nsb20161.pdf; National Science Board, *S & E Indicators 2014* (Arlington, VA: National Science Foundation, 2014), Appendix table 2– 33, 2–34, www.nsf.gov/statistics/seind14/content/etc/

グ教授による2014年のビデオインタビュー www.youtube.com/watch?v=o_Sr96TFQQE(2017年4月10日閲覧)を参照。スノーデンによる暴露や彼への非難が7か月間続いた頃、あるアメリカの有力紙は次のように主張した。「スノーデン氏を非難する人々は口々に、同氏はアメリカの情報収集活動に深刻なダメージを与えたと言う。だが、同氏の暴露が本当にアメリカの安全保障を損なったとする証拠を少しでも提示した人は誰もいない」。Editorial Board, "Edward Snowden, Whistle-Blower," op-ed, *New York Times*, Jan. 1, 2014. 2014年10月に*The Nation*に掲載されたインタビューで、スノーデンはこう述べた。いわく、メディアが「受け売り」するある種のフレーズには「ある種の感情的反応——たとえばnational security——を誘発させる」意図がある。「だが、彼らの関心はnational(国民の)security(安全保障)にはない。彼らの関心はstate(国家の)securityなのだ。これは重要な違いだ。アメリカ市民の我々はstate securityという言葉を使いたがらない。なぜなら、さまざまな良くない体制を連想させるからだ。だが、これは大事な概念だ。なぜなら当局者がテレビに出て話すことは、あなたにとって何が好ましいかではない。ビジネスにとって何が好ましいかでもない。社会にとって何が好ましいかでもない。彼らは、国民国家システムを守り、永続させることについて語っているのだ」Katrina vanden Heuvel and Stephen F. Cohen, "Edward Snowden: A 'Nation' Interview," *The Nation*, Nov. 17, 2014.

21. National Priorities Project, "Cost of National Security," www.nationalpriorities.org/cost-of(2016年4月3日閲覧)
22. 抗生物質への耐性については、たとえばSabrina Tavernise, "U.S. Aims to Curb Peril of Antibiotic Resistance," *New York Times*, Sept. 18, 2014; Gardiner Harris, "'Superbugs' Kill India's Babies and Pose an Overseas Threat," *New York Times*, Dec. 3, 2014を参照。国防総省と気候変動についてはDepartment of Defense, 2014 Climate Change Adaptation Roadmap, www.acq.osd.mil/ie/download/CCARprint.pdf(2014年12月4日閲覧)を参照。1ページ目の最初の文にはこうある。「気候変動は、国防総省の国家防衛能力に悪影響を与え、アメリカの国家安全保障にとっての直接的なリスクとなる」。ジェームズ・マティス国防長官は2017年初頭、この見解を踏襲した。「気候変動は、現在我々の軍隊が展開している地域の安定性に影響を与える。(……)統合軍は、展開する地域の安全保障環境に影響を与える不安定材料を計画の際に考慮に入れることが望ましい」。Andrew Revkin (ProPublica), "Trump's Defense Chief Cites Climate Change as National Security Challenge," Science, Mar. 14, 2017, DOI: 10.1126/science.aal0911(2017年4月10日閲覧)
23. European Commission, "Horizon 2020 Programme: Security," ec.europa.eu/programmes/horizon2020/en/area/security(2017年7月8日閲覧)
24. カナダ人宇宙飛行士クリス・ハドフィールドは国際宇宙ステーションから戦争で荒廃したシリアを見下ろして、こう述べている。「我々はみな、共にここにいるのだ。(……)まさに今、大きな混乱や紛争にまみれた場所を見下ろすとき、この世界が本来持つはずの忍耐力や美しさと、我々が人としてお互いに、ジェームズ・モラン（バージニア州・民主党）下院国防歳出小委員会委員、ボーイングより；(5) ジェリー・ルイス（カリフォルニア州・共和党）下院歳出委員会委員長および下院国防歳出小委員会元委員長、L-3より；(6) ダンカン・ハンター（カリフォルニア州・共和党）下院軍事委員会委員長、タイタンより。Hartung et al., *Tangled Web*; Brandon Michael Carius, "Procuring Influence: An Analysis of the Political Dynamics of District Revenue from Defense Contracting" (MPP thesis, Georgetown University, 2009), 3–6.

16. のちに緊急の支出が加わったり資金が付け替えられたりすることで、予算総額は事後的に変わる。本文中の「2001年」「2004年」はいずれも会計年度を指す。各年度の数字については、アメリカ国防次官（会計検査担当）サイトに掲載の National Defense Budget Estimates for FY2003（2002年3月）および同 FY2007（2006年3月）の各4ページにある Table 1-1, "National Defense Budget Summary" を参照。権限額と支出額についての説明は、たとえば National Defense Budget Estimates for FY2009 の1ページにある "Overview" を参照。2005年度から両者の合計額は1兆ドルを超えるようになった。機密解除された防衛予算の情報は同サイト comptroller.defense.gov/budgetmaterials.aspx（2016年4月3日閲覧）の "Green Books" や "DoD Budget Request" を参照。イラクでの支出についてはDonald L. Barlett and James B. Steele, "Billions Over Baghdad," *Vanity Fair*, Oct. 2007; Matt Kelley, "Rebuilding Iraq: Slow but Steady Progress," *USA Today*, Mar. 22, 2010 を参照。2004年にアメリカがイラク再建に費やした額は68億ドル、2009年には446億ドルとなった。

17. American Security Project, "About: Vision–Strategy–Dialogue," www.americansecurityproject.org/about/（2014年7月1日、2017年4月10日閲覧）

18. 2014年7月に閲覧したとき、アメリカ自由人権協会（ACLU）国家安全保障プロジェクトの趣旨説明文には高邁なトーンがあった。「我々の進むべき道は、我々の最も偉大な強さを冒瀆する政策や行為に断固として背を向けることである。我々の強さとは、合衆国憲法とそれに定められた法の支配である。自由と安全はゼロサムゲームで争うものではない。我々の自由は、まさに我々の強さと安全の源泉である」。2017年4月に閲覧したとき、同プロジェクトのページはデザインが変更されていて、掲げられた信条はずいぶんと事務的なものになっていた。「ACLU国家安全保障プロジェクトの目的は、アメリカの国家安全保障に関わる政策や行為が、合衆国憲法や市民的自由や人権と矛盾しないよう求めることである」。ACLU National Security Project, "National Security: What's at Stake," www.aclu.org/national-security.

19. National Security Agency/Central Security Service, www.nsa.gov; "Mission and Strategy," www.nsa.gov/about/mission-strategy（2017年4月10日閲覧）2016年4月時点では、同局の使命は「即応性とネットワーク優位性を通じた暗号学的な国際支配力」と表現されている。

20. スノーデンについては、たとえばドキュメンタリー *Citizenfour*(dir. Laura Poitras, 2014); *New Yorker* のジェーン・メイヤーによる2014年のビデオインタビュー www .youtube.com/watch?v=fidq3jow8bc; ハーヴァード大学法科大学院ローレンス・レッシいて、アンドリュー・コックバーン（"Game On," *Harper's*, Jan. 2015）は、転換点となった1993年のウィリアム・ペリー国防副長官と「業界の巨人たち」との会合を引き合いに出している。「最後の晩餐」と呼ばれるこの会合でペリーは、予算が削減されれば統合や事業からの撤退を余儀なくされる企業が出てくるだろうと警告した。コックバーンは、「ペリーの警告は合併や買収の狂乱の引き金を引いた。これを円滑化したのは国防総省による『構造改革の費用』という形の気前の良い補助金で、納税者が負担したのだ」と書いている（同誌68ページ）。

13. Commission to Assess United States National Security Space Management and Organization, *Report*—Pursuant to Public Law 106-65, Jan. 11, 2001, www.dod.gov/pubs/space20010111.pdf（2016年4月3日閲覧）を参照。「宇宙における真珠湾攻撃」という文言は7回登場するが、これは1950年代に使われた意図的に警戒心を煽る文言「核の真珠湾攻撃」を彷彿とさせる。前者は同報告書エグゼクティブ・サマリーのxvi, viii, xiページにも出てくる。

14. William D. Hartung et al., "Introduction," *Tangled Web 2005: A Profile of the Missile Defense and Space Weapons Lobbies* (New York: World Policy Institute—Arms Trade Resource Center, 2005), www.worldpolicy.org/projects/arms/reports/tangledweb.html（2017年4月12日閲覧）より「今世代のミサイル防衛開発には、レーガン政権時代の開始から現在（2005年）までに1300億ドルが費やされた。（……）「憂慮する科学者同盟」の推算によると、地球全体をカバーする宇宙配備型迎撃ミサイル（SBI）には打ち上げだけで400〜600億ドルを要する。これらの支出は、弾道ミサイル防衛システムの有効性が示され、かつアメリカの直面する最も切迫した危険が弾道ミサイル攻撃である場合には正当化されうる。しかし、そのどちらも正しくない」

15. ミサイル防衛産業は2001〜2006年、主に軍事委員会または国防歳出小委員会の委員である30人の議員に400万ドルあまりの献金をおこなっただけで強力な後ろ盾を得た。政治資金改革支持者はこれを業界にとって非常に有利な取引だと見ている。政治献金に400万ドル投じ、ミサイル防衛計画に500億ドル歳出されたのだから、投資としては1万2500%のリターンが得られたわけだ。2001〜2006年にミサイル防衛関連の献金を受けた上院議員のうち、献金額上位2人はいずれもアラバマ州選出の共和党リチャード・シェルビーとジェフ・セッションズである。上院議員をしのぐ下院議員は多く、特にクリントン後の共和党政権における下院国防歳出小委員会筆頭理事を務めたペンシルヴェニア州選出の民主党ジョン・マーサがそうだ。次に挙げる献金額上位6人の下院議員のうち3人は民主党、残りの3人は共和党で、金額は1位が7万3000ドル、6位が4万1000ドルである。（1）ジム・サクストン（ニュージャージー州・共和党）下院軍事委員会テロ・非従来型脅威・能力小委員会委員長および下院軍事委員会戦力投射小委員会委員、ロッキード・マーチンより；（2）ジョン・マーサ（ペンシルヴェニア州・民主党）下院国防歳出小委員会筆頭理事、BAEシステムズより；（3）ジェーン・ハーマン（カリフォルニア州・民主党）下院情報特別委員会委員および国土安全保障委員会委員、ノースロップ・グラマンより；（4）

Napalm Attack," news.bbc.co.uk/2/hi/4517597.stm（2016年4月5日閲覧）

8. 2008年の初め頃、「戦争に反対する退役軍人の会」（IWAV）は「ウィンター・ソルジャー」と呼ばれる運動の一環として公共の場での証言を始めた。これは2008年3月、ワシントンDC近郊での4日間のイベントとして結実した。www.ivaw.org/wintersoldier; www.ivaw.org/blog/press-releases; www.ivaw.org/blog/press-coverage（2016年4月5日閲覧）を参照。2003年2月17日のデモ参加者について、BBCは「週末、60か国で600～1000万人がデモ行進したと考えられる。反戦デモとしてはヴェトナム戦争以降最大規模となった」と報じた。BBC News, "Millions Join Global Anti-War Protests," Feb. 17, 2003, news.bbc.co.uk/2/hi/europe/2765215.stm（2016年4月5日閲覧）を参照。世論は一定してイラク戦争への反対が多く、その割合は時折高まっている。PollingReport.com, www.pollingreport.com/iraq.htm（2016年4月5日閲覧）にまとめられている「イラク」に関するピュー・リサーチ・センター、CNN、ABCニュース、ワシントン・ポストなどによる世論調査結果を参照。

9. アメリカ憲法は宣戦布告の権限を議会のみに与えているが、1942年以降、アメリカ議会はその権限を行使していない。代わりに議会は、軍事力の行使を許可する決議を採択し、歳出を統制し、限定的な監督を実行してきた。第一次世界大戦、第二次世界大戦、朝鮮戦争、ヴェトナム戦争のときはいずれも上下院ともに民主党が多数派を占めていた。上院サイト"Official Declarations of War by Congress" および"Party Division," www.senate.gov/pagelayout/history/h_multi_sections_and_teasers/WarDeclarationsbyCongress.htm および www.senate.gov/pagelayout/history/one_item_and_teasers/partydiv.htm; 下院サイト History, Art & Archives, "Party Divisions of the House of Representatives, 1789–Present," history.house.gov/Institution/Party-Divisions/Party-Divisions/（2017年10月10日閲覧）を参照。

10. 毒ガス攻撃については以下を参照。Dexter Filkins, "The Fight of Their Lives," *New Yorker*, Sept. 29, 2014, 44–45; Chris Maume, "It Was Better to Live in Iraq under Saddam," *Independent*, June 12, 2014; Costs of War Project, "Education: Universities in Iraq and the U.S.," Watson Institute for International Studies, Brown University, costsofwar.org/article/education-universities-iraq-and-us（2014年6月27日閲覧）; Benjamin Busch, "'Today Is Better Than Tomorrow': A Marine Returns to a Divided Iraq," *Harper's*, Oct. 2014, 38.

11. FTSE350種航空宇宙・防衛指数。"Global Defence Outlook" ("Lex" column), *Financial Times*, Jan. 26, 2007を参照。

12. アメリカ航空宇宙産業の将来に関する委員会最終報告書 Commission on the Future of the United States Aerospace Industry, *Anyone, Anything, Anywhere, Anytime*, final report, Nov. 2002, 7–2, 7–4, history.nasa.gov/AeroCommissionFinalReport.pdf（2016年4月3日閲覧）参照。著者のニール・ドグラース・タイソンは2001年にジョージ・W・ブッシュ大統領に任命され、同委員会委員として同報告書の執筆に参加した。航空宇宙産業の企業統合につ

原　　注

※原注内の定期刊行物のタイトルについては、以下の略語を使用する。

Amer.——American
Assoc.——Association
Brit.——British
Bull.——Bulletin / Bulletin of the
Int.——International
J.——Journal / Journal of the
Proc.——Proceedings / Proceedings of the
Rev.——Review
Transac.——Transactions / Transactions of the

第一章

1. スティーヴ・エヴァンスによるエドマンド・フェルプスへのインタビュー。*Business Daily*, BBC World Service, Dec. 11, 2008.
2. Christopher Bodeen, AP, "China Breaks Ground on Space Launch Center," *US News & World Report*, Sept. 14, 2009.
3. Christiaan Huygens, *The Celestial Worlds Discover'd: Or, Conjectures Concerning the Inhabitants, Plants and Productions of the Worlds in the Planets* (London: Timothy Childe, 1698), 39–41.
4. アメリカ行政管理予算局サイトに掲載の Historical Table 3.1 内 "National Defense" を参照。"Outlays by Superfunction and Function: 1940–2021," www.whitehouse.gov/omb/budget/Historicals（2016年4月3日閲覧）表の更新について同局は「データは2017年度予算との整合性と経年比較性を確保するため、可能なかぎり調整した」としている。2016年春現在、1970年代における軍事予算最低額は1973年度の767億ドル、最高額は1979年度の1163億ドルだった。その後、1983年度には2000億ドル、1989年度には3000億ドルを突破した。
5. ロナルド・レーガンの1984年大統領選挙向けコマーシャル冒頭部のフレーズ。Museum of the Moving Image, "The Living Room Candidate: 1984 Reagan vs. Mondale," www.livingroomcandidate.org/commercials/1984/prouder-stronger-better（2016年3月20日閲覧）
6. ロナルド・レーガン、「1981年1月20日就任演説」。Ronald Reagan, "Inaugural Address, January 20, 1981," American Presidency Project, www.presidency.ucsb.edu/ws/?pid=43130（2016年3月20日閲覧）
7. ピュリッツァー賞を受賞したこの写真と被写体については、次の記事を参照。BBC News, "Picture Power: Vietnam

【カバー写真提供】石関ハジメ / アフロ

【著者】**ニール・ドグラース・タイソン**　Neil deGrasse Tyson

アメリカ自然史博物館の天体物理学者。同博物館の世界的に有名なヘイデン・プラネタリウム館長であり、ラジオとテレビの人気番組『スター・トーク』のホスト、ニューヨーク・タイムズ紙のベストセラーになった『忙しすぎる人のための宇宙講座』の著者でもある。他邦訳書に『ブラックホールで死んでみる――タイソン博士の説き語り宇宙論』『宇宙へようこそ――宇宙物理学をめぐる旅』など。ニューヨーク市在住。

エイヴィス・ラング　Avis Lang

アメリカ自然史博物館のヘイデン・プラネタリウム研究員。タイソンによる『ナチュラル・ヒストリー』誌の連載で、『忙しすぎる人のための宇宙講座』の基礎となったコラム「ユニバース」の編集に5年間携わったのち、タイソンの作品集『スペース・クロニクルズ』の編集責任者を務めた。ニューヨーク市在住。

【訳者】**北川 蒼**（きたがわ・そう）

早稲田大学法学部卒、米国ケース・ウェスタン・リザーブ大学大学院修了（MBA）。訳書に『ドローン情報戦――アメリカ特殊部隊の無人機戦略最前線』（原書房）、『ヒトラーの特殊部隊 ブランデンブルク隊』（共訳、原書房）がある。

【訳者】**國方 賢**（くにかた・さとる）

早稲田大学大学院先進理工学研究科修士課程修了。東京大学大学院工学系研究科博士課程単位取得退学。訳書に『英語マニアなら知っておくべき500の英単語』（共訳、すばる舎）がある。

宇宙の地政学

科学者・軍事・武器ビジネス

上

●

2019年10月31日　第1刷

著者…………ニール・ドグラース・タイソン／エイヴィス・ラング
訳者…………北川 蒼・國方 賢

装幀…………一瀬錠二（Art of NOISE）

発行者…………成瀬雅人
発行所…………株式会社原書房

〒160-0022 東京都新宿区新宿 1-25-13
電話・代表 03（3354）0685
http://www.harashobo.co.jp
振替・00150-6-151594

印刷…………新灯印刷株式会社
製本…………東京美術紙工協業組合

ISBN978-4-562-05700-9, Printed in Japan